"十二五"职业教育国家规划教材
经全国职业教育教材审定委员会审定

21世纪高职高专电子信息类规划教材

U0650738

数据通信与计算机网

杨延广 李辉 孙群中 杨斐 编著

Electronic Information

人民邮电出版社
北京

图书在版编目（C I P）数据

数据通信与计算机网 / 杨延广等编著. -- 北京：
人民邮电出版社，2014.9（2018.12重印）
  21世纪高职高专电子信息类规划教材
  ISBN 978-7-115-35989-6

Ⅰ. ①数… Ⅱ. ①杨… Ⅲ. ①数据通信－高等职业教
育－教材②计算机网络－高等职业教育－教材 Ⅳ.
①TN919②TP393

中国版本图书馆CIP数据核字(2014)第137024号

内 容 提 要

本书首先介绍了计算机网络与互联网的基本概念及应用、数据通信基础知识，然后以家庭及办公室网络、小型企业网络、大型企业网/校园网 3 种不同规模的局域网组建为载体，详细介绍局域网基本原理，以及交换机、路由器的功能及基本操作方法，在此基础上系统介绍了网络体系结构、网络管理和网络安全等知识与实用技术。本书内容覆盖面宽，概念表达通俗易懂，注重理论与实际相结合，实用性强，每章后附有小结、思考练习题和实训题目，便于教学和自学。

本书适于作为高职高专院校数据通信与计算机网络课程的教材，也可作为各类学生了解相关知识的参考书。

◆ 编　著　杨延广　李　辉　孙群中　杨　斐
　　责任编辑　滑　玉
　　责任印制　彭志环

◆ 人民邮电出版社出版发行　　北京市丰台区成寿寺路 11 号
　　邮编　100164　　电子邮件　315@ptpress.com.cn
　　网址　http://www.ptpress.com.cn
　　固安县铭成印刷有限公司印刷

◆ 开本：787×1092　1/16
　　印张：14.25　　　　　　　　2014 年 9 月第 1 版
　　字数：355 千字　　　　　　2018 年 12 月河北第 6 次印刷

定价：37.00 元

读者服务热线：(010)81055256　印装质量热线：(010)81055316
反盗版热线：(010)81055315
广告经营许可证：京东工商广登字 20170147 号

前　言

随着互联网技术的蓬勃发展，人们对数据业务的需求日益增长，数据通信与计算机网络已成为发展迅速、应用广泛与人们的工作、生活密切相关的科学技术领域，社会对掌握数据通信与计算机网络相关技术的人才需求越来越大。

本教材在编写本书过程中，我们认真学习了教育部"十二五"规划教材的有关要求和精神，对教材编写工作做了全面部署。首先，联合企业人员共同参与教材编写工作，成立了由学校教师和企业工程技术人员组成的教材编审小组，全程参与研讨和编写工作；其次，以《高等职业学校专业教学标准（试行）》为依据，对企业和学校进行调研，保证了内容的实用性和先进性；再次，融入教学改革的最新成果，体现以工作过程为导向的课程体系改革思想。

本书是专门针对高职高专通信类专业学生编写的，充分考虑了学生的特点和实际工作需要，理论与实践并重，通过本书学习可使学生对数据通信与计算机网络建立起较完整的概念，并掌握基本技能和基本理论，为从事相关工作打下基础。

本书采用任务驱动的方式编写，每章都为学生设置了相应的实践任务，使学习目标明确，学生能够在做中学，将理论知识融入具体任务中。

各章节任务的设置遵循由浅入深、循序渐进的原则，从学生最为贴近且感兴趣的Internet 应用入手，从单机入网到家庭、办公室网络到小型企业网，再到大型企业网、校园网，步步深入，层层引导，将计算机网络知识和技能贯穿于各项任务中，同时在各项任务之间，适时穿插相关的数据通信、网络设备、网络体系结构、网络管理和安全等内容，使学生在完成任务、掌握技能的同时学会相关的理论知识。

本书适合高职高专通信类专业学生学习使用，学习本书前，学生应该首先学习通信概论课程，掌握基本的通信技术知识。本教材参考学时为 48～66 学时，建议采用理论实践一体化教学模式，各章节的参考学时见下面的学时分配表。

学时分配表

章节	课程内容	学时
第 1 章	计算机网络与互联网	2～4
第 2 章	数据通信基础	2～4
第 3 章	组建家庭或办公室网络	4～6
第 4 章	组建小型企业网络	10～12
第 5 章	组建大型企业网/校园网	16～18
第 6 章	网络体系结构	6～8
第 7 章	数据通信网	4～6
第 8 章	网络服务器	2～4
第 9 章	网络管理和网络安全	2～4
课时总计		48～66

本书第 1 章、第 2 章、第 8 章由杨延广编写，第 7 章、第 9 章由李辉编写，第 3 章、第 6 章由孙群中编写，第 4 章、第 5 章由杨斐编写。石家庄邮电职业技术学院的牛建国、张星、范兴娟、庞瑞霞等老师，以及石家庄惠远邮电设计咨询有限公司的吴晓松、刘慧明、魏金生等人为本书的编写做出了贡献，在此表示衷心感谢。本书编写过程中，参考了一些相关文献，在此也对这些文献的作者表示诚挚的感谢。

由于编者水平有限，数据通信技术发展很快且涉及面很广，书中难免存在错误或不足之处，恳请专家和读者不吝指教，以对本书内容进行改进和完善。

编　者

目　录

第 1 章

计算机网络与互联网

【本章任务】熟悉上网浏览网页的各种技巧，能够利用网络获取自己需要的资料，感受上网时信息的传输过程，分析上网时信息传递经过的设施；了解计算机网络的基本概念和基础知识。

1.1 计算机网络概述

1.1.1 计算机网络的基本概念

计算机网络是计算机技术与通信技术结合的产物。为了使任意的自治计算机都能连接起来并实现信息交换和资源共享，则地理位置不同的计算机不仅需要通过专用的或公用的通信线路实现连接，还需要网络操作系统、网络管理软件及网络通信协议的管理和协调。因此，可给出下面的定义。

计算机网络是指将地理位置不同的具有独立功能的多台计算机及其外部设备，通过通信线路连接起来，在网络操作系统、网络管理软件及网络通信协议的管理和协调下，实现资源共享和信息传递的计算机系统。

注意，计算机网络和分布式系统（Distributed System，DS）这两个概念容易使人混淆。两者的关键差别在于：在一个分布式系统中，一组独立的计算机展现给用户的是一个统一的整体，就好像是一个计算机系统似的。实际上，分布式系统是建立在网络之上的软件系统。正是因为软件的特性，所以分布式系统具有高度的内聚性和透明性。因此，计算机网络与分布式系统之间的区别更多地在于软件（特别是操作系统），而不是硬件。

1.1.2 计算机网络的产生和发展

计算机网络的产生和发展经历如下 5 个阶段。

1. 以单计算机为中心的联机系统

20 世纪 50 年代中后期为计算机网络的孕育阶段。其主要特征是：实现了计算机技术和通信技术的初步结合。

早期的计算机系统是高度集中的，所有的设备安装在单独的大房间中，后来出现了批处理和分时系统，分时系统所连接的多个终端必须紧接着主计算机。此时的计算机网络就是将地理位置分散的多个终端通过通信线路连到一台中心计算机上，用户可以在自己办公室内的终端键入程序，通过通信线路传送到中心计算机，分时访问和使用资源进行信息处理，处理结果再通过通信线路回送到用户终端显示或打印。这种以单个计算机为中心的连机系统称作面向终端的远程连机系统，如图 1-1 所示。早期的终端就是一台计算机的外部设备，包括 CRT 控制器和键盘，但没有图形处理单元（Graphics Processing Unit，GPU，即显卡）和内存。

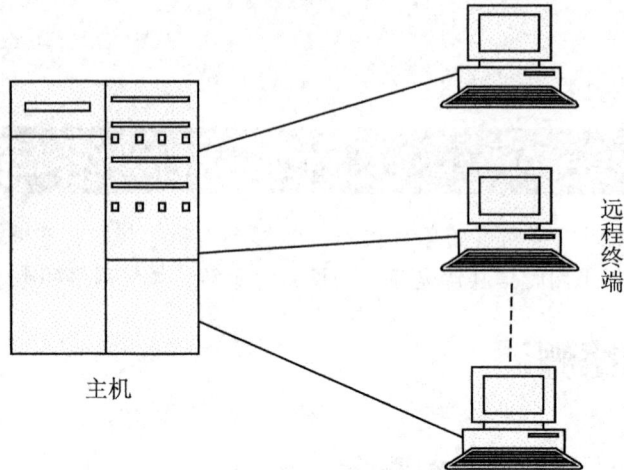

图 1-1　面向终端的远程连机系统

　　随着远程终端的增多，为提高主机的处理效率，在主机之前增加了一台功能简单的计算机，专门用于处理终端的通信信息和控制通信线路，并能对用户的作业进行预处理，这台计算机称为通信控制处理机（Communication Control Processor，CCP），也叫前置处理机；在终端设备较集中的地方设置一台集中器（Concentrator），终端通过低速线路先汇集到集中器上，再用高速线路将集中器连到主机上。

　　由于当时的终端还不是计算机，所以严格地说，不能算是计算机网络。当然像现在广泛使用微机作为终端的话，就可称为计算机网络了。

2．以通信子网为中心的计算机网络

　　20 世纪 60 年代末到 70 年代初为计算机网络发展的萌芽阶段。其主要特征是：为了增加系统的计算能力和资源共享，把小型计算机连成实验性的网络。由美国国防部于 1969 年建成的 ARPANET 是第一个远程分组交换网，第一次实现了由通信网络和资源网络复合构成计算机网络系统，标志着计算机网络的真正产生。

　　分布在不同地点的计算机（也称为主机）通过通信线路互连成为计算机-计算机网络，各主机之间不是直接用线路相连，而是通过接口报文处理机 IMP 转接后互连的。IMP 和它们之间互连的通信线路一起负责主机间的通信任务，构成了通信子网。由通信子网互连的各主机负责运行程序，提供共享资源，组成了资源子网。联网用户可以通过计算机使用本地计算机的软件、硬件与数据资源，也可以使用网络中的其他计算机的软件、硬件与数据资源，以达到资源共享的目的。

　　在这个阶段，分组交换技术和网络体系结构中的网络协议分层思想开始得到应用。

3．局域网络

　　20 世纪 70 年代中后期是局域网络（LAN）发展的重要阶段，其主要特征为：局域网络作为一种新型的计算机体系结构开始进入产业部门。局域网技术是从远程分组交换通信网络

和 I/O 总线结构计算机系统派生出来的。1976 年，美国 Xerox 公司的帕罗奥托（Palo Alto）研究中心推出以太网（Ethernet），它成功地采用了夏威夷大学 ALOHA 无线电网络系统的基本原理，使之发展成为第一个总线竞争式局域网络。1974 年，英国剑桥大学计算机研究所开发了著名的剑桥环局域网（Cambridge Ring）。这些网络的成功实现，一方面标志着局域网络的产生，另一方面，它们形成的以太网及环网对以后局域网络的发展起到了导航的作用。

4．遵循网络体系结构标准建成的网络

整个 20 世纪 80 年代是计算机局域网络的发展时期。其主要特征是：局域网络完全从硬件上实现了 ISO 的开放系统互连通信模式协议的能力。计算机局域网及其互连产品的集成，使得局域网与局域互连、局域网与各类主机互连，以及局域网与广域网互连的技术越来越成熟。1980 年 2 月，IEEE（美国电气和电子工程师学会）下属的 802 局域网络标准委员会宣告成立，并相继提出 IEEE 802.1～802.6 等局域网络标准草案，其中的绝大部分内容已被国际标准化组织（ISO）正式认可。作为局域网络的国际标准，它标志着局域网协议及其标准化的确定，为局域网的进一步发展奠定了基础。在 1984 年，ISO 制订的 OSI-RM 成为研究和制订新一代计算机网络标准的基础，各种符合 OSI-RM 与协议标准的远程计算机网络、局部计算机网络与城市地区计算机网络开始广泛应用。

5．互联网

20 世纪 90 年代初至今是计算机网络飞速发展的阶段，其主要特征是：计算机网络化、协同计算能力发展以及因特网（Internet）的盛行。计算机的发展已经完全与网络融为一体，体现了"网络就是计算机"的口号。各种网络进行互连，形成更大规模的互联网，以因特网为典型代表，特点是互连、高速、智能与更为广泛的应用。

1.1.3　计算机网络的功能

（1）数据通信。这是计算机网络最基本的功能，也是实现其他功能的基础。

（2）资源共享。计算机网络的主要目的是共享资源。共享的资源有：硬件资源、软件资源、数据资源。其中共享数据资源是计算机网络最重要的目的。

（3）提高系统的可靠性。当人们需要的资源和通信能力在计算机网络中有冗余备份时，即使系统出现局部的故障，仍可以得到可靠性的保障。

（4）促进分布式数据处理和分布式数据库的发展。通过计算机网络可以实现计算负荷的均衡，有利于加快处理速度，提高网络资源的利用率；并且可以实现单个计算机无法完成的大型任务。

（5）远程控制。随着计算机网络的普及应用，在人们生活、商业、工业、科研及军事等众多领域，可以通过计算机网络来控制调节对象。

1.1.4　计算机网络的组成和拓扑结构

1．计算机网络的组成

通常把计算机网络中的计算机、通信设备等称为节点，而把连接这些节点的通信线路称为链路。计算机网络就是由节点和连接节点的链路所组成的。按照功能我们又可以将计算机

网络划分为通信子网和资源子网两部分。通信子网是指网络中实现网络通信功能的设备及其软件的集合，由通信处理机（CCP）、其他通信设备、通信链路、通信软件等组成，其功能是通过通信处理机将资源子网中的计算资源连接起来进行通信。资源子网是指网络中共享的硬件、软件和数据资源，主要由网络的服务器、工作站、共享的打印机、存储设备和其他设备及相关软件所组成。如图1-2所示。

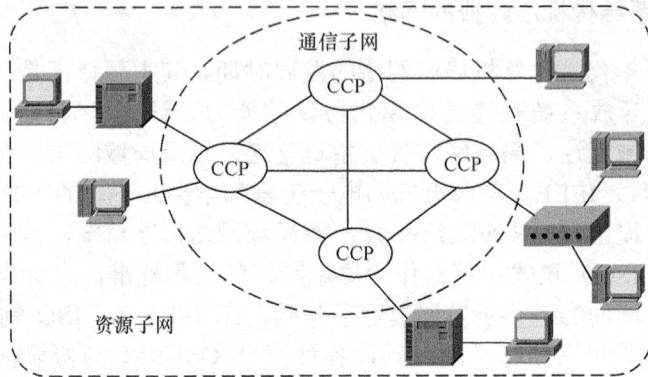

图1-2　计算机网络的组成

2．计算机网络的拓扑结构

我们通常用图论的观点来分析计算机网络中的各网络节点间的位置关系。即把计算机网络中的网络设备看作节点，而将连接各节点间的链路看作边，组成的图形就称为计算机网络的拓扑结构。计算机网络的拓扑结构通常是相对于通信子网而言的。确定网络的拓扑结构是设计计算机网络的关键步骤，这对网络的维护、管理和扩充升级具有重要的影响。

按照信息传播方式，可以将网络拓扑结构分为两大类：点对点型和共享型（又称为广播型）。

（1）点对点型

在点对点型的网络拓扑结构中，一对节点通过它们之间的通信链路实现点对点的数据传输。这种拓扑结构有星状、树状、网状和全互连等基本形式，如图1-3所示。而实际的网络拓扑结构可以是各种基本形式的组合。

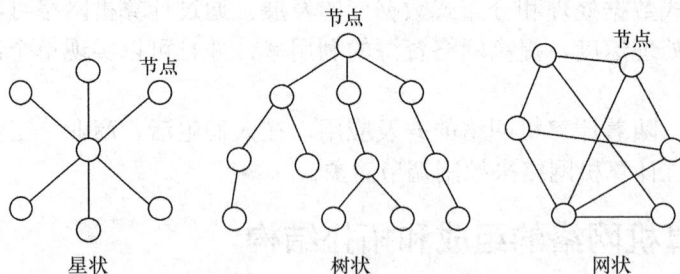

图1-3　点对点型的网络拓扑结构

（2）共享型

在共享型的网络拓扑结构中，一个节点发送的数据通过共享传输介质可以传到多个节点。

这种拓扑结构有总线型、环状等基本形式，并且非常适合于无线通信网，如图1-4所示。

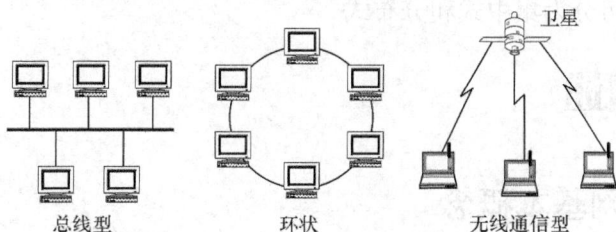

图 1-4　共享型的网络拓扑结构

1.1.5　计算机网络的分类

由于具体应用和需求的多样性，计算机网络也多种多样，各具特色。为方便了解和掌握网络技术，除按照拓扑结构分类以外，通常计算机网络还可从以下几个方面进行分类。

1．按网络覆盖范围分类

按网络覆盖范围可分为：局域网（Local Area Network，LAN）、城域网（Metropolitan Area Network，MAN）、广域网（Wide Area Network，WAN）。

（1）局域网。将一个校园、一个单位或一栋大楼等有限范围内的计算机、外设等通过通信设备连接起来就组成了局域网。其覆盖范围较小，通常为几十米到几千米。

（2）城域网。将一个城市范围的局域网、计算机系统等计算资源通过通信设备连接起来就组成了城域网。

（3）广域网。广域网又称远程计算机网（Remote Computer Network，RCN）。广域网可将分布在相距很远的不同地理位置的局域网、计算机系统等计算资源通过远程的通信链路连接起来，实现更大范围的资源共享。

2．按通信介质分类

按通信介质可分为有线网和无线网。

（1）有线网。采用双绞线、同轴电缆和光纤等传输介质的网络。

（2）无线网。采用无线电、微波和卫星通信等传输介质的网络。

3．按传播方式分类

按传播方式可分为点对点方式和广播式（即点对多点）。

4．按传输速率分类

按传输速率可分为低速网、中速网和高速网。可以将 kbit/s 网称为低速网，将 Mbit/s 网称为中速网，将 Gbit/s 网称为高速网。

5．按网络使用者范围分类

按网络使用者范围可分为公用网和专用网。

6．按网络控制方式分类

按网络控制方式可分为集中式和分布式。

1.2 互联网概述

1.2.1 互联网基本概念

互联网（internet）指的是采用 TCP/IP 将不同的计算机网络互连起来，是网络的网络。因为 TCP/IP 网络体系结构的开放性和接口的标准化，各计算机网络可以采用不同的技术、不同的网络结构等实现，并且可以与外部网络进行数据通信、资源共享而又不被外部网络所知。不同网络的互连如图 1-5 所示。

众所周知，因特网是全球最大的互联网，首字母大写的"Internet"特指因特网，以区别于其他的互联网。在不发生混淆时，人们也常常把因特网称为互联网。注意，由于广域网技术和互联网技术的侧重点是不相同的，因此因特网不应被称为广域网。

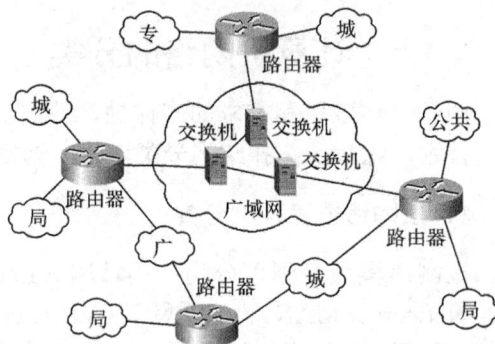

图 1-5　网络互连示意图

1.2.2 因特网的发展

在 20 世纪 60 年代末，美国军方为了防止自己的计算机网络遭受攻击，由美国国防部高级研究计划署（Advanced Research Projects Agency，ARPA）主持研究并建立了供科学家们进行计算机连网实验用的、采用分组交换技术的 ARPAnet（Advanced Research Projects Agency Network）。到 70 年代，ARPA 又设立了新的研究项目，支持学术界和工业界进行研究，将不同的计算机局域网互连，形成"互联网（internet）"。1983 年 TCP/IP 成为 ARPAnet 上的标准协议。虽然人们常说 ARPAnet 是因特网的前身，但完成实验任务的 ARPAnet 于 1990 年正式宣布关闭。现在的因特网是从 1985 年美国国家科学基金会（NSF）建设的国家科学基金网（NSFNET）作为主干网发展起来的。原来主要连接一些大学和科研机构，后来许多公司纷纷接入到因特网，网络通信流量急剧增大，因特网的主干网开始由私人公司运营并对接入因特网服务收费。最后发展成多级互联网服务提供商（Internet Service Provider，ISP）结构的因特网。个人计算机（Personal Computer，PC）的普及和万维网（World Wide Web，WWW）在因特网上的广泛应用，极大地促进了因特网的发展。

因特网是以相互交流信息资源为目的，由使用相同网络协议（TCP/IP）的计算机连接而成的全球网络。因特网上的任何一台计算机（节点）都可以访问其他节点的网络资源。因特网是不同网络通过路由器连入广域网实现远程互连而成的，它是一个信息资源和资源共享的集合。随着通信技术和计算机网络技术的发展，人们对未来因特网的要求主要体现在高速、安全、处理功能强大、应用服务种类齐全、使用方便等方面。因特网的终端设备也由单一的计算机向着多样化发展，尤其是手机上网的普及应用，移动互联网发展迅猛，国际电信联盟

ITU 的研究显示：2013 年全球网民数为 27 亿，到 2014 年底将逼近 30 亿，相当于全球人口的 40%，而全球移动宽带用户将达 23 亿，普及率将达 32%。2014 年 1 月中国互联网络信息中心（CNNIC）发布的统计数据显示：截至 2013 年 12 月，中国网民规模达 6.18 亿，其中，手机网民达 5 亿。

1.2.3　我国互联网的发展

我国最早在 1987 年实现了国际远程联网，1988 年实现了与欧洲和北美地区的 E-mail 通信。1994 年 4 月 20 日，中国国家计算和网络设施（National Computing and Networking Facility of China，NCFC）工程通过美国 Sprint 公司连入因特网的 64kbit/s 国际专线开通，实现了与因特网的全功能连接，代表中国正式加入因特网。1994 年 5 月，中国科学院高能物理研究所的国内首台 Web 服务器正式进入了因特网。1996 年 1 月，原中国电信建设的中国公用计算机互联网（CHINAnet）正式开通并投入运营。我国互联网发展早期，中国科学技术网（CSTNET）、中国教育科研网（CERNET）、中国公用计算机互联网（CHINAnet）和中国金桥信息网（CHINAGBN）被称为中国因特网的四大骨干网。现在中国科学院计算机网络信息中心（CNIC）、中国教育和科研计算机网网络中心（CERNET）两个机构和中国电信集团公司、中国联合通信有限公司及中国移动通信集团公司三家电信运营企业管理运营的网络是我国互联网的骨干。

中国科学院计算机网络信息中心下属的中国互联网络信息中心（CNNIC）是经国务院主管部门批准，于 1997 年 6 月 3 日组建的非营利性的管理和服务机构，行使国家互联网络信息中心的职责。CNNIC 是信息产业部批准的我国域名注册管理机构，是我国国家级 IP 地址分配中心，为我国互联网发展提供 IP 地址、CN 域名、中文域名、通用网址、AS 号码等互联网地址服务，并以专业技术为全球用户提供不间断的域名注册、域名解析和 Whois 查询服务。

1.2.4　浏览器与 Internet 应用

上网已经成了现代人生活的一部分，今天，网络已不仅仅是人们获取信息的平台，除了传统的信息服务外，与人们生活密切相关的网络应用也越来越多，例如，网上办公、网上购物、网上银行、网络电视、网上政务、网上学习、QQ 聊天等，网络正像当初计算机迅速普及到各行各业一样逐渐渗入到社会的方方面面。在我们日常上网中用的最多的软件非浏览器莫属，下面将对浏览器做简要介绍。

1. 什么是浏览器

浏览器（Browser）是指可以显示远端网页服务器传过来的（或者本地文件系统的）HTML（超文本标记语言）文件内容，并让用户与这些文件交互的一种软件。网页浏览器主要通过 HTTP 与网页服务器交互并获取网页，这些网页由 URL（统一资源定位符，就是常说的网址）指定，文件格式通常为 HTML，当然现在大部分的浏览器除了 HTML 之外还支持更广泛的其他格式的文件显示，例如 JPEG、PNG、GIF 等图像格式，并且能够扩展众多的插件，支持更多的功能。

事实上，现在的浏览器功能越来越强，正在成为一个通用的、标准的网络用户接口，成为一个综合的客户机软件，越来越多的网络应用都把浏览器作为标准客户机程序。现在我们基本上可以在浏览器中完成所有的网络应用操作，包括文件下载、收发邮件、网上办公、网上购物等。

2．浏览器应用

个人计算机上常见的网页浏览器很多，例如，微软 Internet Explorer、360 安全浏览器、搜狗高速浏览器、谷歌 Chrome、Firefox、Opera、GreenBrowser、腾讯 TT、傲游浏览器、百度浏览器、腾讯 QQ 浏览器等，各浏览器的功能和界面一般都大同小异，大部分都能免费下载使用，用户可根据自己的偏爱选择使用。图 1-6 所示为 360 安全浏览器的界面。

图 1-6　360 安全浏览器

1.3　实践任务

任务：Internet 应用

任务内容：

（1）在网上查找一个浏览器软件，并下载、安装试用。

（2）上网体验 Internet 上的各种应用，包括网页浏览、收发邮件、QQ 聊天、搜索引擎、资料下载、软件下载、网上商城等功能。

任务要求：

选择一个主题，搜索资料，写一篇小论文。

小结

1．计算机网络的定义：将地理位置不同的具有独立功能的多台计算机及其外部设备，通过通信线路连接起来，在网络操作系统、网络管理软件及网络通信协议的管理和协调下，实现资源共享和信息传递的计算机系统。

2．计算机网络的主要功能有：数据通信、资源共享、提高系统的可靠性、促进分布式数据处理和分布式数据库的发展以及实现远程控制等。

3．按照功能可以将计算机网络划分为通信子网和资源子网两部分。通信子网由通信处理机、通信链路和其他通信设备组成，其功能是通过通信处理机将资源子网中的资源连接起来进行通信。资源子网是指网络中共享的硬件、软件和数据资源，主要由网络的服务器、工作站、共享的打印机、存储设备和其他设备及相关软件所组成。

4．把计算机网络中的网络设备看作节点，而将连接各节点间的链路看作边，组成的图形就称为计算机网络的拓扑结构。按照信息传播方式，可以将网络拓扑结构分为两大类：点对点型和共享型（又称为广播型）。点对点型拓扑结构有星状、树状、网状和全互连等基本形式；共享型拓扑结构有总线型、环状，非常适合于无线通信网。

5．计算机网络按网络覆盖范围可分为局域网、城域网和广域网。

6．互联网（internet）指的是采用 TCP/IP 将不同的计算机网络互连起来，是网络的网络。因特网是全球最大的互联网，首字母大写的"Internet"特指因特网。

 习题

1-1　什么是计算机网络？简述计算机网络的主要功能。

1-2　简述计算机网络的组成。

1-3　什么是计算机网络的拓扑结构？计算机网络的拓扑结构有哪几种？

1-4　简述计算机网络有哪些分类方式？各分为哪几类？

1-5　简述什么是通信子网和资源子网。

1-6　简述你知道的 Internet 应用有哪些。

第 2 章

数据通信基础

【本章任务】掌握数据通信的基本概念和基本原理，理解数据通信系统的基本组成、传输方式和复用方式，研究数据通信和计算机网络的关系。

2.1 数据通信的基本概念及发展

数据通信是为了实现计算机（或终端）与计算机（或终端）之间信息交互而产生的一种通信方式，是通信技术与计算机网络技术相结合的产物。下面简要介绍数据通信的一些基本概念。

2.1.1 数据通信的基本概念

1. 数据的概念

通常所说的数据是将事实或观察的结果以数字、字母和各种符号的形式所做的记录。数据可以在物理介质上记录或传输，并通过外围设备被计算机接收。人们对数据进行加工处理（解释），就可以得到某种意义，这就是数据包含的信息。

数据是预先约定的具有某种含义的数字、字母或符号的组合。数据涉及事物的表示形式，是信息的载体，而信息则是数据的内容和解释。用数据表示信息的内容十分广泛，如电子邮件、文本文件、电子表格、数据库文件、图形和二进制可执行程序等。

注意，除数据外，不同的媒体形式还包括语音、图像、视频等，但它们都可以通过编码处理而变换成数据信息，因此，广义的数据概念可以包含所有的媒体形式。

2. 数据通信的概念

顾名思义，数据通信就是传输数据信息的通信方式。数据信号可以是模拟信号形式，也可以是数字信号形式。

为了使整个数据通信过程能按照一定的规则顺序地进行，通信双方必须建立一定的协议或约定，并且具有执行协议的功能，这样才能实现有意义的数据通信。

严格来讲，数据通信的定义是：依照通信协议，利用数据传输技术在两个功能单元之间传递数据信息，它可实现计算机与计算机、计算机与终端以及终端与终端之间的数据信息传递。

数据通信的内容包括数据传输和数据传输前后的数据处理。数据传输指的是通过某种方式建立一个数据传输通道传输数据信号，它是数据通信的基础；数据处理是为了使数据更有效、可靠地传输，包括数据集中、数据交换、差错控制和传输规程等。

2.1.2　数据通信的特点

与传统的电话通信相比，数据通信的特点如表 2-1 所示。

表 2-1　　　　　　　　　　　　　　　数据通信的特点

比较项目	电话通信	数据通信
传输的信号类型	终端发送和接收的都是模拟的电压信号	终端发送和接收的数据是离散的数字信号
通信的对象	人与人	计算机与计算机、人与计算机、计算机与终端、终端与终端
传输的可靠性	可接受的误码率小于 10^{-3}	可接受的误码率小于 10^{-9}
接口能力	灵活性要求差	灵活性要求高
通信量的突发性	突发性小，峰值速率与均值速率相差不大	突发性大，峰值速率与均值速率相差很大
每次呼叫的平均持续时间	平均持续时间 5min	25%的数据呼叫持续时间在 1s 以下 50%的数据呼叫持续时间在 5s 以下 90%的数据呼叫持续时间在 50s 以下
每次呼叫建立时间	较长，可达 15s	较短，通常小于 1.5s
传输时延	小于 250ms，且恒定不变	无要求

2.1.3　数据通信的发展

在 20 世纪 60 年代初，数据通信是在模拟网络环境下进行，那时人们采用专线或用户电报 Telex 进行异步低速数据通信。

20 世纪 70 年代初，计算机网络技术和分布处理技术的进步及用户需求量的增加，推动了数据通信网络与技术发展。采用分组交换技术组建的数据通信网的应用渐趋普及，它具有传输速率高、传输质量好、接续速度快及可靠性高等优点，提高了网络效率及线路利用率，成为当时计算机通信广泛采用的网络技术。

20 世纪 70 年代末，随着光纤技术的普及应用，一种利用数字通道提供半永久性连接电路的数字数据网络（DDN）出现，它具有安全性强、使用方便、可靠性高等优点，适宜相对固定而且信息量很大的数据通信服务。

进入 20 世纪 80 年代，微型计算机、智能终端、个人计算机（PC）等的广泛采用，使局部范围内（办公大楼或校园等）计算机和终端能够资源共享和相互通信，因而导致局域网（LAN）及其相应技术的迅速发展。同时，一种采用单一网络结构满足各种类型业务需求的概念形成，即综合业务数字网（ISDN），它将数据、语音，图像、传真等综合业务集中在同一网络中实现，以解决多种网络并存的局面。

20 世纪 90 年代，全球范围内 LAN 数量猛增，局域网在广域网环境中互连，在高质量光纤传输及智能化终端条件下网络技术得以简化，出现了帧中继（FR）这一快速分组交换技术，它具有高速率、吞吐能力强、时延短、适应突发性业务等优点，得到世界范围内的广泛重视。电信专家们提出将电路交换和分组交换优点相结合的异步转移模式（ATM）作为

B-ISDN（宽带 ISDN）的解决方案。另外，因特网进入崭新发展时期也是 90 年代数据通信网络发展的特征，因特网是世界范围的计算机网间网，它采用开放性通信协议（TCP/IP），将网络各异、规模各异及不同地理区域的计算网络互连成为一个整体，是目前规模最大的国际性计算机网络。

实践表明，ATM 并不能很好地适应多种速率、不同业务特性的众多宽带多媒体业务。在计算机网络领域占领主导地位的 IP 技术，由于具有开放性、灵活性和经济性的特点，与数据通信技术的结合越来越紧密，并在和 ATM 技术的竞争中具有明显优势，数据通信网呈现 IP 化的发展趋势。

数据通信领域发展迅速，应用范围和应用规模不断扩大，新的应用业务不断涌现，特别是网络互连技术的不断更新和发展以及移动数据通信的迅速发展，使得数据通信与网络技术不断更新换代，现代网络技术向高速、宽带、数字传输与综合利用的方向发展。

2.2 数据通信系统

2.2.1 数据通信系统的组成

数据通信系统是通过数据电路将分布在远地的数据终端设备与计算机系统连接起来，实现数据传输、交换、存储和处理的系统。数据通信系统的基本组成如图 2-1 所示。

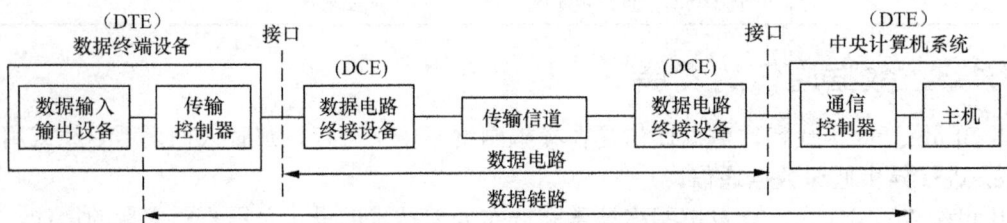

图 2-1 数据通信系统的基本组成

1．数据终端设备

数据终端设备（Data Terminal Equipment，DTE）是产生数据的数据源或接收数据的数据宿。它把人可识别的信息变成以数字代码表示的数据，并把这些数据送到远端的计算机系统，同时可以接收远端计算机系统的数据，并把它变为人可理解的信息，即完成数据的发送和接收。

数据终端设备（DTE）由数据输入、输出设备和传输控制器组成。

（1）数据输入、输出设备是操作人员与终端之间进行信息交换的主要装置。它把人可以识别的信息变换成计算机可以处理的信息或者相反的过程。常见的输入设备是键盘、鼠标和扫描仪；输出设备可以是显示器、打印机等。常见的输入、输出设备如图 2-2 所示。

（2）传输控制器执行与通信网络之间的通信过程控制，由软件实现，包括差错控制、流量控制、接续和传输等通信协议的实现。

图 2-2　常见的输入、输出设备

2．数据电路

数据电路位于数据终端设备和中央计算机系统之间，为数据通信提供一条传输通道。

数据电路由传输信道（通信线路）及两端的数据电路终接设备（Data Circuit- terminating Equipment，DCE）组成。

（1）传输信道。传输信道由通信线路和通信设备组成。通信线路一般采用电缆、光缆、微波和卫星等。通信设备可分为模拟通信设备和数字通信设备，从而使传输信道分为模拟传输信道和数字传输信道。

（2）数据电路终接设备（DCE）。DCE 是 DTE 与传输信道之间的接口设备，其主要作用是信号变换，即将 DTE 发出的数据信号变换成适合信道传输的信号，或完成相反的变换。

当传输信道为模拟传输信道时，发送方将 DTE 送来的数字信号进行调制（频谱搬移）变成模拟信号送往信道或进行相反的变换，这时 DCE 是调制解调器（Modem）。调制解调器如图 2-3 所示。

当传输信道为数字传输信道时，DCE 实际是数字接口适配器，其中包含数据服务单元（DSU）与信道服务单元（CSU）。前者执行码型和电平转换、定时、信号再生和同步等功能；后者则执行信道均衡、信号整形和环路检测等功能。

3．中央计算机系统

中央计算机系统处理从数据终端设备输入的数据信息，并将处理结果向相应数据终端设备输出。

中央计算机系统由主机、通信控制器（又称前置处理机）及外围设备组成。

（1）主机，又称中央处理机，由中央处理单元（CPU）、主存储器、输入/输出设备及其他外围设备组成，其主要功能是进行数据处理。

（2）通信控制器是数据电路和计算机系统的接口。用于管理与数据终端相连接的所有通信线路，接收从远程 DTE 发来的数据信号，并向远程 DTE 发出数据信号。如微机内的异步通信适配器（如 UART）和数字基带网中的网卡就是通信控制器。网卡如图 2-4 所示。

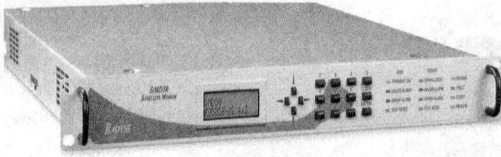

图 2-3   调制解调器

图 2-4   网卡

4．数据链路

数据链路是由控制装置（传输控制器和通信控制器）和数据电路所组成。它是在数据电路建立后，为了进行有效、可靠的数据通信，通过传输控制器和通信控制器按照事先约定的传输控制规程对传输过程进行控制，以便双方能够协调和可靠地工作，包括收发方同步、工作方式选择、差错检测及纠正和流量控制等。一般来说，只有建立起数据链路后，通信双方才能真正有效地进行数据通信。

2.2.2   数据通信系统的主要性能指标

在设计和评价通信系统性能优劣时，要涉及通信系统的性能指标。数据通信系统的性能指标主要有两个：有效性指标和可靠性指标。有效性指标用于衡量系统的传输效率，可靠性指标用于衡量系统的传输质量。

1．有效性指标

有效性指标是衡量系统传输能力的主要指标，通常用三个指标来说明：码元传输速率、信息传输速率及频带利用率。

（1）码元传输速率

定义：每秒传输信号码元的数目，又称调制速率、符号速率、传码率、波特率，用符号 R_B 表示。单位：波特（Baud），简写为 B 或 Bd。如果信号码元持续时间（时间长度）为 T（单位为 s），那么，码元传输速率公式为

$$R_B = \frac{1}{T} \tag{2-1}$$

图 2-5 所示为两种码元传输速率相同的数据信号，其中图 2-5（a）所示为二电平信号，即一个信号码元可以取"0"或"1"两种状态之一；图 2-5（b）所示为四电平信号，它在一个码元 T 中可能取 ±3 和 ±1 四种不同的值（状态），因此每个信号码元可以代表 4 种状态之一。

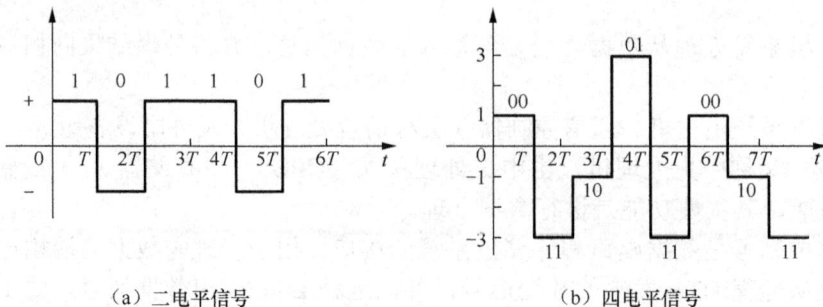

（a）二电平信号

（b）四电平信号

图 2-5   二电平信号和四电平数据信号

（2）信息传输速率

定义：每秒传输的信息量，又称传信率、比特率，用符号 R_b 表示。单位：比特/秒（bit/s）。

比特在数字通信系统中是信息量的单位。在二进制数字通信系统中，每个二进制码元若是等概率传送的，则信息量是 1bit。所以，一个二进制码元在此时所携带的信息量就是 1 比特。通常，在无特殊说明的情况下，都把一个二进制码元所传的信息量视为 1bit，即指每秒传送的二进制码元数目。在二进制数字通信系统中，码元传输速率与信息传输速率在数值上是相等的，但是单位不同，意义不同，不能混淆。在多进制系统中，多进制的进制数与等效对应的二进制码元数的关系为

$$M = 2^n \qquad (2\text{-}2)$$

式中，M 是进制数，n 是二进制码元数，这时信息传输速率和码元传输速率的关系为

$$R_b = R_B \log_2 M (\text{bit/s}) \qquad (2\text{-}3)$$

例如，在四进制中（$M=4$），已知码元传输速率 $R_B=600B$，则信息传输速率 $R_b=1200\text{bit/s}$。

（3）频带利用率

在比较两个通信系统的有效性时，单看它们的传输速率是不够的，或者说虽然两个系统的传输速率相同，但它们的系统效率可以是不一样的，因为两个系统可能具有不同的带宽，所以，衡量系统效率的另一个重要指标是系统的频带利用率 η。η 定义为

$$\eta = \frac{\text{码元传输速率}}{\text{频带宽度}}(\text{Bd/Hz}) \qquad (2\text{-}4)$$

或

$$\eta = \frac{\text{信息传输速率}}{\text{频带宽度}}(\text{bit/s} \cdot \text{Hz}^{-1}) \qquad (2\text{-}5)$$

通信系统所占用的频带越宽，传输信息的能力就越强。系统的频带利用率越高，系统的有效性就发挥得越好。

2．可靠性指标

由于数据信号在传输过程中不可避免地受到外界的噪声干扰，信道的不理想也会带来信号畸变，当噪声干扰和信号畸变达到一定程度时，就可能导致接收的差错。衡量数据通信系统可靠性的指标是传输的差错率，常用的有误码率、误比特率、误字符率或误码组率。

（1）误码率

定义：误码率（P_e）是指通信过程中系统传错的码元数目与所传输的总码元数目之比，即传错码元的概率。记为

$$P_e = \frac{\text{传错码元的个数}}{\text{传输码元的总数}} \qquad (2\text{-}6)$$

误码率是衡量数据通信系统在正常工作状态下传输质量优劣的一个非常重要的指标，它反映了数据信息在传输过程中受到损害的程度。误码率的大小，反映了系统传错码元的概率。误码率是指某一段时间内的平均误码率。对于同一条通信线路，由于测量的时间长短不同，误码率也不一样。在测量时间长短相同的条件下，测量时间的分布不同，如上午、下午

和晚上，它们的测量结果也不同。所以在通信设备的研发和验收时，应以较长时间的平均误码率来评价。

（2）误比特率

定义：误比特率（P_b）是指通信过程中系统传错的信息比特数目与所传输的总信息比特数之比，即传错信息比特的概率，也称误信率。记为

$$P_b = \frac{传错比特数}{传输的比特总数} \tag{2-7}$$

误比特率的大小，反映了信息在传输中，由于码元的错误判断而造成的传输信息错误的大小，它与误码率从两个不同层次反映了系统的可靠性。在二进制系统中，误码数目就等于传错信息的比特数，即 $P_e=P_b$。

（3）误字符率或误码组率

定义：通信过程中系统传错的字符（码组）数与所传输的总字符（码组）数之比，即传错字符（码组）的概率。记为

$$误字符率或误码组率 = \frac{传错的字符数或码组数}{传输的总字符数或码组数} \tag{2-8}$$

由于在一些数据通信系统中，通常以字符或码组作为一个信息单元进行传输，此时使用误字符率或误码组率更具实际意义，也易于理解。但由于几个比特表示一个字符或码组，而一个字符或码组中无论错一个还是多个比特都算错一个字符或码组，故用误字符率或误码组率评价数据电路的传输质量并不很确切。

2.3 数据传输代码

在数据终端设备或计算机内部，信息是用二进制数表示的，而数据终端设备或计算机输入输出的数据信息是由人们容易识别的各种字母、数字或符号的组合来表示的。因而，为了实现正确的数据通信需将二进制与字符、数字和符号的对应关系做统一的规定，这种规定称为传输代码或编码。目前常用的传输代码有四种：国际电报 2 号码（IAT2）、国际 5 号码（IA5）、EBCDIC、信息交换用汉字代码。

1. 国际电报 2 号码

国际电报 2 号码（IAT2）是一种 5 单位代码，也称博多码。由 5 位二进制码组成，是电报通信中广泛使用的一种代码。通常在电报与计算机通信时使用，在低速（50 Bd）数据通信中有时也使用。

2. 国际 5 号码

国际 5 号码（IA5），1963 年由美国标准化协会（ANSI）最早提出，后被 ISO 和原 CCITT（现 ITU-T）采纳并发展成为国际通用的信息交换用标准代码，即 ASCII 码。

标准的 ASCII 码是一种 7 单位代码，即用 7 位二进制码表示一个字母、数字或符号。ASCII 编码如表 2-2 所示。

表 2-2　　　　　　　　　　　　　　ASCII 编码表

H L	000	001	010	011	100	101	110	111
0000	NUL	DLE	SP	0	@	P	`	p
0001	SOH	DC1	!	1	A	Q	a	q
0010	STX	DC2	"	2	B	R	b	r
0011	ETX	DC3	#	3	C	S	c	s
0100	EOT	DC4	$	4	D	T	d	t
0101	ENQ	NAK	%	5	E	U	e	u
0110	ACK	SYN	&	6	F	V	f	v
0111	BEL	ETB	,	7	G	W	g	w
1000	BS	CAN	)	8	H	X	h	x
1001	HT	EM	(	9	I	Y	i	y
1010	LF	SUB	*	;	J	Z	j	z
1011	VT	ESC	+	;	K	[	k	{
1100	FF	FS	,	<	L	\	l	|
1101	CR	GS	-	=	M	]	m	}
1110	SO	RS	.	>	N	^	n	~
1111	SI	US	/	?	O	_	o	DEL

国际 5 号代码表是由 $2^7=128$ 个字符构成的字符集，可分为控制字符和图形字符两类。控制字符只产生控制功能，不被显示或打印。总共 6 类：① 传输控制字符；② 格式控制字符；③ 代码扩充控制字符；④ 设备控制字符；⑤ 信息分隔符；⑥ 其他控制字符。图形字符为显示或打印的字符，共 94 个，包括 52 个大小写英文字母、10 个数字和 32 个图形符号。

字符集中每个字符都是由 7 位（比特）组成的，表示为（b_7，b_6，b_5，b_4，b_3，b_2，b_1）。其中 L 表示为（b_4，b_3，b_2，b_1）；H 表示为（b_7，b_6，b_5）。串行传输时，先发送低位 b_1，后发送高位 b_7。

为了提高传输的可靠性，可以在 b_7 后加第 8 位 b_8 作为奇偶校验位，通常同步工作时采用奇校验，起止式工作时采用偶校验。所谓奇偶校验就是加上 b_8 后，使 $b_1 \sim b_8$ 中"1"的个数为奇数或偶数。

ASCII 码是当前在数据通信中使用最普遍的一种代码。我国在 1980 年颁布的国家标准 GB 1988—80《信息处理交换用的七位编码字符集》也是根据 ASCII 码来制定的，它与 ASCII 的差别在于将国际通用的货币符号"¤"改为人民币符号"¥"，在国内通用。

3．EBCDIC

EBCDIC（Extended Binary Coded Decimal Interchange Code）为 IBM 公司于 1963 年～1964 年间推出的字符编码表，根据早期打孔机式的二-十进制数（Bindary Coded Decimal，BCD）排列而成。这种码一般不作为远距离传输用，而作为计算机内部码使用。

4．信息交换用汉字代码

信息交换用汉字代码是汉字信息交换用的标准代码，它适用于一般的汉字处理、汉字通信等系统之间的信息交换。对于任何一个图形字符都采用两个字节表示，每个字节均采用中国国标 GB 1988—80《信息处理交换用的七位编码字符集》的 7 单位代码。

2.4　数据传输方式

数据传输方式是指数据在信道上传送所采取的方式。如按数据代码传输的顺序可以分为并行传输和串行传输；如按数据传输的同步方式可分为同步传输和异步传输；如按数据传输的流向和时间关系可分为单工、半双工和全双工数据传输。

2.4.1　并行传输与串行传输

1．并行传输

并行传输指的是数据以成组的方式，在多条并行信道上同时进行传输。发送设备将这些数据位通过对应的数据线传送给接收设备，还可附加一位数据校验位。接收设备同时接收到这些数据，不需要作任何变换就可直接使用。图 2-6 所示为一个采用 8 位二进制码构成一个字符进行并行传输的示意图。

（1）并行传输的主要优点

① 系统采用多个信道并行传输，一次传送一个字符，因此收、发双方不存在字符同步问题，不需要额外的措施来实现收、发双方的字符同步。

② 传输速率高，一位（比特）时间内可传输一个字符。

（2）并行传输的主要缺点

① 通信成本高。每位传输要求一个单独的信道支持，因此，如果一个字符包含 8 个二进制位，则并行传输要求 8 个独立的信道的支持。

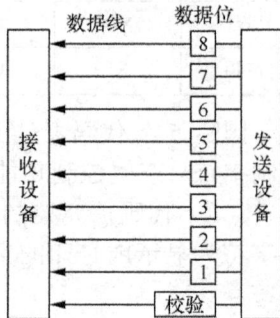

图 2-6　并行数据传输

② 不支持长距离传输。由于信道之间的电容感应，远距离传输时，可靠性较低，因此较少使用。适于在一些设备之间的距离较近时采用，例如，计算机和打印机之间的数据传送。

2．串行传输

串行传输是指组成字符的若干位二进制码排列成数据流，以串行的方式在一条信道上传输。通常传输顺序为由低位到高位，传完一个字符再传下一个字符，因此，收、发双方必须保持字符同步，以使接收方能够从接收的数据比特流中正确区分出与发送方相同的一个个字符。这就需外加同步措施，这是串行传输必须解决的问题。

串行传输只需要一条传输信道，易于实现，是目前远距离传输时主要采用的一种传输方式。串行数据传输方式如图 2-7 所示。串行传输时，数据逐位依次在通信线路上传输，先由计算机内部的发送设备将并行数据经并/串变换电路变换成串行方式，再逐位经传输线到达接收设备，并在接收端将串行数据经串/并变换电路从串行方式重新变换成并行方式，以供接收方使用。

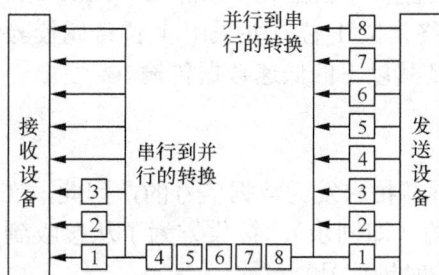

图 2-7　串行数据传输

2.4.2　同步传输与异步传输

在串行传输中，接收端如何从串行数据流中正确区分出发送的每一个字符，即如何解决字符的同步问题，目前有两种主要的方式：异步传输和同步传输。

1. 异步传输

异步传输方式一般以字符为单位传输，发送每一个字符代码时，都要在前面加上一个起始位，长度为 1 个码元长度，极性为"0"，表示一个字符的开始；后面加上一个终止位，长度为 1、1.5 或 2 个码元长度（对于国际电报 2 号码，终止位长度为 1.5 个码元长度，对于国际 5 号码或其他代码时，终止位长度为 1 个或 2 个码元长度），极性为"1"，表示一个字符的结束。字符可以连续发送，也可以单独发送；当不发送字符时，连续发送"止"信号，即保持"1"状态。因此，每个字符的起止时刻可以是任意的（这正是称为异步传输的含义）。接收方可以根据字符之间从终止位到起始位的跳变，即由"1"变为"0"的下降沿来识别一个字符的开始，然后从下降沿以后 $T/2$ 秒（T 为接收方本地时钟周期）开始每隔 T 秒进行取样，直到取样完整个字符，从而正确地区分每一个字符，这种字符同步方法又称为起止式同步。图 2-8（a）所示为异步传输的情况。

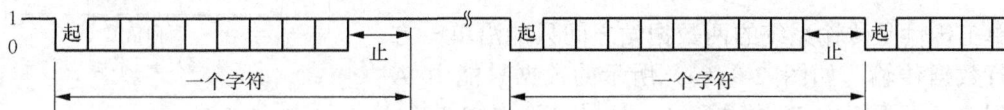

（a）异步传输

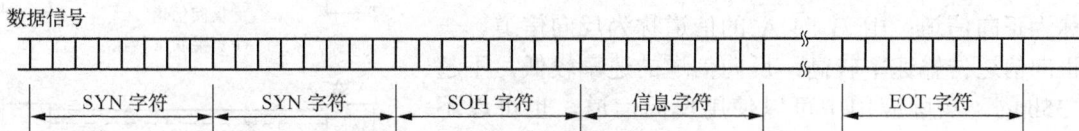

（b）字符同步

（c）帧同步

图 2-8　异步传输和同步传输

异步传输的优点是实现字符同步比较简单，收、发双方的时钟信号不需要严格同步。缺点是对每个字符都需加入起始位和终止位（即增加 2～3bit），降低了传输效率。如字符采用国际 5 号码，起始位 1 位，终止位 1 位，并采用 1 位奇偶校验位，则传输效率为 70%。异步传输方式常用于 1200bit/s 及其以下的低速数据传输。

2．同步传输

同步传输是以固定的时钟节拍来发送数据信号的，因此，在一个串行数据流中，各信号码元之间的相对位置是固定的（即同步）。接收方为了从接收到的数据流中正确地区分一个个信号码元，必须建立准确的时钟信号。

在同步传输中，数据的发送一般以组（或帧）为单位，一组或一帧数据包含多个字符代码或多个比特，在组或帧的开始和结束需加上预先规定的起始序列和结束序列作为标志。起始序列和结束序列的形式根据采用的传输控制规程而定，有两种同步方式，即字符同步和帧同步，分别如图 2-8（b）和图 2-8（c）所示。

字符同步在 ASCII 中用 SYN（码型为"0110100"）作为"同步字符"，以通知接收设备表示一帧的开始；用 EOT（码型为"0010000"）作为"传输结束字符"，以表示一帧的结束。

帧同步中用标志字节 FLAG（码型为"01111110"）来表示一帧的开始或结束。由于帧的发送长度是可变的，而且不能预先决定何时开始帧的发送，故用标志序列来表示一帧的开始和结束。

与异步传输方式相比，同步传输方式发送字符时不需要对每个字符单独加起始位和终止位，只是在一串字符的前后加上标志序列，故具有较高的传输效率，但实现起来比较复杂，通常用于速率 2400bit/s 及以上的数据传输。

2.4.3　单工、半双工和全双工传输

根据实际需要数据通信采用单工、半双工和全双工 3 种传输方式或通信方式，如图 2-9 所示。通信一般总是双向的，这里所谓的单工、双工指的是数据传输的方向、与时间的关系。

1．单工传输

单工传输是传输系统的两数据站之间只能沿单一方向进行数据传输，如图 2-9（a）所示的数据只能由 A 传送到 B，而不能由 B 传送到 A，但是允许由 B 向 A 传送一些简单的控制信号（联络信号）。由 A 到 B 的信道称为正向信道；由 B 向 A 的信道称为反向信道。一般正向信道传输速率较高，反向信道的速率较低，不超过 35bit/s。实际应用中可以使用反向信道，也可以不用。气象数据的收集、计算机与监视器及键盘与计算机之间的数据传输就是单工传输的例子。

2．半双工传输

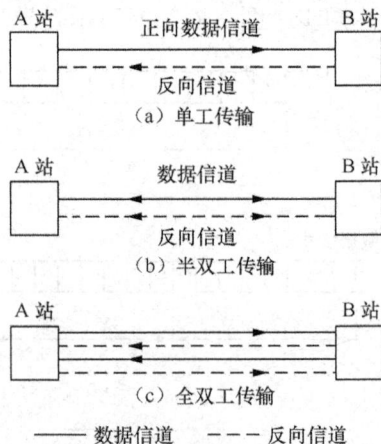

图 2-9　单工、半双工、全双工

半双工传输是系统两端可以在两个方向上进行数据传输，但两个方向的传输不能同时进行，当其中一端发送时，另一端只能接收，反之亦然，如图 2-9（b）所示。无论哪一方开始传输，都使用信道的整个带宽。对讲机和民用无线电都是半双工传输。

3. 全双工传输

全双工传输是系统两端可以在两个方向上同时进行数据传输，即两端都可同时发送和接收数据，如图 2-9（c）所示，适于计算机之间的高速数据通信系统。

通常四线线路实现全双工数据传输；二线线路实现单工或半双工数据传输。在采用频分复用、时分复用或回波抵消技术时，二线线路也可实现全双工数据传输。

2.5 数据通信的复用技术

为了提高线路的利用率，使多路信号在一个信道上进行传输的技术叫作多路复用技术。数据通信中，常用的多路复用技术包括频分多路复用、时分多路复用、统计时分多路复用和波分多路复用技术。

2.5.1 频分多路复用

频分多路复用（Frequency Division Multiplexing，FDM）技术是一种按频率来划分信道的复用方式，它把整个物理媒介的传输频带，按一定的频率间隔划分为若干较窄的信道（子信道），每个子信道提供给一个用户使用。频分多路复用如图 2-10 所示。

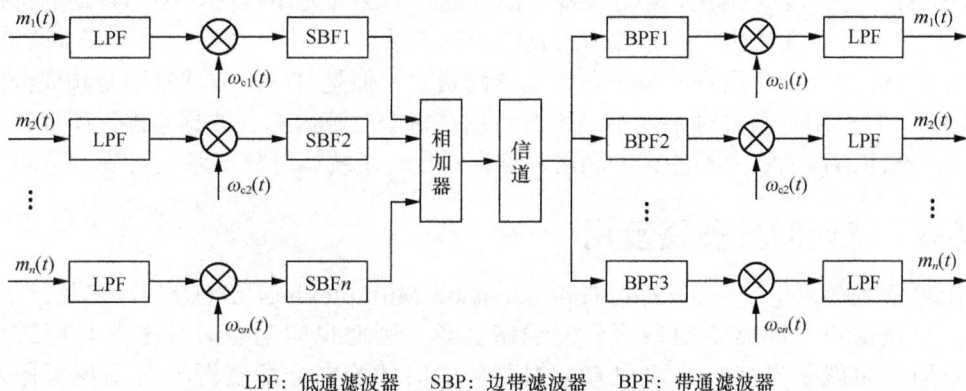

LPF：低通滤波器   SBP：边带滤波器   BPF：带通滤波器

图 2-10 频分多路复用

使用 FDM 时，需利用载波调制技术，实现原始信号的频谱搬移，使得多路信号在整个物理信道带宽允许的范围内，实现频谱上的不重叠，从而共用一个信道。其工作过程是先对多路信号的频谱范围进行限制（分割频带），然后通过变频处理，将多路信号分配到不同的频段。为了防止多路信号之间的相互干扰，使用隔离频带来隔离每个子信道。

FDM 最早用于传输模拟信号的频分制信道，主要用于电话、电报和有线电视（CATV）。在数据通信中，需和调制解调技术结合使用。虽然 FDM 可使多个用户共享一条传输线路资源，但由于 FDM 给每个用户预分配好子频带，各用户独占子频带，使得线路的传输能力不能充分利用。

2.5.2 时分多路复用

时分多路复用（Time Division Multiplexing，TDM）又称静态时分复用，或同步时分复用。TDM 采用固定时隙分配方式，即一条信道按时间分成若干个时间片（时隙），轮流地分配给多个信号使用，使得它们在时间上不重叠。每一时隙由复用的一个信号占有，利用每个信号在时间上的交错，在一条信道上传输多个数字信号。

图 2-11 所示为一个时分多路复用器的示意图。我们可以把复用器比作一个旋转开关，开关的每个接点与一个低速信道相连，当开关的刀旋转到某一接点时，发送端就对该信号的数据抽样，然后送到复用信道上去。接收端开关的刀和发送端开关的刀同步旋转，把复用信道中的数据分别传到相应的低速信道上去。PCM30/32 路系统就是 TDM 的一个典型例子。

图 2-11　时分多路复用

TDM 技术主要用于数字信号。因此，与 FDM 将信号结合成一个单一复杂信号的做法不同，TDM 保持了信号在物理上的独立性，而从逻辑上把它们结合在一起。

TDM 系统的明显特点是：复用设备内部各通路的部件通用性好，因为各路的部件大都是相同的；要求收、发同步工作，故需有良好的同步系统。

虽然 TDM 可使多个用户共享一条传输线路资源，但是 TDM 方式时隙是预先分配的，且是固定的，每个用户独占时隙，不是所有终端在每个时隙内都有数据输出，所以时隙的利用率较低，线路的传输能力不能充分利用。这样就出现了统计时分多路复用。

2.5.3　统计时分多路复用

统计时分多路复用（Statistical Time Division Multiplexing，STDM），它是针对 TDM 的缺点，根据用户实际需要动态地分配线路资源，因此也叫动态时分多路复用或异步时分多路复用。也就是当某一路用户有数据要传输时才给它分配资源，若用户暂停发送数据时，就不给其分配线路资源，线路的传输能力可用于为其他用户传输更多的数据，从而提高了线路利用率。这种根据用户的实际需要分配线路资源的方法称为统计时分多路复用。

图 2-12 所示为 TDM 和 STDM 复用原理的基本差别。可见，利用 TDM 时，虽然在第 1 个扫描周期中的 C_1、D_1 时隙，第 2 个扫描周期中的 A_2 时隙，第 3 个扫描周期中的 A_3、B_3、C_3 时隙中无待发送的数据信息，但仍占用固定时隙，这样，等于白白浪费信道的资源，降低了传输效率。而 STDM，是按需分配时隙的，各路输入数据信息并不占用固定的时隙，所以就不会发送空的时隙。在第 1 个周期（时间段）中，只有来自 A、B 的时隙被发送，使时隙得到充分利用，从而提高了传输效率。因此，在 STDM 系统中，集合信道的传输速率可以大于各低速数据信道速率之和。

由此可见，STDM 可以提高线路传输的利用率，这种方式特别适合于计算机通信中突发性或断续性的数据传输。

在 STDM 中，时隙位置失去了意义，因此当用户数据到达接收端时，由于它们不是以固定的顺序出现的，接收端就不知道应该将哪一个时隙内的数据送到哪一个用户。为了解决这个问题，必须在所传数据单元前附加地址信息，并给所传数据单元加上编号。这种机理在逻辑上把传输信道分成若干子信道，称之为逻辑信道。每个子信道可用相应的号码表示，称作逻辑信道号。逻辑信道号作为传输线路的一种资源，为用户提供了独立的数据流通路，对每一个用户，每次通信可分配不同的逻辑信道号。

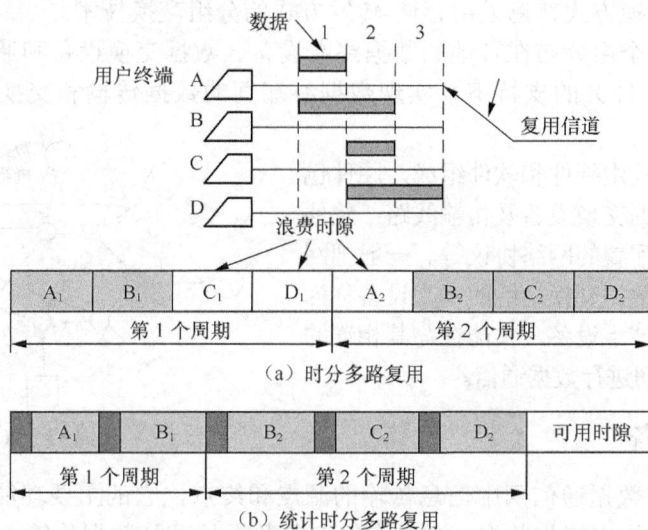

（a）时分多路复用

（b）统计时分多路复用

图 2-12　TDM 和 STDM 复用原理的基本差别

2.5.4　波分多路复用

波分多路复用（Wavelength Division Multiplexing，WDM）是在一根光纤中同时传输多个波长光信号的一项技术。其基本原理是在发送端将不同波长的光信号组合起来（复用），送入光缆线路上的同一根光纤中进行传输，在接收端又将组合波长的光信号分开（解复用），恢复出原信号后送入不同的终端。也就是说利用波分复用设备将不同信道的信号调制成不同波长的光信号，并复用到光纤信道上，在接收方，利用波分设备分离不同波长的光信号。波分多路复用与频分多路复用在本质上是没有什么区别的，一般载波间隔比较小时（小于 1nm）称为频分复用，载波间隔较大时（大于 1nm）才称为波分复用。

波分多路复用技术的出现使光通信系统的容量提高了几十倍、几百倍。

WDM 系统按工作波长的波段不同可以分为两类：一类是在整个长波段内信道间隔较大的复用，称为粗波分复用（CWDM）；另一类是在 1550nm 波段的密集波分复用（DWDM）。它是在同一窗口中信道间隔较小的波分复用，可以同时复用 4、8、16 或更多个波长，其中每个波长之间的间隔为 1.6nm、0.8nm 或更低。另外 EDFA（Erbium-doped Optical Fiber Amplifier，掺铒光纤放大器）成功地应用于 DWDM 系统，极大地增加了光纤的传输距离。

WDM 系统的基本构成形式主要有两种，即双纤单向传输和单纤双向传输。双纤单向传输是指采用两根光纤实现两个方向信号传输，完成全双工通信。单纤双向传输是指光通路在一根光纤中同时沿两个不同的方向传输，此时，双向传输的波长互相分开，以实现双方全双工通信。

2.6 数据通信网

一般来讲，以传输数据为主的网络称为数据通信网。数据通信网可以进行数据交换和远程信息的处理，其交换方式普遍采用存储-转发方式的分组交换技术。

数据通信网是一个由分布在各地的数据终端设备、数据交换设备和通信线路所构成的网络，在网络协议（软件）的支持下，实现数据终端间的数据传输和交换。数据通信网如图2-13所示。

数据通信网通常是由硬件和软件组成，硬件包括数据终端设备、数据交换设备及传输线路；软件是为支持这些硬件而配置的网络协议等。一般把网络中完成数据传输和数据交换功能的一个设备称为节点，正是通过这些节点设备，才能在与其相连的计算机或数据终端之间进行数据通信。

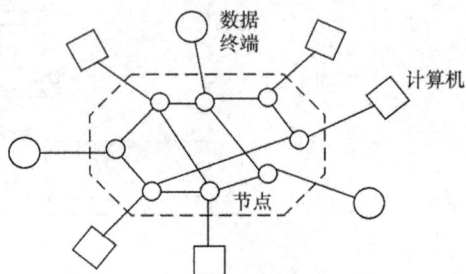

图 2-13　数据通信网

1．数据终端设备

数据终端设备是数据通信网中信息传输的源点和终点，它的主要功能是向网络（传输链路）输出数据和从网络中接收数据，并具有一定的数据处理和数据传输控制功能。

数据终端设备可以是计算机，也可以是一般数据终端。

2．数据交换设备

数据交换设备是数据通信网的核心。它的基本功能是完成对接入交换节点的数据传输链路的汇集、转接接续和分配。

这里需要说明的是：在数字数据网（DDN）中是没有交换设备的，它采用数字交叉连接（DXC）设备作为数据传输链路的转接设备；而在广播式数据网中，也没有交换设备，它采用多路访问技术来共享传输媒体。

3．通信线路

通信线路在数据通信网中完成数据信息比特流的传输，包括有线通信线路和无线通信线路。

2.7 实践任务

任务：数据通信与计算机网络资料搜集

任务内容：
在网上查找有关数据通信、计算机网络、数字通信的资料。
任务要求：
分析数据通信、数字通信、计算机网络的区别和联系。

![小结图标] **小结**

1．数据是预先约定的具有某种含义的数字、字母或符号的组合。信号是消息的物理载体。数据通信的定义：依照通信协议，利用数据传输技术在两个功能单元之间传递数据信息，它可实现计算机与计算机、计算机与终端以及终端与终端之间的数据信息传递。

2．数据通信系统由数据终端设备（DTE）、数据电路和中央计算机系统组成。

3．目前常用的传输代码有 4 种：国际电报 2 号码（IAT2）、国际 5 号码（IA5）、EBCDIC、信息交换用汉字代码。

4．数据传输方式是指数据在信道上传送所采取的方式。如按数据代码传输的顺序可以分为并行传输和串行传输；如按数据传输的同步方式可分为同步传输和异步传输；如按数据传输的流向和时间关系可分为单工、半双工和全双工数据传输。

5．多路复用技术就是使多路单个信号在一个信道上进行传输的技术。目的是提高线路的利用率。数据通信中，常用的多路复用技术包括频分多路复用、时分多路复用、统计时分多路复用和波分多路复用技术。

6．数据通信网是一个由分布在各地的数据终端设备、数据交换设备和通信线路所构成的网络，在网络协议（软件）的支持下，实现数据终端间的数据传输和交换。

![习题图标] **习题**

2-1　什么是数据通信？它与电话通信的区别是什么？

2-2　说明数据通信系统的基本构成，及其每部分的功能。

2-3　什么是数据电路？它的主要功能是什么？

2-4　设数据信号码元时间长度为 833×10^{-6}s，如采用八电平传输，试求数据传信速率和调制速率。

2-5　9600bit/s 的线路上，进行 1h 的连续传输，测试结果为 150bit 的差错，该系统的误码率是多少？

2-6　异步传输中，假设停止位为 1 位，无奇偶校验，数据位为 8 位，传输效率是多少？

2-7　什么是异步传输、同步传输、并行传输和串行传输？

2-8　什么是单工、半双工、全双工数据传输？

2-9　什么是多路复用技术？简述 FDM、TDM、STDM 和 WDM 的含义。

2-10　数据通信网是如何构成的？有哪些类型的数据通信网？

第 3 章

组建家庭或办公室网络

【本章任务】熟悉网卡的配置和网线制作，了解集线器原理以及家用宽带路由器的基本功能，掌握利用集线器或家用宽带路由器组建家庭或办公室网络的方法，完成多台计算机的有线或无线共享上网配置。

3.1 网卡与网线

3.1.1 网卡及配置

1．网卡的基本概念

网卡（Network Interface Card，NIC）也叫网络适配器，是计算机连接网络中各设备的接口。网卡插在计算机或服务器扩展槽中，通过网络介质（如双绞线、同轴电缆或光纤）与其他计算机连接，以达到网络数据交换（资源共享）的目的。

2．网卡的作用

网卡的主要作用可以分为：固定网络地址、数据转换并发送到网线上和接收数据并转换数据格式。

说到网络地址，首先要清楚的是它跟计算机所在的地理位置没有直接关系，然后一定要分清楚以下几个概念。

（1）MAC 地址，网卡在出厂时已经固化了一个全球唯一的 48 位二进制地址，所以网卡的 MAC 地址也叫物理地址。

（2）IP 地址，它可以在网卡的网络属性参数中进行灵活配置，因此是一种逻辑地址。

在 DOS 命令行使用 ipconfig /all 命令可以查看计算机网卡的 MAC 地址及网卡的网络属性参数。如图 3-1 所示。

（3）网络域名地址，由于 IP 地址不便记忆，所以给网络中经常访问的主机的 IP 地址对应地起一个域名，如石家庄邮电职业技术学院的网站主页地址为：

http://www.sjzpc.edu.cn/sjzyd/，其中 www.sjzpc.edu.cn 为域名。

又如大家熟悉的百度的主页地址为：

http://www.baidu.com/，其中 www.baidu.com 为域名。

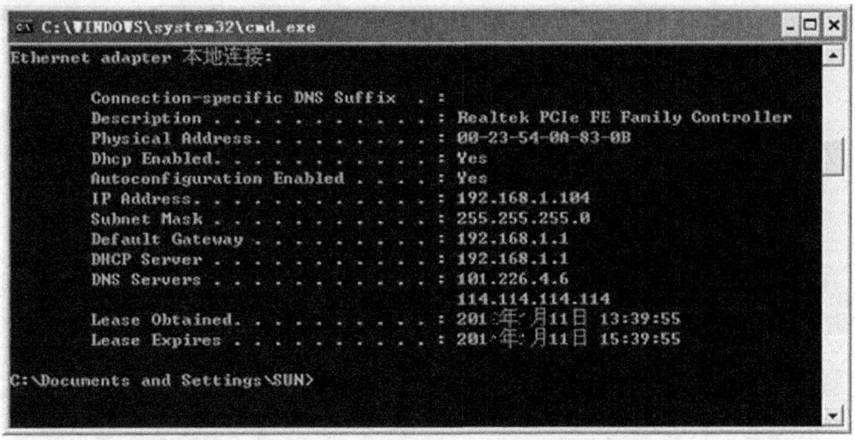

图 3-1 使用 ipconfig /all 命令查看的网络参数

3. 网卡的工作原理

（1）计算机发送数据时，网卡首先侦听通信介质上是否有载波（载波由电压指示）。如果有，则认为其他主机正在传送信息，继续侦听介质。一旦通信介质在一定时间段内（称为帧间缝隙 IFG=9.6μs）没有侦听到载波，即没有被其他主机占用，则开始进行帧数据发送，同时继续侦听通信介质，以检测冲突。如果检测到冲突，则根据一定算法确定一个随机的等待时间，然后再开始侦听。这就是将在后面具体介绍的 CSMA/CD 协议。

（2）计算机接收数据时，网卡根据收到数据帧中的目的 MAC 地址，决定是否应该接收。因此使用域名进行访问的过程中，存在两次网络地址的转换，一是网络域名地址到 IP 地址的转换，由 DNS 服务器完成；二是 IP 地址到 MAC 地址的转换，由 ARP 完成。

4. 常用网卡的配置

下面主要介绍在计算机上常用的 RJ45 接口的有线网卡和支持 Wi-Fi 的无线网卡的配置。网卡使用前，除了正确安装驱动程序外，还要配置网卡的网络参数，将其配置到事先规划好的网络中。

（1）有线网卡的配置

有线网卡的配置过程如图 3-2 所示（以 Windows XP 系统为例）。

① 在 PC 右下角的状态栏上有代表"本地连接"的两个小计算机图标，右键单击后，选择"打开网络连接"，可以在"网络连接"页面看到"本地连接"，在"本地连接"的右键菜单单击"属性"，也可以看到"本地连接"的"属性"页面。注意当本地连接没有建立时，小计算机图标右边有个小红叉。

或者在 PC 右下角的状态栏上有代表"本地连接"的两个小计算机图标，鼠标右键单击后，选择"状态"，在本地连接的"状态"页面单击"属性"，可以看到"本地连接"的"属性"页面。注意，只有在已经建立本地连接时，"状态"才能选择。

或者在桌面的网上邻居右键菜单单击"属性"，可以在"网络连接"页面看到"本地连接"，在"本地连接"的右键菜单单击"属性"，也可以看到"本地连接"的"属性"页面。

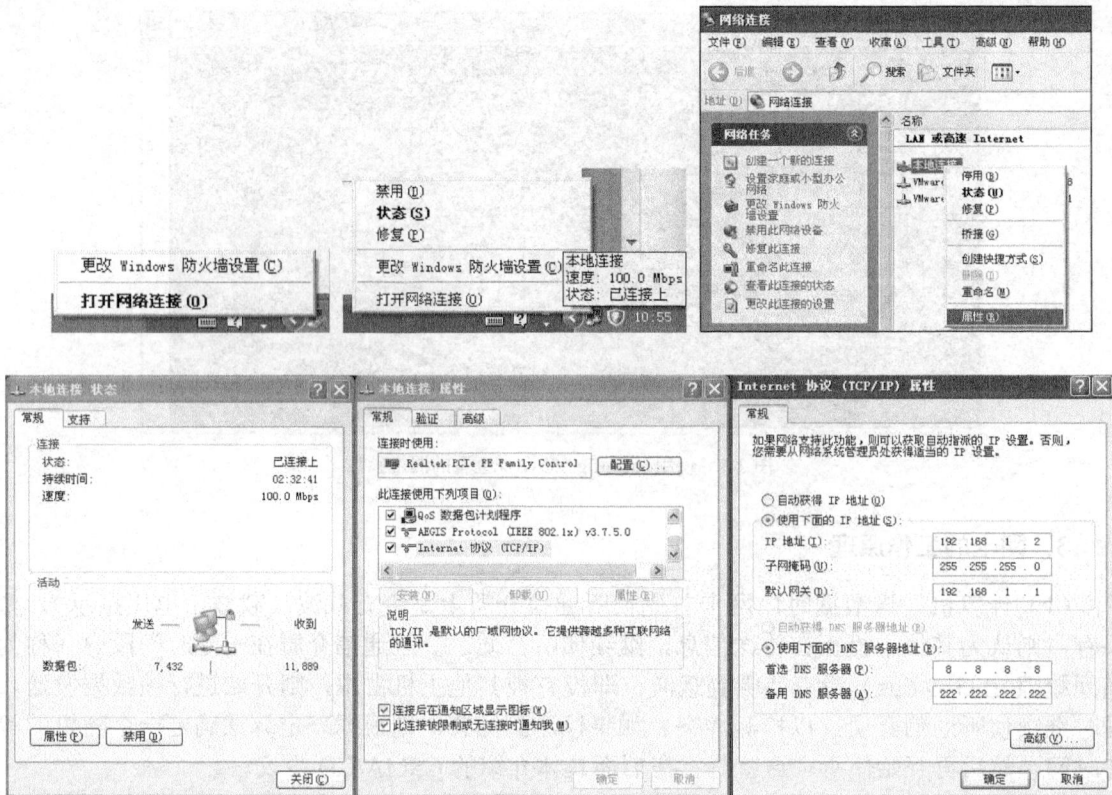

图 3-2　网卡的网络参数配置过程

② 在 "本地连接" 的 "属性" 页面的 "此连接使用下列项目" 下面的框里选择 "Internet 协议（TCP/IP）"，再单击该框下面的 "属性"，可以看到 "Internet 协议（TCP/IP）属性" 页面。

③ 在 "Internet 协议（TCP/IP）属性" 页面，按照图 3-2 配置 IP 地址、子网掩码、默认网关和 DNS 服务器地址等网络参数。其中 IP 地址是唯一分配给该网卡的；子网掩码是用来与 IP 地址逐位进行异或逻辑运算共同确定计算机所在的网络号的；默认网关是事先指定的该计算机与外网通信时必须经过的网关设备的 IP 地址；DNS 服务器地址是在可达的网络上提供 DNS 解析服务的 DNS 服务器的 IP 地址，可设一主一备两个，至少要设一个。

无论 "本地连接" 还是 "无线网络连接"，当网络中有 DHCP 服务器开启时，在 "Internet 协议（TCP/IP）属性" 页面，都可选择 "自动获取 IP 地址"；当网关设备设置了域名服务器时，都可选择 "自动获得 DNS 服务器地址"。

当连接好网线，配置好网卡的网络参数后，计算机就能上网了。这时既可以通过浏览器在网上冲浪，也可以使用 QQ 等一些网络程序。

（2）无线网卡的配置

在 PC 或笔记本计算机上配置无线网络参数的过程如图 3-3 所示（以 Windows XP 为例）。

① 当无线连接没有建立时，在 PC 或笔记本计算机右下角的状态栏上有代表 "无线网络连接" 的一个带有无线电波标志的小计算机图标，其右边有个小红叉。在 "无线网络连接" 右键菜单中选择 "打开网络连接"，可以在 "网络连接" 页面看到 "无线网络连接"；在

"无线网络连接"的右键菜单点击"属性"，也可以看到"无线网络连接"的"属性"页面。

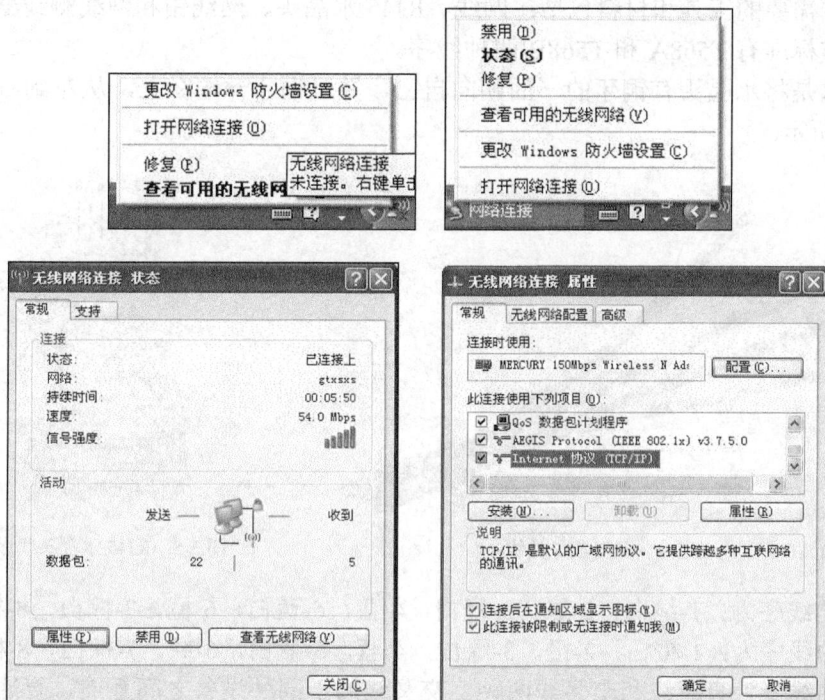

图 3-3　PC 或笔记本计算机上配置无线网络参数过程

② 或者在 PC 或笔记本计算机右下角的状态栏上有代表"无线网络连接"的一个带有无线电波标志的小计算机图标，右键点击后，选择"状态"，在无线网络连接的"状态"页面点击"属性"，可以看到"无线网络连接"的"属性"页面。注意，只有在已经建立无线网络连接时，"状态"才能选择。

③ 或者在桌面的网上邻居右键菜单单击"属性"，可以在"网络连接"页面看到"无线网络连接"，在"无线网络连接"的右键菜单单击"属性"，也可以看到"无线网络连接"的"属性"页面。

④ 在"无线网络连接"的"属性"页面的"此连接使用下列项目"下面的框里选择"Internet 协议（TCP/IP）"，再单击该框下面的"属性"，可以看到"Internet 协议（TCP/IP）属性"页面。

⑤ 在"Internet 协议（TCP/IP）属性"页面，和有线网卡的"本地连接"网络属性配置一样，配置 IP 地址、子网掩码、默认网关和 DNS 服务器地址等网络参数。

配置好无线网卡的网络参数后，就可以在右键菜单单击"查看可用的无线网络"，在无线网络列表中选择有权使用的无线网络，单击"连接"，并填写正确的密钥，就可以上网了。使用过的无线网络会保存起来，在下次开机时，计算机会自动地连接已保存的可用的无线网络。

3.1.2　网线制作

与有线网卡的 RJ45 接口连接的网线是 8 芯的双绞线，最常用的是非屏蔽 5 类线。如图

3-4 所示。

制作网线需要的工具和材料包括：网线、RJ45 水晶头、网线钳和网线测线器。

网线制作标准有 T568A 和 T568B 两种线序。

线序读法是将水晶头有铜牙的一面朝向自己，并且铜牙一端在上，从左到右依次为 1～8。如图 3-5 所示。

图 3-4　非屏蔽 5 类线　　　　　　　图 3-5　RJ45 水晶头线序

T568A 的线序为：1-绿白，2-绿，3-橙白，4-蓝，5-蓝白，6-橙，7-棕白，8-棕。

T568B 的线序为：1-橙白，2-橙，3-绿白，4-蓝，5-蓝白，6-绿，7-棕白，8-棕。

常用的网线分为直通线和交叉线两种。交叉线用于同种设备之间互连，直通线用于异种设备之间相连。

直通线使信号直接通过，两头线对排列顺序一一对应，这样才能传递信号，所以叫直通线。直通线的两端都是同一线序，一般都使用 T568B 的线序。通常直通线用于 PC-交换机、交换机-路由器、路由器-HUB、PC-HUB 之间。

交叉线，因为在同种设备之间，一般一个用来发信号，一个用来收信号，收发用不同的线对在水晶头中排列的位置两头就不对应，所以叫交叉线。交叉线的线序一端为 T568A，另一端为 T568B。通常交叉线用于 PC-PC、路由器-路由器、交换机-交换机、PC-路由器、交换机-HUB、HUB-HUB 之间。

下面以直通线为例介绍网线制作步骤。

（1）剪断。用网线钳的切割刀片截取合适长度的网线。如图 3-6 所示。

（2）剥皮。用网线钳的剥皮刀片环切网线的外塑料皮，注意不要伤到双绞线芯线。如图 3-7 所示。

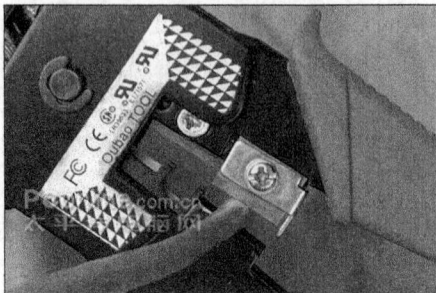

图 3-6　用网线钳剪断网线　　　　　　图 3-7　用网线钳剥皮

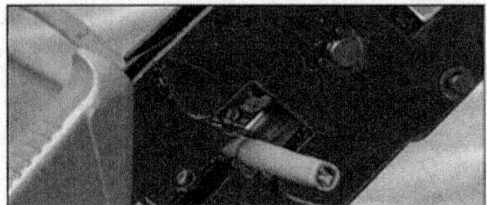

（3）排序。按照 T568B 标准线序排列，一定要从根部将 8 条线理直排列好，并在插入到水晶头之前保持捏紧。如图 3-8 所示。

（4）剪齐。注意裸露的双绞线芯线长短要合适，不能短于 1cm。如图 3-9 所示。

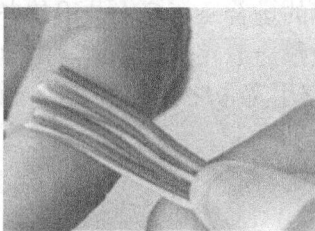

图 3-8　按 T568B 标准线序排序

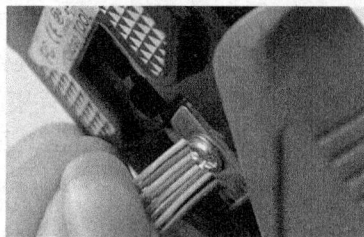

图 3-9　用网线钳剪齐网线芯线

（5）插入。要求保证网线的外塑料皮能够被压在水晶头内部，并且每根铜线都能伸到水晶头顶部。如图 3-10 所示。

（6）压制。使用 8 个牙的压紧槽将水晶头压紧。注意把水晶头完全插入，用力压紧，能听到"咔嚓"声，可重复压制多次。如图 3-11 所示。

图 3-10　将网线插入水晶头

图 3-11　用网线钳压紧水晶头

（7）测试。做完两端的水晶头后，用网线测线器进行测试。对应指示灯同步亮，说明网线制作成功。如图 3-12 所示。

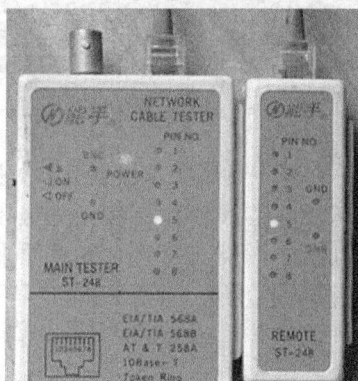

图 3-12　用网线测线器测试网线

3.2 网络连接共享设备

现在很多家庭有多台计算机（台式机或笔记本），另外 iPad、智能手机、网络电视机顶盒等也有上网需求，与家庭这种网络需求和网络规模类似的场合还有多人共用的办公室等。在家庭或办公室需要联网的计算机或其他数据终端设备数量一般较少，因此，组建家庭或办公室网络常用的网络连接共享设备有集线器（HUB）和家用宽带路由器两类，一般选 4 口或 8 口的就够用了，家用宽带路由器又可分为有线和无线两种。

3.2.1 集线器

集线器很像一个多端口的转发器，只有信号的再生放大功能，不具有帧缓存功能，工作在物理层。集线器的结构和工作原理如图 3-13 所示。

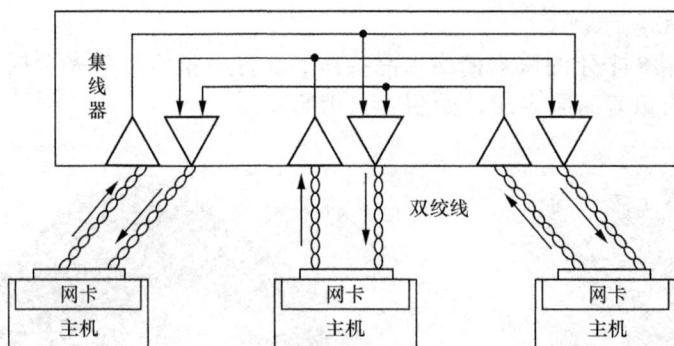

图 3-13　集线器的结构和工作原理

集线器的实物如图 3-14 所示。

图 3-14　集线器实物

集线器的作用有两个：一个是将从一个端口收到的信号进行整形、放大，然后再广播到其他端口，因此使用集线器可以延长双绞线传输距离（每级 100m）；另一个是将多个主机的信息集中起来，向上一级设备只需共用一个端口即可，即将原来的一个信息点扩充为多个。

使用集线器组成的以太网在逻辑上仍是一个总线网，各主机使用的还是 CSMA/CD 协议，并共享逻辑上的总线，各主机仍位于同一个冲突域中，冲突域即共享总线的各主机的集合，一个冲突域中同一时刻只能有一台主机占用总线发送数据。集线器上联端口的带宽被各下联端口所共享，带宽不能增大。

由于集线器像双绞线一样，是工作在物理层，它解决不了冲突问题。当它同时收到两个或两个以上的端口信号时，多个信号叠加在一起，于是产生的碰撞强化信号（Jam）发送到各端口，各主机遵循 CSMA/CD 协议解决共享总线的冲突问题。

为便于理解 CSMA/CD 协议，我们将集线器看作是一个连通着多条双向车道的道路而本身只有一条车道的很短的窄桥。如果从各条道路来的汽车能从时间上错开，就能够双向共享这段"单行道"。但是如果同时有两条或两条以上的道路上的汽车都要开上这座桥，首先，对向行驶的汽车会在桥上对峙或碰撞，谁也过不去；而如果同向行驶的汽车在桥的同侧同时驶上窄桥，就会发生碰撞事故。注意，对于同向具有安全车距的汽车依次上桥，由于桥很短，我们则认为它们不是同时的。为了不出事故，汽车司机在上桥前应该先看下桥上有没有汽车，如果有，若是对向行驶的，他就要等那辆车下了桥，他才能上桥；若是同向的，他也得保持安全车距。如果没有他就可以上桥了，但是这时就一定安全了吗？然而，这时可能还有其他司机也看到桥上没有汽车，而与他同时上桥，因此，仍然可能发生碰撞，所以上了桥也要加倍注意。这就是 CSMA/CD 协议所规定的，先看后发，边发边看（看=监听）。一旦有冲突发生，则要遵循截断二进制指数类型退避算法解决冲突。还以过桥为例，设过桥需要的时间为 T，第 n 次碰撞时随机等待时间可选集合为 $\{0, T, \cdots, 2^{n-1}T\}$，第一次有冲突时，两个汽车退回去，随机等待的时间为 $\{0, T\}$ 中任选一个值，这样，两个汽车的等待时间就有：（0，0）、（0，T）、（T，0）和（T，T）4 种情况。等待时间相同，再次上桥还得碰撞，因此，等待时间不同的情况下，才算解决了冲突。也就是有 50% 的机会解决冲突问题。再次冲突时，两个汽车退回去，随机等待的时间为 $\{0, T, 2T, 3T\}$ 中任选一个值，这样，两个汽车的等待时间就有：（0，0）、（0，T）、（0，$2T$）、（0，$3T$）、（T，0）、（T，T）、（T，$2T$）、（T，$3T$）、（$2T$，0）、（$2T$，T）、（$2T$，$2T$）、（$2T$，$3T$）、（$3T$，0）、（$3T$，T）、（$3T$，$2T$）和（$3T$，$3T$）16 种情况。等待时间相同的占了四分之一，有 75% 的机会解决冲突问题。依次下去，根据退避算法的规定，碰撞次数达到 10 次以上时，可选等待时间的集合不再变化；碰撞次数达到 16 次，算法终止。这是考虑两个汽车碰撞，如果汽车数量增加，冲突的概率也会增加。其实算一下，如果网络不太繁忙，达到 16 次碰撞的概率是很低的（2^{-15}），如果真的频频出现这种情况，说明网络很繁忙，或者出故障了。

由于一个集线器连接的主机数量越多，碰撞的机会越大，效率越低。因此，一般一个集线器连接的主机数应在 10 台以内，集线器上联端口的带宽应为 10/100Mbit/s 或以上。

集线器可以级联使用（最多 4 级），形成多级星状结构的局域网。这样的局域网内所有主机都在同一个网段，或称为在同一子网。

使用集线器可以将几台主机组成一个小局域网，如果其中一台主机连接到 Internet，其他主机可以把这台主机作为代理服务器或网关，实现共享上网。

3.2.2　家用宽带路由器

宽带路由器是近些年来新兴的一种网络产品，它伴随着宽带上网业务的普及应运而生。宽带路由器在一个紧凑的盒子中集成了路由器、防火墙、带宽控制和管理等功能，具备快速转发能力，并具有灵活的网络管理和丰富的网络状态等特点。

多数宽带路由器针对中国宽带应用优化设计，可满足不同的网络流量环境，具备良好的电网适应性和网络兼容性。多数宽带路由器采用高度集成设计，集成 10/100Mbit/s 宽带以太网

WAN 接口、并内置多口 10/100Mbit/s 自适应交换机，方便多台机器连接内部网络与 Internet。

无线宽带路由器则将有线宽带路由器跟无线接入点（AP）集成在一起，可以方便实现计算机或其他数据终端的无线接入。有线宽带路由器和无线宽带路由器如图 3-15 和图 3-16 所示。

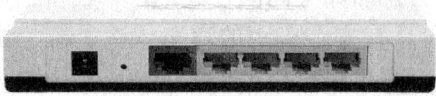

图 3-15 有线宽带路由器

图 3-16 无线宽带路由器

家用宽带路由器一般是低价的宽带路由器，其性能已基本能满足家庭、办公室、学校宿舍等应用环境的需求，成为家庭、办公室和学校宿舍用户的组网首选产品之一。

下面对家用宽带路由器的功能做简单介绍。

1．MAC 功能

目前大部分宽带运营商都将 MAC 地址和用户的 ID、IP 地址捆绑在一起，以此进行用户上网认证。带有 MAC 功能的宽带路由器可将网卡上的 MAC 地址写入，让服务器通过接入时的 MAC 地址验证，以获取宽带接入认证。

2．NAT 转换功能

NAT功能将局域网内分配给每台 PC 的 IP 地址转换成合法注册的 Internet 网实际 IP 地址，从而使内部网络的每台 PC 可直接与 Internet 上的其他主机进行通信。

3．配置协议

DHCP 能自动将 IP 地址分配给登录到 TCP/IP 网络的客户主机。它提供安全、可靠、简单的网络设置，避免地址冲突。这对于家庭用户来说非常重要。

4．防火墙功能

防火墙可以对流经它的网络数据进行扫描，从而过滤掉一些攻击信息。防火墙还可以关闭不使用的端口，从而防止黑客攻击。而且它还能禁止特定端口流出信息，禁止来自特殊站点的访问。

5．虚拟专用网

虚拟专用网（Virtual Private Network，VPN）能利用 Internet 公用网络建立一个拥有自主权的私有网络，一个安全的 VPN 包括隧道、加密、认证、访问控制和审核技术。对于企业用户来说，这一功能非常重要，不仅可以节约开支，而且能保证企业信息安全。

6．DMZ 功能

DMZ 的主要作用是减少为不信任客户机提供服务而引发的危险。DMZ 能将公众主机和局域网络设施分离开来。大部分宽带路由器只可选择单台 PC 开启 DMZ 功能，也有一些功能较为齐全的宽带路由器可以设置多台 PC 提供 DMZ 功能。

7．DDNS 功能

DDNS 是动态域名服务，能将用户的动态 IP 地址映射到一个固定的域名解析服务器上，使 IP 地址与固定域名绑定，完成域名解析任务。DDNS 可以帮你构建虚拟主机，以自己的域名发布信息。

3.3　集线器组网配置

使用集线器组建家庭或办公室网络，可以共享 ADSL 上网或以太网上网连接。如果申请了 FTTH 业务，因为 ADSL 和 FTTH 都是采用"用户名和密码"来进行 PPPoE 虚拟拨号，所以共享 FTTH 与 ADSL 宽带连接是类似的。但为了简便起见，在本章只介绍 ADSL 共享。

3.3.1　连接共享的方法

实现连接共享的方法首先分为软件共享和硬件共享两种。

1．软件共享

（1）使用 Proxy 代理类型。通过 Proxy 代理类软件的代理服务器对多种协议如 HTTP、FTP、POP3 等提供代理转发服务。代理服务器是介于客户机网络应用程序和 Internet 相应服务器之间的一台服务器。例如，客户机是浏览器，则 Internet 上就是 Web 服务器做响应。有了代理服务器之后，浏览器不是直接到 Web 服务器去取回网页，而是向代理服务器发出请求，请求信号会先送到代理服务器，由代理服务器从 Web 服务器取回浏览器所需要的信息并传送给你的浏览器。而且，大部分代理服务器都具有缓存的功能，它有很大的存储空间，并不断将新取得数据储存到本机的存储器上，如果浏览器所请求的数据在本机的存储器上已经存在而且是最新的，那么它就不从 Web 服务器取得数据，而直接将存储器上的数据传送给用户的浏览器，这样就能显著提高浏览速度和效率。

（2）网络地址转换类型（Network Address Translation，NAT），也称为网关型。采用网络地址转换技术，在网关通过 NAT 把局域网内部的"非法互联网 IP 地址"可以转化成"合法互联网 IP 地址"，实现对外界网络如 Internet 的合法访问。采用地址转换技术，NAT 对内部客户机发出的每一个 IP 数据包地址进行检查和翻译，把包内的请求端 IP 地址数据记录重新打包成合法的互联网外部 IP 地址发送到互联网。然后 NAT 由互联网获得的数据包后，根据请求端记录把目的 IP 地址在数据包内部进行重组，使其转换为局域网客户机的 IP 地址，然后发送到客户机。NAT 共享上网的优势在于内部的机器只需要设置共享服务器的地址为客户机网关，服务软件就完成所有转换工作，客户机就好像一台具有真正连接互联网能力的机器一样，由于 NAT 针对每一个数据包转换，也就不存在不同网络应用协议需要分别代理和处理的问题，用户不需要考虑根据每一种网络应用程序进行连接代理的配置工作，使用起来无拘无束，所以有时叫它"透明代理"。

另外，Windows 操作系统自带的共享连接功能也属于软件共享，需要对被共享的连接属性进行设置。如在 Windows XP 中，首先在网上邻居里，通过查看网络连接找到想要共享的 ADSL 宽带连接或以太网本地连接，在右键菜单中打开"属性"，在"宽带连接 属性"

或"本地连接 属性"页面的"高级选项卡"中"Internet 连接共享"下面有 2 个可选项，勾选第一个选项"允许其他网络用户通过此计算机的 Internet 连接来连接"并单击"确定"按钮，如图 3-17 所示。这样才能共享这台计算机的连接。

2．硬件共享

硬件共享通常使用共享上网的路由器，该类设备通常除具有共享上网的功能外，还具有 HUB 的功能，如家用宽带路由器。它们通过内置的硬件芯片来完成互联网和局域网之间数据包的交换管理，实质也就是在芯片中固化了共享上网软件，当然，功能强大的大型路由器不在此列。由于它是硬件，工作不依赖于操作系统，所以稳定性较好；但是可更新性相对软件显得差一些，并且需要另外投资购买。

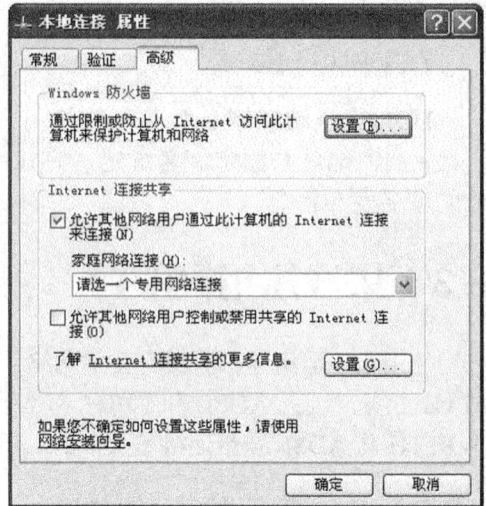

图 3-17　设置 Internet 连接共享

3.3.2　ADSL 共享

当申请了 ADSL 宽带业务，会得到一套 ADSL 拨号接入的用户名和密码。

使用集线器组网连接方式有两种：

1．使用双网卡方式

先在一台配有双网卡的主机上建立宽带连接，即在这台主机的网上邻居里按照新建连接向导建立宽带连接即可。具体步骤如下。

（1）在图 3-2 所示的"网络连接"页面，单击"创建一个新的连接"，启动新建连接向导。

（2）单击"下一步"按钮，网络连接类型选择"连接到 Internet"。

（3）单击"下一步"按钮，选择"手动设置我的连接"。

（4）单击"下一步"按钮，选择"用要求用户名和密码的宽带连接来连接"。

（5）单击"下一步"按钮，然后输入你的 ISP（即宽带服务商）名称，作为宽带连接的名称。

（6）单击"下一步"按钮，输入宽带服务商提供给你用户名和密码。

（7）单击"下一步"按钮，如果为了方便以后在桌面上打到宽带连接，选择"在我的桌面上添加一个到此连接的快捷方式"。

（8）最后，单击"完成"按钮，如果不想以后每次都需输入用户名和密码，可以选择"为下面用户保存用户名和密码"。

（9）单击"连接"按钮，就可以上网了。

以后上网时，在桌面上打开宽带连接的快捷方式即可。或者将宽带连接加到"开始"—"程序"下的"启动"项里，每次开机就能够自动建立宽带网络连接了。

其他几台主机要共享 ADSL 上网时，已建立宽带网络连接的主机的一块网卡（作为 WAN 口）连接 ADSL Modem，另一块网卡（作为 LAN 口）连接集线器，其他主机也连接到集线器。只是共享 ADSL 时需要建有宽带连接的主机需要保持正常开机。

2．不使用双网卡方式

将 ADSL Modem 连到集线器（省了一块网卡，多占了一个集线器端口），各主机也连到集线器。各主机都可以建立宽带连接，当然同时只能有一台主机建立宽带连接，让其他主机共享。这样不需要特定的主机总保持开机来为其他主机服务了，但是其他主机需要想办法知道建有宽带连接的主机的 IP 地址，并将它设为代理服务器或网关。这在家庭或办公室不是大问题，询问即可。

具体配置如下。

（1）在一台主机上建立宽带连接，并拨号上网，使其连接到 Internet 中。

（2）如果是双网卡方式，需要在该主机的 LAN 口的网卡属性中进行设置，在其 LAN 口的网络属性设置中，将其配置到与 WAN 口不同的子网（一般建立 ADSL 连接后，WAN 口 IP 地址为 192.168.0.1，子网掩码为 255.255.255.0），如 192.168.X.1（X 不为 0 即可）并作为其他主机的网关地址。如果不使用双网卡方式，则 192.168.0.1 作为其他主机的网关地址。

（3）在共享 ADSL 上网的其他主机的网络属性设置中，将其配置到以 LAN 口网卡为网关的网络中即可（IP 地址设置为 192.168.X.Y，最后一个字段 Y 可选范围为 2～254）。

3.3.3　以太网共享

当使用集线器共享以太网上网时，由于不需要像 ADSL 那样建立宽带连接，所以一般不设代理服务器或网关，直接将一条能够连接 Internet 的以太网中的网线连接到集线器，其他主机也连接到集线器即可。

使用以太网上网时，IP 地址分配分为两种情况：一种是自动获取 IP 地址（动态）；另一种是分配固定的 IP 地址（静态 IP）。

在各主机上，根据动态或静态 IP 地址配置其网卡的网络属性参数，使其连接到以太网中即可。

随着家用宽带路由器的普及，逐步取代了集线器。

3.4　家用宽带路由器组网配置

要使用家用宽带路由器，需要登录家用宽带路由器进行相应的配置才行。下面介绍登录家用宽带路由器的步骤。

（1）先看家用宽带路由器的背面标签上注明的家用宽带路由器的 LAN 口地址、用户名和密码，一般默认的 LAN 口地址为 192.168.1.1，默认的用户名和密码都是 admin。

（2）用网线将配置所用 PC 和家用宽带路由器的 LAN 口连接好。

（3）接下来完成配置所用 PC 的网络属性参数设置，将其配置到以家用宽带路由器的 LAN 口为网关的网络中。

（4）在浏览器的地址栏键入家用宽带路由器的 LAN 口地址，然后在弹出的登录框中输入用户名和密码。如图 3-18 所示。

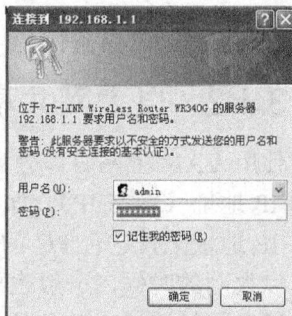

图 3-18　家用宽带路由器的登录界面

这样就可以登录到家用宽带路由器的 WEB 管理界面。如图 3-19 所示。注意，不同产品型号的家用宽带路由器，其 WEB 管理界面也不尽相同。

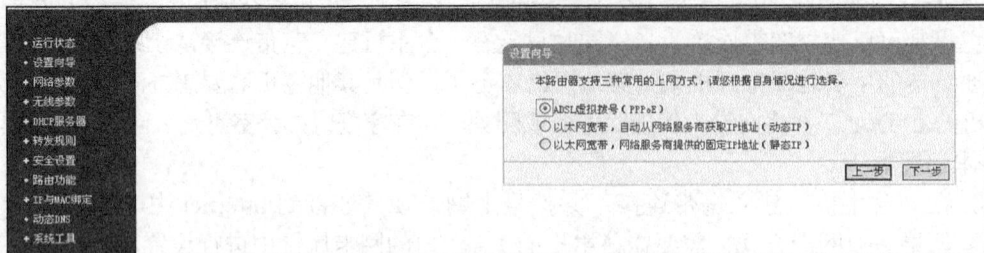

图 3-19　家用宽带路由器的 WEB 管理界面

3.4.1　ADSL 共享

当申请了 ADSL 宽带业务，会得到一套 ADSL 拨号接入的账号和口令。如果不使用家用宽带路由器，只有一台 PC 上网的话，通过在 PC 的网上邻居里按照新建连接向导建立宽带连接即可。但是如果有多台 PC（或 PAD、智能手机等）要共享 ADSL 的时候，一般就要用到家用宽带路由器。需要在家用宽带路由器中进行设置，由它来自动完成 ADSL 共享连接的建立（断线后还可以自动重新连接），并在各共享 ADSL 上网的终端的网络属性设置中将其配置到以家用宽带路由器的 LAN 口为网关的网络中即可。

由于不同的产品界面有差异，只是将主要配置步骤介绍如下。

在图 3-19 中选择"ADSL 虚拟拨号（PPPoE）"，单击"下一步"按钮。

接下来按照设置向导填写 ADSL 拨号接入的账号和口令，单击"下一步"按钮就可以一步步完成 ADSL 共享配置，注意最后要单击"保存"按钮。如图 3-20 所示。

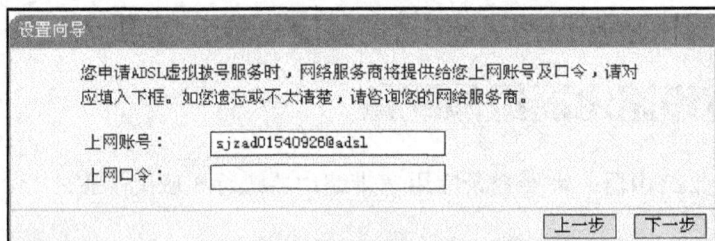

图 3-20　ADSL 设置向导页面

3.4.2　以太网共享

使用 LAN 上网时，分为两种情况：一种是自动获取 IP 地址（动态）；另一种是分配固定的 IP 地址（静态 IP）。如果不使用家用宽带路由器，只有一台 PC 上网的话，根据动态或静态 IP 地址配置这台 PC 的网络属性参数即可。如果有多台 PC（或 PAD、智能手机等）要共享以太网的时候，一般也要用到家用宽带路由器。需要在家用宽带路由器中进行设置，实现与以太网的连接，并在各共享以太网的终端的网络属性设置中将其配置到以家用宽带路由器的 LAN 口为网关的网络中即可。

1. 动态 IP 地址的配置

在图 3-19 中选择"以太网宽带，自动从网络服务商获取 IP 地址（动态 IP）"，单击"下一步"按钮就可以完成以太网共享配置。

2. 静态 IP 地址的配置

（1）在图 3-19 中选择"以太网宽带，网络服务商提供的固定 IP 地址（静态 IP）"，单击"下一步"按钮。

（2）接下来按照设置向导填写网络属性参数，如 IP 地址、子网掩码、默认网关和 DNS 服务器地址等，然后单击"下一步"按钮就可以完成以太网共享配置。如图 3-21 所示。

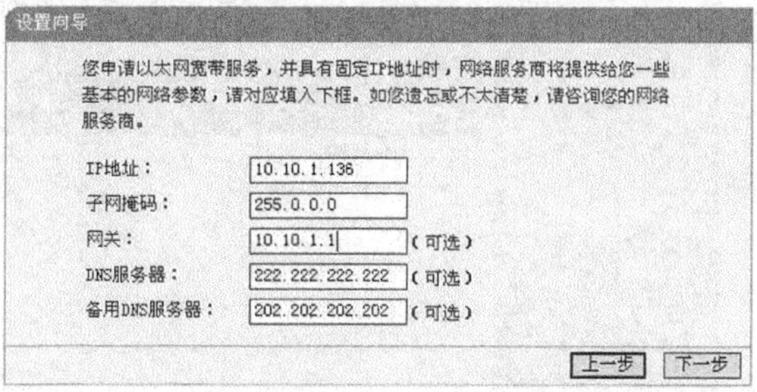

图 3-21　静态 IP 以太网共享设置向导界面

3.4.3　Wi-Fi 设置

在有线家用宽带路由器配置好后，通过它的 LAN 口用网线连接上网的终端即可。如果要实现无线连接需要在无线家用宽带路由器中建立无线网络，并在各共享 Wi-Fi 上网的终端上搜索到该无线网络，然后建立连接即可。

建立无线网络的主要配置步骤如下。

（1）在图 3-19 中左侧功能菜单单击"无线参数"，弹出"无线网络基本设置"页面。如图 3-22 所示。

（2）接下来在"无线网络基本设置"页面填写无线网络的基本参数和安全认证选项，如 SSID 号、频段和模式等基本参数；以及安全类型、安全选项、加密方法和密码等安全认证选项。然后单击"保存"按钮就可以完成 Wi-Fi 配置。

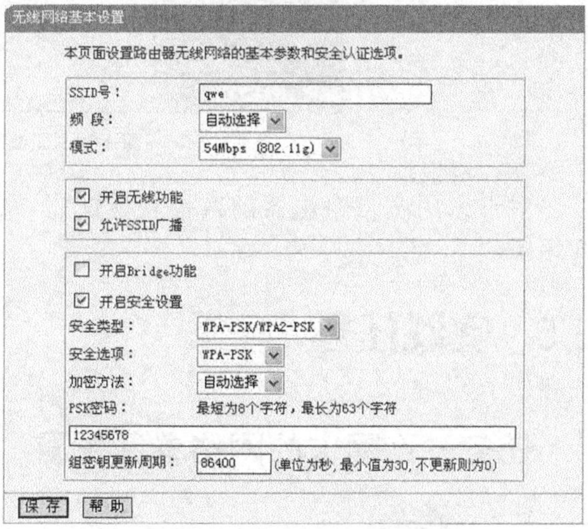

笔记本计算机一般标配有内置无线网卡，而 PC 没有内置无线网卡，需要安装外置无线网卡，按照说明书运行自带的驱动光盘中的安装程序即可。

若实现 PC 或笔记本计算机无线共享上网，需要建立无线网络并开启无线网络，配置好 ADSL 或以太网共享，然后还要在 PC 或笔记本计算机上进行如下配置。

图 3-22　无线网络基本设置页面

（1）在 PC 或笔记本计算机上配置无线网络参数。

（2）选择自己需要连接的无线网络。在前面的图 3-3 中，单击"查看可用的无线网络"或"查看无线网络"，可以在"无线网络连接"页面看到无线网络列表。如图 3-23 所示。从中选择自己需要连接的无线网络并单击"连接"按钮，然后输入密码后再单击"连接"按钮，就可以连接无线网络。

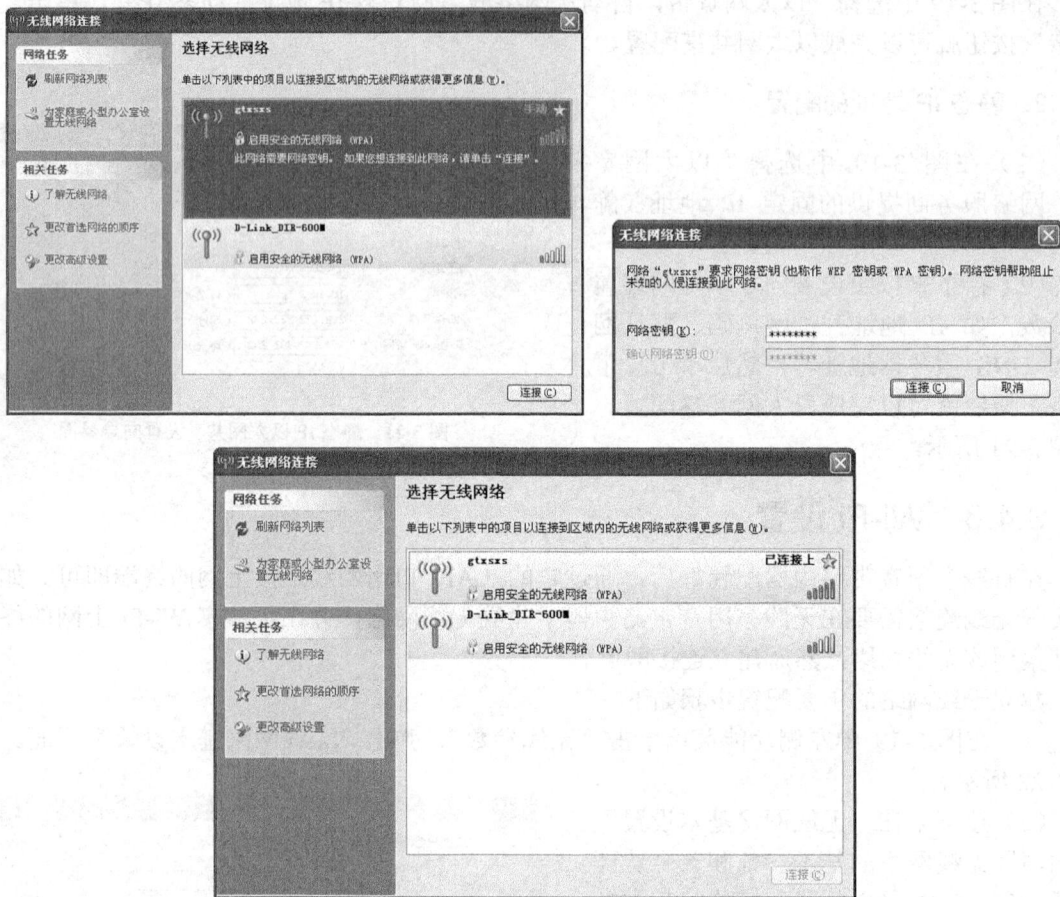

图 3-23   无线网络连接列表

对于家用宽带路由器的其他功能配置，根据需要参照说明书配置即可，这里不多做介绍了。

3.5 实践任务

任务一：网卡的网络参数配置

任务内容：

（1）按给定网络参数完成网卡的网络参数配置。

（2）上网搜索关于无线网卡的网络参数配置的资料。

任务要求：

（1）给定网络参数如下：

IP 地址为 192.168.1.X（X 为桌号）；

子网掩码为 255.255.255.128；

默认网关为 192.168.1.1；

DNS 服务器地址：主用为 202.202.202.202，备用为 202.99.160.68。

（2）分别整理在不同操作系统下，无线网卡的网络参数配置的步骤。

任务二：网线制作

任务内容：

（1）制作一条直通线。

（2）制作一条交叉线。

任务要求：

（1）将制作过程中关键步骤拍照。

（2）总结网线制作过程中的注意事项。

任务三：PC 有线共享 ADSL/FTTH 上网

任务内容：

（1）使用集线器或家用宽带路由器组网。

（2）ADSL/FTTH 共享设置。

（3）设置 PC 端实现有线共享 ADSL/FTTH 上网。

任务要求：

（1）结合具体的集线器或家用宽带路由器产品，图文并茂地写明两台 PC 有线共享 ADSL/FTTH 上网的具体步骤。

（2）遵守操作规程。

任务四：PC 有线共享以太网上网

任务内容：

（1）使用集线器或家用宽带路由器组网。

（2）以太网共享设置。

（3）设置 PC 端，实现有线共享以太网上网。

任务要求：

（1）结合具体的集线器或家用宽带路由器产品，图文并茂地写明三台 PC 有线共享以太网上网的具体步骤。

（2）遵守操作规程。

任务五：PC 无线共享上网

任务内容：

（1）使用家用宽带路由器无线组网。

（2）Wi-Fi 共享设置。

（3）设置 PC 端实现 Wi-Fi 共享上网。

任务要求：

（1）结合具体的家用宽带路由器产品，图文并茂地写明 PC 无线共享上网的具体步骤。

（2）遵守操作规程。

 小结

1．网卡（Network Interface Card，NIC）也叫网络适配器，是计算机连接网络中各设备的接口。

2．网卡的主要作用可以分为：固定网络地址、数据转换并发送到网线上和接收数据并转换数据格式。

3．网络地址有 MAC 地址、IP 地址和网络域名地址三种。

4．常用的网线分为直通线和交叉线两种。交叉线用于同种设备之间互连，直通线用于异种设备之间相连。

5．组建家庭或办公室网络常用的网络连接共享设备有集线器（HUB）和家用宽带路由器两类，一般选 4 口或 8 口的，家用宽带路由器又可分为有线和无线两种。

6．集线器很像一个多端口的转发器，只有信号的再生放大功能，不具有帧缓存功能，工作在物理层。

7．宽带路由器在一个紧凑的盒子中集成了路由器、防火墙、带宽控制和管理等功能，具备快速转发能力，宽带路由器具有灵活的网络管理和丰富的网络状态等特点。

8．无线宽带路由器则将有线宽带路由器跟无线接入点（AP）集成在一起，可以方便实现计算机或其他数据终端的无线接入。

9．家用宽带路由器功能有 MAC 功能、NAT 转换功能、配置协议、防火墙功能、虚拟专用网、DMZ 功能和 DDNS 功能等。

10．家用宽带路由器一般可以配置 ADSL 虚拟拨号（PPPoE）、以太网（静态 IP 或动态 IP）的共享上网。

11．无线家用宽带路由器可以建立无线局域网络，实现无线共享上网。

 习题

3-1　简述网卡的作用。

3-2　简述网卡的工作原理。

3-3　简述网线的制作过程及制作网线时的事项。

3-4　软件共享包括哪些类型？简述其原理。

3-5　简述宽带连接的建立过程。

3-6　网卡网络连接的参数设置有哪些方面？

3-7　简述集线器的工作原理。

3-8　集线器的作用是什么？

3-9　如何实现家用宽带路由器的登录？

3-10　如何加强无线网络的安全？

第 4 章

组建小型企业网络

【本章任务】掌握二层交换机的功能结构，掌握二层交换机的操作与使用，能熟练使用命令行对二层交换机进行基本配置，并根据组网要求完成 VLAN 配置及交换机之间 VLAN 互通配置，具备组建小型局域网的能力。

4.1 局域网基本原理

4.1.1 局域网概述

局域网是在 20 世纪 70 年代末逐步发展起来的。局域网一般用微型计算机通过高速通信线路连接（目前速率通常在 100Mbit/s 以上），但是地理上局限在较小的范围（如 1km 以内）。在局域网发展初期，一个学校或者企业往往只拥有一个局域网；目前局域网已经被广泛使用，一个学校或者企业大多拥有多个互连的局域网，这样的网络通常称为校园网或企业网。例如，校园中有多个通信实验室，每个实验室都是一个小型局域网，而它们组网的互联网络称为一个校园网。

局域网的特点是：距离短、延迟小、数据速率高、传输可靠。

局域网主要类型包括：以太网（Ethernet）、令牌环（Token Ring）、令牌总线（Token Bus）和光纤分布式数据接口（Fiber Distributed Data Interface）等，它们在拓扑结构、传输介质、传输速率、数据格式等多方面都有许多不同。经过多年的技术发展，以太网已成为当前应用最普遍的局域网技术，它在很大程度上取代了其他局域网标准，也是目前发展最迅速、最经济的局域网。

4.1.2 以太网发展历史和标准

早在 1972 年，罗伯特·梅特卡夫（被称为"以太网之父"）作为网络专家受雇于施乐（Xerox）公司，当时他的第一个任务是把施乐公司帕洛阿尔托研究中心（PARC）的计算机连接到 ARPAnet（Internet 的前身）。同年底罗伯特·梅特卡夫设计了一套网络，把 PARC 的计算机连接起来。因为该网络是以 ALOHA 系统（一种无线电网络系统）为基础的，又连接了众多的施乐公司帕洛阿尔托研究中心的计算机，所以把它命名为 ALTO ALOHA 网络。ALTO ALOHA 网络在 1973 年 5 月开始运行，罗伯特·梅特卡夫把这个网络正式命名为以太网（Ethernet），这就是最初的以太网试验原型，该网络运行速率为 2.94Mbit/s，网络运行的介质为粗同轴电缆。1976 年 6 月，罗伯特·梅特卡夫和他的助手发表了一篇名为《以太网：区域计算机网络的分布式包交换技术》的文章。1977 年底，罗伯特·梅特卡夫和他的三位合作者获得了"具有冲突检测的多点数据通信系统"的专利。从此以太网就正式诞生了。

以太网标准最早是指由 DEC、Intel 和 Xerox 三家公司组成的 DIX（DEC-Intel-Xerox）联盟开发并于 1982 年发布的标准。经过长期的发展，以太网已成为应用最为广泛的局域网，包括标准以太网（10 Mbit/s）、快速以太网（100 Mbit/s）、吉比特以太网（1000 Mbit/s）和 10 吉比特以太网（10 Gbit/s）等。从以太网诞生到目前为止，成熟应用的以太网物理层标准主要有以下几种：

- 10BASE-2
- 10BASE-5
- 10BASE-T
- 10BASE-F
- 100BASE-T4
- 100BASE-TX
- 100BASE-FX
- 1000BASE-SX
- 1000BASE-LX
- 1000BASE-TX
- 10GBASE-T
- 10GBASE-LR
- 10GBASE-SR

在这些标准中，前面的 10、100、1000、10G 分别代表运行速率，中间的 BASE 指传输的信号是基带方式，最后的英文字符指传输介质，如 TX 代表双绞线、FX 代表光纤。

1．10 兆比特以太网线缆标准

10 兆比特以太网线缆标准在 IEEE 802.3 中定义，线缆类型如表 4-1 所示。

表 4-1　　　　　　　　　　　　10 兆比特以太网线缆标准

名称	线缆	最长有效距离
10BASE-5	粗同轴电缆	500m
10BASE-2	细同轴电缆	200m
10BASE-T	双绞线	100m
10BASE-F	光纤	2000m

同轴电缆的致命缺陷是：线缆上的设备是串连的，单点故障就能导致整个网络崩溃。10BASE-2 和 10BASE-5 是同轴电缆的物理标准，现在已经被淘汰。

2．100 兆比特以太网线缆标准

100 兆比特以太网又叫快速以太网（Fast Ethernet，FE），在数据链路层上跟 10 兆比特以太网没有区别，仅在物理层上提高了传输的速率。

快速以太网线缆类型如表 4-2 所示。

表 4-2　　　　　　　　　　　　快速以太网线缆标准

名称	线缆	最长有效距离
100BASE-T4	四对三类双绞线	100m
100BASE-TX	两对五类双绞线	100m
100BASE-FX	单模或多模光纤	2000m

10BASE-T 和 100BASE-TX 都是运行在五类双绞线上的以太网标准，所不同的是线路上信号的传输速率不同，10BASE-T 只能以 10Mbit/s 的速率工作，而 100BASE-TX 则以 100Mbit/s 的速率工作。

目前，在小型局域网中使用最多的是 100BASE-TX 标准。

3．吉比特以太网线缆标准

吉比特以太网是对 IEEE 802.3 以太网标准的扩展。在基于以太网协议的基础之上，将快速以太网的传输速率提高了 10 倍，达到了 1Gbit/s。吉比特以太网线缆标准如表 4-3 所示。

表 4-3　　　　　　　　　　　　吉比特以太网线缆标准

名称	线缆	最长有效距离
1000BASE-LX	单模或多模光纤	316m
1000BASE-SX	多模光纤	316m
1000BASE-TX	超五类或六类双绞线	100m

用户可以采用这种技术在原有的快速以太网系统中实现从 100Mbit/s 到 1000Mbit/s 的升级。

吉比特以太网物理层使用 8B10B 编码。在传统的以太网传输技术中，数据链路层把 8 位数据组提交到物理层，物理层经过适当的变换后发送到物理链路上传输。但变换的结果还是 8 比特。

在光纤吉比特以太网上则不是这样。数据链路层把 8 比特的数据提交给物理层的时候，物理层把这 8 比特的数据进行映射，变换成 10 比特发送出去。

4．10 吉比特以太网线缆标准

10 吉比特以太网当前使用附加标准 IEEE 802.3ae 用以说明，将来会合并进 IEEE 802.3 标准。10 吉比特以太网线缆标准如表 4-4 所示。

表 4-4　　　　　　　　　　　10 吉比特以太网线缆标准

名称	线缆	最长有效距离
10GBASE-T	超六类或七类双绞线	100m
10GBASE-LR	单模光纤	10km
10GBASE-SR	多模光纤	几百米

5．100 吉比特以太网线缆标准

新的 40G/100G 以太网标准在 2010 年制定完成，当前使用附加标准 IEEE 802.3ba 用以说明。随着网络技术的发展，100 吉比特以太网在未来会被大规模地应用。

4.1.3 以太网帧结构

以太网帧格式有很多种类型，包括以太网 V2（DIX Ethernet V2）标准、IEEE 802.3 标准、以太网 SNAP 标准及 Novell 以太网标准等。其中以太网 V2 和 IEEE 802.3 标准的帧格式较为常见，本节介绍这两种。

1．以太网 V2 帧格式

以太网 V2 帧格式包含 5 个字段，如图 4-1 所示，前两个字段分别是长度为 6 字节的目的地址和源地址。第三个字段是 2 字节的类型字段，用来标明上一层用的是哪一种协议，如该字段是 0x0800 时，就表示上层使用的是 IP。第四个字段是数据字段，长度从 46 字节到 1500 字节之间，当数据字段实际长度小于 46 字节时，MAC 层会在数据字段后面加入一个整数字节的填充字段，以保证 MAC 帧的总长度不小于 64 字节。最后一个字段是帧校验序列 FCS，长 4 字节。

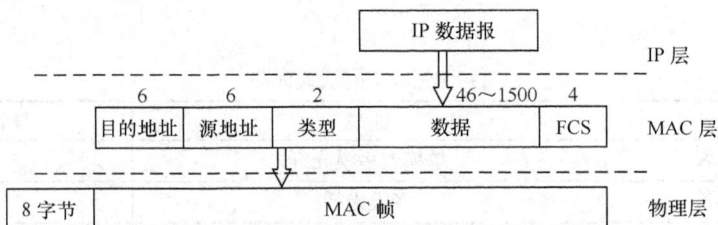

图 4-1 以太网 V2 MAC 帧格式

2．IEEE 802.3 帧格式

IEEE 基于原始的以太网 V2 帧来设计自己的以太网帧类型，如图 4-2 所示。IEEE 802.3 的以太网帧报头和以太网 V2 的帧报头的区别主要有两点。

（1）IEEE 802.3 帧第三个字段是长度/类型字段，当它的数值小于 1500 时，表示 MAC 帧数据字段的长度；当它的数值大于 1536（十六进制的 0600）时，表示和以太网 V2 中一样的协议类型。

（2）当长度/类型字段表示的是类型时，802.3 的 MAC 帧和以太网 V2 的 MAC 帧一样；当长度/类型字段表示的是长度时，MAC 增加了一个称作逻辑链路控制（LLC）的字段。LLC 用来识别信息包中使用的三层协议。LLC 报头或 IEEE 报头都包含目的服务访问点（Destination Service Access Point，DSAP）、源服务访问点（Source Service Access Point，SSAP）和控制字段。DSAP 和 SSAP 合并后就可标识第三层协议的类型。

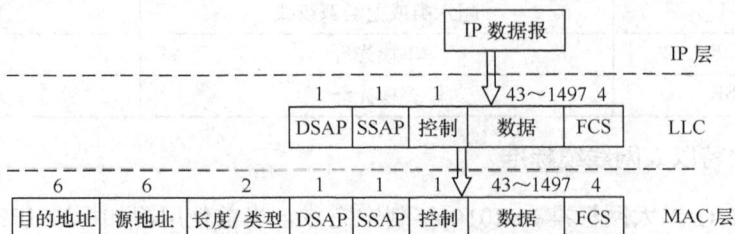

图 4-2 IEEE 802.3 MAC 帧格式

4.1.4 以太网 MAC 地址

拓扑结构上，以太网通常采用星状或树状结构。不论哪一种拓扑，以太网在物理上都是由一些网络设备（工作站）和用于连接这些站点的线缆组成，以太网中的工作站可以接收到各种各样的数据。那它们是如何判断接收的数据是不是发给自己的呢？

实际上，工作站传输数据时，把每 8 个二进制位组成一个字节，然后用一个个字节组合成数据帧，数据帧的起点我们称之为帧头，节点称之为帧尾。每一帧的帧头部中有专门的一个目地介质访问控制（MAC）地址和一个源 MAC 地址，分别用来标识这一帧的接收方和发送方。网络设备出厂时，厂家会分配给它一个全球唯一的 MAC 地址（就像我们的身份证号一样），这样一来，它就可以通过比较帧头部中的目的 MAC 地址和自己的 MAC 地址，来判断数据帧是否对它进行直接访问。若网络设备发现帧的目的 MAC 地址与自己的 MAC 不匹配，就不处理该帧。

MAC 地址共有 6 个字节（48 位），如图 4-3 所示。其中，前 3 个字节（高位 24 位）代表该供应商代码，后 3 个字节（低 24 位）是由厂商自己分配的序列号。一个地址块可以生成 224 个不同的地址。我们通常习惯把 MAC 地址转换成 12 位的十六进制数表示。

实际应用中，以太网的 MAC 地址可以分为单播地址、多播地址和广播地址三类。

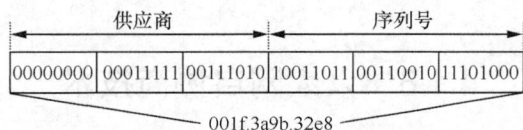

图 4-3　MAC 地址示意图

（1）单播地址：第一字节最低位为 "0"。用于网段中两个特定设备之间的通信，可以作为以太网帧的源和目的 MAC 地址。

（2）多播地址：第一字节最低位为 "1"。用于网段中一个设备和其他多个设备通信，只能作为以太网帧的目的 MAC。

（3）广播地址：48 位全 "1"，即 FFFF.FFFF.FFFF。用于网段中一个设备和其他所有设备通信，只能作为以太网帧的目的 MAC。

4.1.5 冲突域和广播域

1. 冲突域

在传统的以粗同轴电缆为传输介质的以太网中，同一介质上的多个节点共享链路的带宽，争用链路的使用权，这样就会发生冲突，CSMA/CD 机制中当冲突发生时，网络就要进行回退，这段回退的时间内链路上不传送任何数据，而且这种情况是不可避免的。同一介质上的节点越多，冲突发生的概率越大。这种连接在同一传输介质上的所有节点的集合就是一个冲突域。冲突域内所有节点竞争同一带宽，一个节点发出的报文（无论是单播、多播、广播）其余节点都可以收到。

2. 广播域

如果网络中过多使用广播报文，则会占用更多带宽并降低设备的处理效率，所以必须对广播报文加以限制。比如 ARP 使用广播报文从 IP 地址来解析 MAC 地址，在广播报文中目的 MAC 地址全 "1" 即 "FFFF.FFFF.FFFF" 为广播地址，网络中所有节点都会处理目的地址为广播地址的数据帧。这种一个节点发送广播报文，其余节点都能够收到的节点的集合，就是一个广播域。如二层交换机可以根据 MAC 表对单播报文进行转发，对于广播报文向所有的端口（接收端口除外）都转发，所以二层网络交换机的冲突域和广播域如图 4-4 所示，二层交换机的所有端口连接的节点属于一个广播，但是二层交换机的每个端口属于一个单独的冲突域。

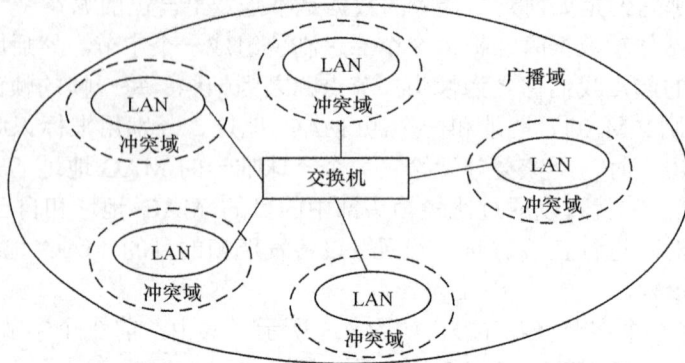

图 4-4　二层网络交换机的冲突域和广播域

4.1.6　以太网自协商技术

1. 以太网自协商技术原理

最早的以太网都是 10Mbit/s 的速率工作在半双工模式，随着技术的发展，出现了全双工模式，接着又出现了 100 兆比特以太网和吉比特以太网，以太网的性能大大改善。但是随之而来的问题是：如何保证原有以太网和新以太网的兼容？于是提出了自协商技术来解决这个问题。

自动协商的主要功能就是使物理链路两端的设备通过交互信息自动选择同样的工作参数。自动协商的内容主要包括双工模式、运行速率以及流量控制等参数。一旦协商通过，链路两端的设备就锁定在同样的双工模式和运行速率。例如，图 4-5 中二层交换机各吉比特以太网端口开启自协商功能，那么与其连接的工作站（端口开启自动协商功能）根据设置情况自动选择合适的双工模式及运行速率。

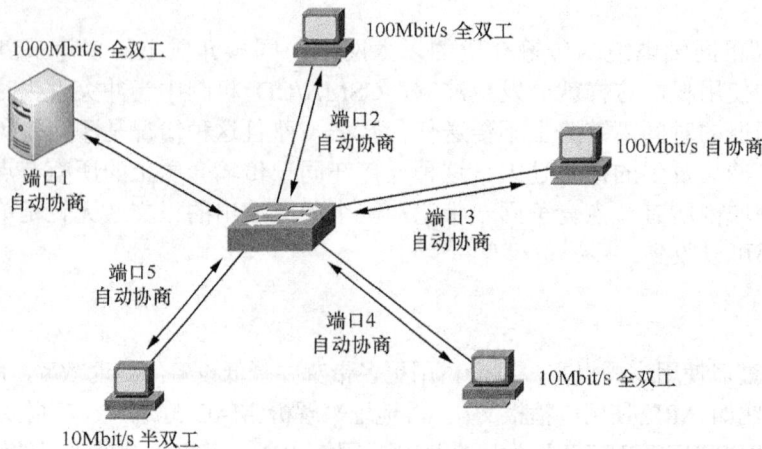

图 4-5　二层网络交换机自协商示例图

2．自动协商规则

目前在吉比特以太网规范（IEEE 802.3z）已将自协商作为强制功能，所有设备必须遵循并且必须默认启用自协商。

当以太网设备端口对接时，双方能否正常通信和两端端口设置的工作模式是否匹配相关，设备端口的自动协商规则如下。

（1）当两端端口都工作在相同类型的非自协商模式时，双方可以正常通信。

（2）当两端端口都工作在自协商模式时，双方通过协商可以正常通信，最终的协商结果取决于能力低的一端，通过自协商功能还可以协商流量控制功能。

（3）当两端端口一端的工作模式为自协商，对端为非自协商时，端口最终协商的工作模式和对端设置的工作模式相关。

4.2　二层网络交换机

4.2.1　二层网络交换机功能结构

以太网交换机主要用于办公室、小区、校园网、企业网的接入层，可以满足不同接口数量的用户要求。图 4-6 所示为神州数码 DCS 3650 系列交换机的面板，本书以这款设备为例介绍交换机的使用。以太网交换机按照系统功能划分，主要包括控制模块、交换模块、接口模块、电源模块。

图 4-6　神州数码 DCS 3650 系列交换机

1—维护端口；2—以太网业务端口

1．控制模块

控制模块由主处理器（CPU）和一些外部功能芯片组成，实现对交换模块的控制、管理，以满足各种组网应用的需要。它对外提供串口，以进行数据操作和维护。

控制模块主要完成如下功能。

（1）处理各种协议。

（2）作为用户操作的代理，根据用户的操作指令来管理系统、监视性能，并向用户反馈设备运行情况。

（3）对交换模块、接口模块进行监控和维护。

2．交换模块

交换模块一般采用高性能的专用集成电路芯片（Application Specific Integrated Circuits，

ASIC）作为专门的以太网交换处理芯片，完成对各端口送来数据包的处理和交换，同时芯片内部集成有数据包收发功能模块，可以直接连接用户 100 兆比特、吉比特业务接口。

3．接口模块

接口模块由接口板组成，主要完成对外用户连接和数据包的收发功能，接口模块可以提供多个以太网接口（如 FE、GE 以太网电接口或光接口），负责接入以太网业务。

4．电源模块

电源模块采用 110V/220V 自适应交流模块供电或-48V 直流模块供电，为系统内其他模块提供电力。

5．交换机性能参数

（1）线速

线速指线缆中能流过的最大帧数，单位 Gbit/s（吉比特每秒），为一个理论值。对交换设备而言，"线速转发"意味着无延迟地处理线速收到的帧即无阻塞（Nonblocking）交换。

（2）转发速率

转发率标志了交换机转发数据包能力的大小。单位一般为 pps（包每秒），一般交换机的包转发率在几十 Kpps 到几百 Mpps 不等。包转发率以数据包为单位体现了交换机的交换能力。

（3）吞吐量

吞吐量是指在没有帧丢失的情况下，设备能够接受的最大速率。其反映端口的分组转发能力。

（4）背板带宽

背板带宽是交换机接口处理器或接口卡和数据总线间所能吞吐的最大数据量。背板带宽标志了交换机总的数据交换能力，单位为 Gbit/s。一般的交换机的背板带宽从几 Gbit/s 到上百 Gbit/s 不等。

一台交换机的背板带宽越高，所能处理数据的能力就越强，但同时设计成本也会越高。背板带宽资源的利用率与交换机的内部结构息息相关。需要注意的是对于低端交换机（盒式）没有背板带宽的概念，因为盒式交换机没有背板，其相应参数为总线带宽。

（5）端口数量

交换机设备的端口数量是交换机最直观的衡量因素。通常此参数是针对固定端口交换机而言，常见的标准的固定端口交换机端口数有 8、12、16、24、48 等几种。

而非标准的端口数主要有：4 端口、5 端口、10 端口、12 端口、20 端口、22 端口和 32 端口等。

4.2.2 二层网络交换机工作原理

二层交换机工作在 OSI 模型的第二层，即数据链路层，它对数据包的转发是建立在 MAC 地址基础之上的。其进行转发的依据就是以太网帧的二层信息，即以太网帧的目的 MAC 地址。交换机接收到一个以太网帧后，然后根据该帧的目的 MAC，把报文从正确的端口转发出去，该过程称为二层交换，对应的设备称为二层交换机。

目前的交换机通常采用硬件来实现其转发过程，该器件一般称为 ASIC，也俗称为交换引擎。对于二层交换机来说，ASIC 将维护一张二层转发表（MAC 地址表）。转发表项的主要内容是 MAC 地址和交换机端口的对应关系。

二层交换机不同的端口发送和接收数据独立，各端口属于不同的冲突域，因此有效地隔离了网络中物理层冲突域，使得通过它互连的主机（或网络）之间不必再担心流量大小对于数据发送冲突的影响。

下面简要介绍一下以太网中二层交换的基本原理，图 4-7 所示为一个二层网络交换机工作的示例。

二层交换机通过解析和学习以太网帧的源 MAC 来维护 MAC 地址与端口的对应关系（保存 MAC 与端口对应关系的表称为 MAC 表），通过其目的 MAC 来查找 MAC 表决定向哪个端口转发，基本流程如下。

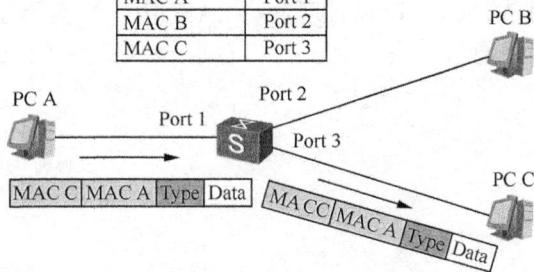

图 4-7   二层网络交换机工作示例

（1）二层交换机收到以太网帧，将其源 MAC 与接收端口的对应关系写入 MAC 表，作为以后的二层转发依据。如果 MAC 表中已有相同表项，那么就刷新该表项的老化时间。MAC 表采取一定的老化更新机制，老化时间内未得到刷新的表项将被删除。

（2）根据以太网帧的目的 MAC 去查找 MAC 表，如果没有找到匹配表项，那么向所有端口转发（接收端口除外）；如果目的 MAC 是广播地址，那么向所有端口转发（接收端口除外）；如果能够找到匹配表项，则向表项所示的对应端口转发。

从上述流程可以看出，二层交换通过维护 MAC 表以及根据目的 MAC 查表转发，有效地利用了网络带宽，改善了网络性能。

二层交换机虽然能够隔离冲突域，但是它并不能有效地划分广播域。因为从前面介绍的二层交换机转发流程可以看出，广播报文以及目的 MAC 查找失败的报文会向除接收端口外的其他所有端口转发，当网络中的主机数量增多时，这种情况会消耗大量的网络带宽，并且在安全性方面也带来一系列问题。当然，通过网络设备来隔离广播域是一个办法（如下章介绍的路由器），但是由于路由器的高成本以及转发性能低的特点使得这一方法应用有限。基于这些情况，二层交换中出现了 VLAN 技术。

4.2.3   二层网络交换机典型组网应用

1. 办公室局域网应用

二层交换机的发展使得局域网技术应用更加丰富，例如在企业办公室中可以使用二层交换机来满足办公与管理方面的需求。搭建办公室的局域网通常采用星状网络结构，图 4-8 所示为一个小型的办公室局域网，各用户的主机通过一台二层交换机进行连接，可以实现简单的接入办公室网络，使得各办公人员之间既可以任意访问，也能同时访问互联网。

2. 校园实验室机房应用

某实验室拥有计算机、服务器若干，若组建一个实验室局域网，通常采用分层设计方案，可以使用一台吉比特二层交换机作为汇聚交换机，使用多台多低端二层交换机作为接入交换机，其组网拓扑如图 4-9 所示。汇聚交换机采用 1000Mbit/s 线路与内部的各个服务器和接入交换机相连接。实验室根据需求可划分为几个不同的 VLAN，可以实现各 VLAN 用户与实验室服务器之间的通信。

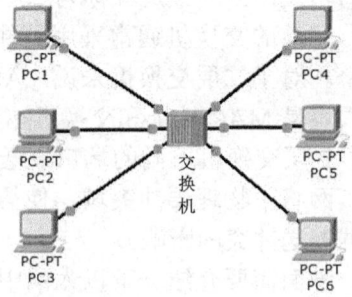

图 4-8 小型的办公室局域网示例

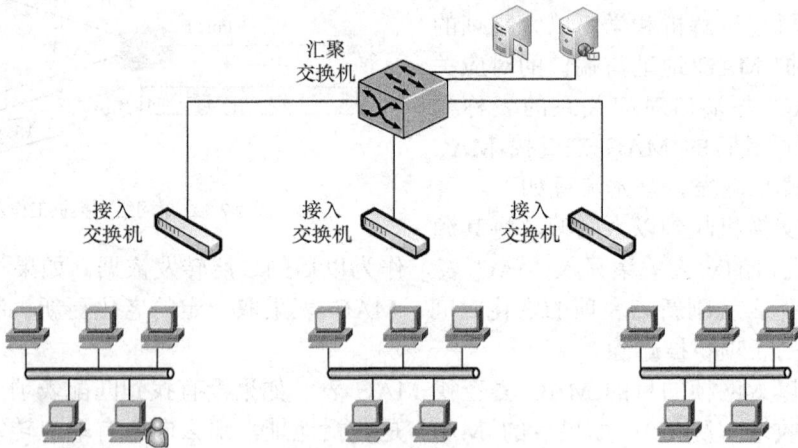

图 4-9 校园实验室局域网示例

4.2.4 二层网络交换机基本配置

1. 交换机的管理

（1）带外管理及带内管理

交换机设备的管理方式可以分为带外管理（out-of-band）和带内管理（in-band）两种管理模式。所谓带内管理，是指网络的管理控制信息与用户网络的承载业务信息通过同一个逻辑信道传送，简而言之，就是占用业务带宽；而在带外管理模式中，网络的管理控制信息与用户网络的承载业务信息在不同的逻辑信道传送，也就是设备提供专门用于管理的带宽。

目前很多交换机都带有带外网管接口，使网络管理的带宽和业务带宽完全隔离，互不影响，构成单独的网管通道。通过 Console 口管理是最常用的带外管理方式，通常用户会在首次配置交换机或者无法进行带内管理时使用带外管理方式。

带外管理方式也是使用频率最高的管理方式。带外管理的时候，我们可以采用 Windows 操作系统自带的超级终端程序来连接交换机，当然，用户也可以采用自己熟悉的终端程序。

（2）交换机带外管理连接

交换机带外管理方式调试就是使用一根 Console 线，一头连接交换机上的 Con 口，如图

4-10 所示，另一头连接至 PC 机的串口（在计算机主机背面呈 D 型）。在保证设备通电的情况下通过计算机上的超级终端来登录交换机。拔插 Console 线时注意保护交换机的Console 口和 PC 的串口，不要带电拔插。

（3）登录交换机

以 Windows xp 系统为例，配置环境的具体建立步骤如下。

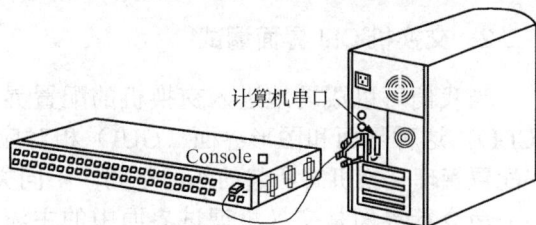

图 4-10　二层网络交换机带外管理

① 开打超级终端：在维护终端上，选择"开始 > 所有程序 > 附件 > 通信 > 超级终端"。

② 为建立的超级终端连接取名字：单击后出现了图 4-11 所示的界面，输入新建连接的名称，系统会为用户把这个连接保存在附件中的通信栏中，以便于用户的下次使用。单击"确定"按扭。

③ 选择所使用的端口号：在对话框中选择最后一行的"连接时使用"，缺省设置是连接在"COM1"口上，单击下拉菜单还有其他的选项，视用户实际连接的端口而定。

④ 设置端口属性：在 COM 属性窗口中单击右下方的"还原默认值"按钮，如图 4-12 所示，设置端口波特率为 9600，数据位 8，奇偶校验"无"，停止位 1，数据流控制"无"。

图 4-11　超级终端的启动界面

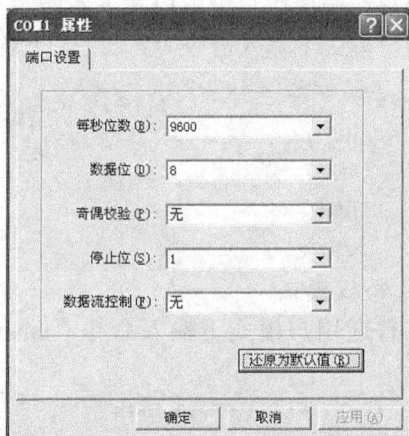

图 4-12　COM 口属性设置

⑤ 如果 PC 串口与交换机的 Console 口连接正确，只要在超级终端中按下"确定"键，将会看到图 4-13 所示的交换机命令行界面，表示已经进入了交换机，此时已经可以对交换机输入指令进行查看。

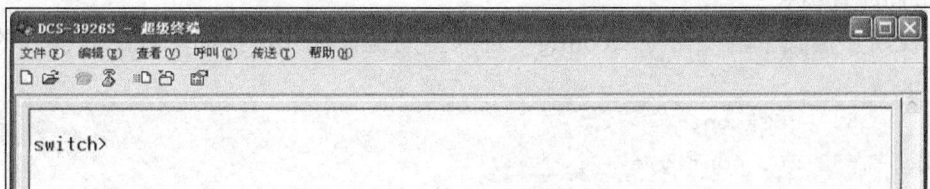

图 4-13　交换机命令行界面

2. 交换机 CLI 界面调试

当我们可以成功地进入交换机的配置界面时，我们所看到的配置界面称为命令行界面（CLI），这种界面和图形界面（GUI）相对应。它是由一系列的配置命令组成的，这些命令在配置管理交换机时所起的作用不同，不同类别的命令对应着不同的配置模式。

命令行界面是交换机调试界面中的主流界面，基本上所有的网络设备都支持命令行界面。国内外主流的网络设备供应商使用很相近的命令行界面，方便用户调试不同厂商的设备。神州数码网络产品的调试界面兼容国内外主流厂商的界面，与思科命令行接近。

下面主要介绍 CLI 操作方式下系统的一些基础操作。通过对本节的学习，用户能够通过命令行对交换机进行最常用的配置操作，熟练使用命令行的关键是掌握下面介绍的命令行智能匹配和命令帮助功能。

（1）命令模式分类

交换机命令行提供多种命令模式，以实现分级保护，防止未授权用户的非法侵入。

命令模式主要包括：普通用户模式、特权模式、全局配置模式、接口配置模式、VALN 配置模式等。注意字体加粗部分为用户输入命令，其他为系统自动显示。

① 普通用户模式

在命令行中，符号"＞"为一般用户配置模式的提示符。

用户在一般用户配置模式下不能对交换机进行任何配置，只能查询交换机的系统信息。如在用户模式下输入命令"？"，系统显示说明在该模式下，只有这四个命令可以使用。

```
DCS-3650-26C>?
  enable                    -- Enable Privileged mode
  exit                      -- Exit telnet session
  help                      -- help
  show                      -- Show running system information
```

② 特权模式

在普通用户模式下输入命令"enable"进入特权模式，特权用户配置模式的提示符为"#"。

```
DCS-3650-26C>enable
DCS-3650-26C>#
```

在特权用户配置模式下，用户可以查询交换机配置信息、各个端口的连接情况、收发数据统计等。而且进入特权用户配置模式后，可以进入到全局模式对交换机的各项配置进行修改，因此进行特权用户配置模式必须要设置特权用户口令，防止非特权用户的非法使用，对交换机配置进行恶意修改，造成不必要的损失。

③ 全局配置模式

在特权用户模式下输入命令"config"进入全局配置模式，全局配置配置模式的提示符为"(config) #"。

```
DCS-3650-26C#config
DCS-3650-26C(config)#
```

在全局配置模式，用户可以对交换机进行全局性的配置，如对 MAC 地址表、端口镜像、创建 VLAN、启动 IGMP Snooping、STP 等。用户在全局配置模式还可通过命令进入到端口对各个端口进行配置。

（2）命令行智能匹配

智能匹配是指输入不完整的命令关键字加制表键<Tab>可以得到关键字的自动匹配结果，目前绝大部分通信设备厂商命令行都支持此项功能。

命令行界面中为了避免输入长串的关键字，方便用户使用，支持输入不完整的命令关键字加制表键<Tab>得到关键字的自动匹配结果，如（在普通用户模式下）键入"en"或"ena"加制表键即可得到完整的"enable"命令。

如果用户无法得到自动匹配结果时，说明有以下两种可能。

① 用户输入的命令错误，应该重新输入正确的命令

例如，在特权模式下输入"ethernet"时出错，导致不能再自动匹配命令。

② 用户输入的关键字冲突

例如，在全局配置模式下仅输入"log"后不能进行自动匹配，这是因为有两条以"log"开头的命令"login"和"logging"。

（3）命令帮助信息

当需要查看当前命令或当前模式的命令的帮助信息时，可以在命令提示符或命令关键字后输入"？"。如果没有找到匹配的内容，则帮助列表为空。

系统提供两种形式的帮助：

① 全面帮助

在命令提示符后输入"？"，可以得到当前可用命令的帮助信息。

在完整的关键字后输入"？"，可以得到与当前命令关键字相匹配的命令的简单帮助及其使用的参数。例如在特权模式下输入"show？"，可显示其后续命令参数。

```
DCS-3650-26C>#show ?
  vlan
  history
running-config
```

② 部分帮助

在不完整的命令关键字之后使用"？"，可以得到与当前命令关键字相匹配的命令的帮助信息。

3．交换机基本配置及恢复出厂设置案例

（1）案例配置内容

登录交换机，完成交换机的基本配置（包括时间、设备名称、enable 密码等），查询交换机相关配置信息并将其恢复成出厂设置。

了解交换机恢复出厂设置的方法。

（2）网络环境

DCS 3650 交换机一台、配置线缆及维护终端。

（3）配置步骤

① 交换机基本配置命令

第一步：显示保存在 flash 中的文件及大小。

```
DCS-3650-26C>enable                          ! 进入特权模式
```

```
DCS-3650-26C>#show flash                    ！查询交换机软件系统
-rwx        6.4M            nos.img
Drive : flash:
Size:6.7M  Used:6.4M  Avaliable:290.0K  Use:96%
```

第二步：设置交换机系统日期和时钟。

```
DCS-3650-26C>#clock set ?                   ！使用？查询命令格式
  HH:MM:SS  Hour:Minute:Second
DCS-3650-26C>#clock set 15:29:50            ！配置当前时间
 Current time is Sun Jan 01 15:29:50 2006   ！配置完即有显示，注意年份
不对
 DCS-3650-26C>#clock set 15:29:50 ?         ！使用？查询，原来命令没有结束
  YYYY.MM.DD  Year.Month.Day(Valid time is between 2001.1.1 and
2037.12.31) <CR>
 DCS-3650-26C>#clock set 15:29:50 2013.01.16    ！配置当前年月日
 Current time is Sun Jan 06 15:29:50 2013   ！正确显示
```

验证配置：

```
DCS-3650-26C>#show clock                    ！再用 show 命令验证
 Current time is Sun Jan 06 15:32:44 2013
```

第三步：设置交换机命令行界面的提示符（设置交换机的名称）。

```
DCS-3650-26C>#config                        ！进入全局配置模式
DCS-3650-26C> (config)#hostname DCS-3650    ！配置交换机名称
```

第四步：为交换机上设置 enable 密码。

```
DCS-3650(config)#enable password level 15 0 3650  ！设置新密码为 3650
（明文）
DCS-3650(config)#exit
DCS-3650#write
```

第五步：验证交换机上设置的 enable 密码。

验证方法 1：重新进入交换机

```
DCS-3650#exit                               ！退出特权用户配置模式
DCS-3650>
DCS-3650>enable                             ！进入特权用户配置模式
Password:
```

验证方法 2：使用 "show running-config" 命令来查看

```
DCS-3650#show running-config                ！显示当前运行状态下生效的交换机参数配置
Current configuration:
enable password level 15 0 3650             ！该行显示了已经为交换机配置了 enable 密码
```

② 交换机恢复出厂设置

在学习交换机恢复出厂设置之前我们先考虑一下在何种情况下需要恢复出厂设置。

情景一：当配置一台交换机时，做了很多功能的配置，完成之后发现它不能正常工作。问题出在哪里了？检查了很多遍未发现错误，排错的难度远远大于重新做配置，不如清空交

换机的所有配置，恢复到刚刚出厂的状态。

情景二：上一节实验课的同学们刚刚做完实验。桌上的交换机已经配置过，通过
"show running-config"命令发现他们对交换机做了很多的配置，为了不影响这节课的实验，
必须把前面做的配置都删除，最简单的方法就是清空配置，恢复到刚刚出厂的状态，这样就
能按照自己的思路进行配置，也能更清楚地了解已完成的配置是否生效，是否正确。

```
DCS-3650>enable                        ！进入特权用户配置模式
Password:                              ！输入密码
DCS-3650#set default                   ！使用 set default 命令
Are you sure? [Y/N] = y                ！是否确认？
DCS-3650#write                         ！清空 startup-config 文件
DCS-3650#show startup-config           ！显示当前的 startup-config 文件
The next boot time startup-config is default factory configuration!.
                                       ！系统提示此启动文件为出厂默认配置
DCS-3650#reload                        ！重新启动交换机
Process with reboot? [Y/N] y
```

验证方法：重新进入交换机，查看特权模式密码是否存在。

```
DCS-3650-26C>
DCS-3650-26C>enable
DCS-3650-26C#                          ！已经不需要输入密码就可进入特权模式
```

4.3 VLAN 技术及应用

4.3.1 VLAN 概念及作用

VLAN（Virtual Local Area Network）即虚拟局域网，是将一个物理的 LAN 在逻辑上划
分成多个广播域的通信技术。VLAN 内的主机间可以直接通信，而 VLAN 间不能直接互
通，从而将广播报文限制在一个 VLAN 内。

以太网是一种基于载波监听多路访问/冲突检测（Carrier Sense Multiple Access/Collision
Detection，CSMA/CD）的共享通信介质的数据网络通信技术。当主机数目较多时会导致冲
突严重、广播泛滥、性能显著下降甚至使网络不可用等问题。通过交换机实现 LAN 互连虽
然可以解决冲突（Collision）严重的问题，但仍然不能隔离广播报文。

在这种情况下出现了虚拟局域网 VLAN 技术，这种技术可以把一个 LAN 划分成多个逻
辑的 VLAN，每个 VLAN 是一个广播域，VLAN 内的主机间通信就和在一个 LAN 内一样，
而 VLAN 间则不能直接互通，这样广播报文就被限制在一个 VLAN 内。

例如，在企业办公楼的不同楼层分别放置两台交换机 SwitchA、SwitchB。每台交换机
分别连接两台计算机，这些主机分别属于两个不同的部门，比如市场部和研发部，现在我们
可以根据需求将市场部的主机划分到 VLAN2 中，将研发部的主机划分到 VLAN3 中，这样
可以实现不同部门的用户互相隔离。图 4-14 所示为一个典型的 VLAN 应用组网图。

VLAN 具有以下优点。

（1）限制广播域：广播域被限制在一个 VLAN 内，节省了带宽，提高了网络处理能力。

（2）增强局域网的安全性：不同 VLAN 内的报文在传输时是相互隔离的，即一个 VLAN 内的用户不能和其他 VLAN 内的用户直接通信。

（3）提高了网络的健壮性：故障被限制在一个 VLAN 内，本 VLAN 内的故障不会影响其他 VLAN 的正常工作。

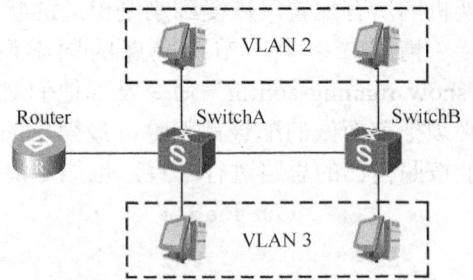

图 4-14 二层网络交换机 VLAN 应用示例

（4）灵活构建虚拟工作组：用 VLAN 可以划分不同的用户到不同的工作组，同一工作组的用户也不必局限于某一固定的物理范围，网络构建和维护更为方便、灵活。

4.3.2 VLAN 的划分方式

VLAN 在交换机上的划分方法，可以大致分为以下几类。

1. 基于端口的 VLAN 划分

基于端口的 VLAN 划分方法是根据以太网交换机的端口来划分，比如一台 24 口交换机的 1~4 端口为 VLAN 10，5~17 端口为 VLAN 20，18~24 端口为 VLAN 30，如图 4-15 所示。某企业的交换机连接有很多用户，且相同业务用户通过不同的设备接入企业网络。为了通信的安全性，同时为了避免广播风暴，企业希望业务相同用户之间可以互相访问，业务不同用户不能直接访问。可以在交换机上配置基于接口划分 VLAN，把业务相同的用户连接的接口划分到同一 VLAN。这样属于不同 VLAN 的用户不能直接进行二层通信，同一 VLAN 内的用户可以直接互相通信。

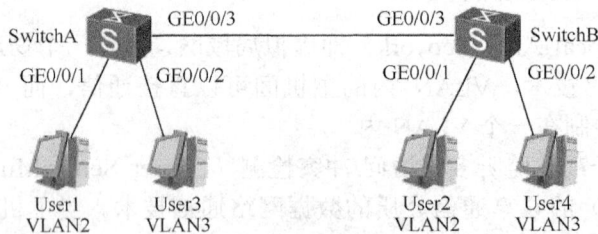

图 4-15 交换机基于端口的 VLAN 划分

这种划分的方法的优点是配置 VLAN 成员时非常简单，只要将所有的端口都配置一下就可以了。它的缺点是如果某一 VLAN 中的用户离开了原来的端口，到了一台新的交换机的某个端口，那么就必须重新配置。

2. 基于 MAC 地址的 VLAN 划分

基于 MAC 地址的 VLAN 划分方法是根据每个主机的 MAC 地址来划分，即对每个 MAC 地址的主机都配置它属于哪个组。

某个公司的网络中，网络管理者将同一部门的员工划分到同一 VLAN。为了提高部门内的信息安全，要求只有本部门员工的 PC 才可以访问公司网络。如图 4-16 所示，PC1、

PC2、PC3 为本部门员工的 PC，要求这几台 PC 可以通过 Switch 访问公司网络，如换成其他 PC 则不能访问。可以配置基于 MAC 地址划分 VLAN，将本部门员工 PC 的 MAC 地址与 VLAN 绑定，从而实现该需求。

这种划分 VLAN 的方法的最大优点就是当用户物理位置移动时，即从一台交换机换到其他的交换机时，VLAN 不用重新配置，所以，可以认为这种根据 MAC 地址的划分方法是基于用户的 VLAN。缺点是初始化时，所有的用户都必须进行配置，如果有几百个甚至上千个用户的话，配置任务是非常繁重的。而且这种划分的方法也导致了交换机执行效率的降低，因为在每一台交换机的端口都可能存在很多个 VLAN 组的成员，这样就无法限制广播包了。

3．基于协议的 VLAN 划分

基于协议的 VLAN 划分根据接口接收到的报文所属的协议（族）类型及封装格式来给报文分配不同的 VLAN，例如，在网络中 IPv4 和 IPv6 可能有各自独立的 VLAN，如图 4-17 所示，与交换机连接的网络有些运行 IPv4，有些运行的 IPv6，而 IPv4 广播帧只能被广播到属于 IPv4 VLAN 的所有端口。

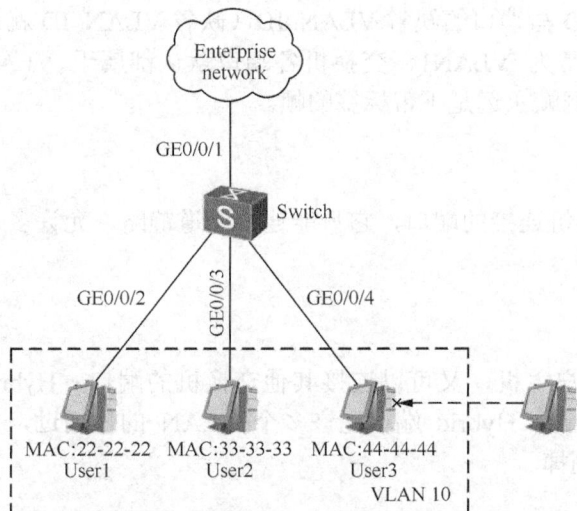

图 4-16　交换机基于 MAC 地址的 VLAN 划分

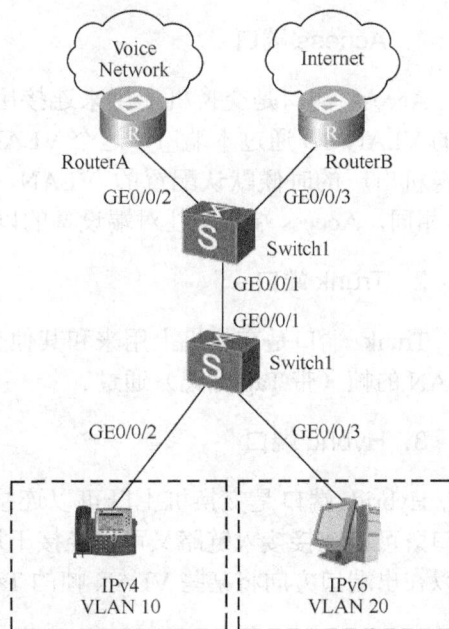

图 4-17　交换机基于协议的 VLAN 划分

4．基于子网的 VLAN 划分

这种划分 VLAN 的方法是根据每个主机的网络层地址划分的，这种划分方法可根据网络地址，比如 IP 地址。

这种方法的优点是用户的物理位置改变了，不需要重新配置他所属的 VLAN，这对网络管理者来说很重要，而且这种方法不需要附加的帧标签来识别 VLAN，这样可以减少网络的通信量。

这种方法的缺点是效率低，因为检查每一个数据包的网络层地址很费时，一般的交换机芯片都可以自动检查网络上数据包的以太网帧头，但要让芯片能检查 IP 包头，需要更高的技术，同时也更费时。

5．基于策略的 VLAN 划分

基于匹配策略划分 VLAN 是指在交换机上配置终端的 MAC 地址和 IP 地址，并于 VLAN 关联。只有符合条件的终端才能加入指定 VLAN。符合策略的终端加入指定 VLAN 后，严禁修改 IP 地址或 MAC 地址，否则会导致终端从指定 VLAN 中退出。

这种划分方法安全性非常高，当基于 MAC 地址和 IP 地址成功划分 VLAN 后，禁止用户改变 IP 地址或 MAC 地址。相较于其他 VLAN 划分方式，基于 MAC 地址和 IP 地址组合策略划分 VLAN 是优先级最高的 VLAN 划分方式。

4.3.3　VLAN 端口类型及配置

根据 IEEE 802.1Q 中定义的 VLAN 帧，设备的有些端口可以识别 VLAN 帧，有些端口则不能识别 VLAN 帧。根据对 VLAN 帧的识别情况，将端口分为三类。

1．Access 端口

Access 端口是交换机上用来连接用户主机的端口，它只能连接接入链路。仅仅允许唯一的 VLAN ID 通过本端口，这个 VLAN ID 与端口的缺省 VLAN ID（缺省 VLAN ID 就是交换机出厂的时候默认配置的 VLAN，通常为 VLAN1，交换机各端口默认都属于 VLAN 1）相同，Access 端口发往对端设备的以太网帧永远是不带标签的帧。

2．Trunk 端口

Trunk 端口是交换机上用来和其他交换机连接的端口，它只能连接干道链路，允许多个 VLAN 的帧（带 Tag 标记）通过。

3．Hybrid 端口

Hybrid 端口是交换机上既可以连接用户主机，又可以连接其他交换机的端口。Hybrid 端口既可以连接接入链路又可以连接干道链路。Hybrid 端口允许多个 VLAN 的帧通过，并可以在出端口方向将某些 VLAN 帧的 Tag 剥掉。

4．交换机间 VLAN 互通配置案例

（1）案例配置内容

教学楼有两层，分别是一年级、二年级，每个楼层都有一台交换机满足老师上网需求。每个年级都有语文教研组和数学教研组，要求两个年级的语文教研组的计算机可以互相访问，两个年级的数学教研组的计算机可以互相访问，语文教研组和数学教研组之间不可以自由访问。试通过划分 VLAN 满足教学楼网络需求。

（2）网络拓扑及数据规划

实验选用 DCS-3650 交换机两台、PC 机两台及网线若干，实验拓扑如图 4-18 所示，数据规划如表 4-5 所示。

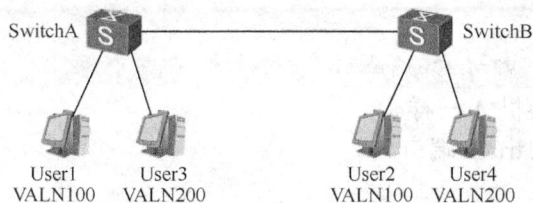

```
SwitchA  S ──────────── S  SwitchB
```

User1　User3　　　　　User2　User4
VALN100 VALN200　　VALN100 VALN200

图 4-18　交换机 VLAN 互通拓扑

表 4-5　　　　　　　　　二层网络交换机数据规划表

设备	IP 地址	子网掩码	VLAN100	VLAN200	Trunk
交换机 A	192.168.1.11	255.255.255.0	端口 1～12	端口 13～23	24 端口
交换机 B	192.168.1.12	255.255.255.0	端口 1～12	端口 13～23	24 端口
PC1	192.168.1.101	255.255.255.0			
PC2	192.168.1.102	255.255.255.0			

（3）配置步骤

第一步：给交换机设置标示符和管理 IP。

交换机 A：

```
DCS-3650-26C>enable
DCS-3650-26C#config
DCS-3650-26C(Config)#hostname switchA
switchA(Config)#interface vlan 1          ! 进入管理 VLAN 模式
switchA(Config-If-Vlan1)#ip address 192.168.1.11 255.255.255.0    ! 配置
管理 IP 地址
switchA(Config-If-Vlan1)#no shutdown
```

交换机 B：

```
DCS-3650-26C>enable
DCS-3650-26C#config
DCS-3650-26C(Config)#hostname switchB
switchB(Config)#interface vlan 1          ! 进入管理 VLAN 模式
switchB(Config-If-Vlan1)#ip address 192.168.1.12 255.255.255.0    !
配置管理 IP 地址
switchB(Config-If-Vlan1)#no shutdown
switchB(Config-If-Vlan1)#exit
```

第二步：在交换机中创建 vlan100 和 vlan200，并添加端口。

交换机 A：

```
switchA(Config)#vlan 100                   ! 创建 VLAN100
switchA(Config-Vlan100)#switchport interface ethernet 1/1-12   ! 在
VLAN 中添加端口
switchA(Config-Vlan100)#exit
switchA(Config)#vlan 200                   ! 创建 VLAN200
switchA(Config-Vlan200)#switchport interface ethernet 1/13-23 ! 在
```

VLAN 中添加端口

```
switchA(Config-Vlan200)#exit
```

交换机 B 配置与交换机 A 一样。

第三步：设置交换机 trunk 端口。

交换机 A：

```
switchA(Config)#interface ethernet 1/24          ！进入接口模式
switchA(Config-Ethernet1/24)#switchport mode trunk          ！设置接口
为 Trunk 模式
Set the port Ethernet1/24 mode TRUNK successfully
switchA(Config-Ethernet1/24)#switchport trunk allowed vlan all  ！Trunk
端口准许所有 VLAN 通过
switchA(Config-Ethernet1/24)#exit
```

交换机 B 配置与交换机 A 相同。

第四步：验证设置交换机 VALN 配置。

```
DCS-3650-26C(config-vlan200)#show vlan          ！查询 VLAN 配置信息
VLAN Name          Type     Media     Ports
---- ----    ------   -----   -----   -----------------
1    default        Static   ENET    Ethernet1/24        Ethernet1/25
                                      Ethernet1/26
100  VLAN0100       Static   ENET    Ethernet1/1         Ethernet1/2
                                      Ethernet1/3         Ethernet1/4
                                      Ethernet1/5         Ethernet1/6
                                      Ethernet1/7         Ethernet1/8
                                      Ethernet1/9         Ethernet1/10
                                      Ethernet1/11        Ethernet1/12
                                      Ethernet1/24(T)
200  VLAN0200       Static   ENET    Ethernet1/13        Ethernet1/14
                                      Ethernet1/15        Ethernet1/16
                                      Ethernet1/17        Ethernet1/18
                                      Ethernet1/19        Ethernet1/20
                                      Ethernet1/21        Ethernet1/22
                                      Ethernet1/23        Ethernet1/24(T)
```

！Ethernet 1/24 口已经出现在 vlan1、vlan100 和 vlan200 中，并且 1/24 口不是一个普通端口，是 tagged 端口

第五步：验证实验。

交换机 A ping 交换机 B

```
switchA#ping 192.168.1.12
Type ^c to abort.
Sending 5 56-byte ICMP Echos to 192.168.1.12, timeout is 2 seconds.
!!!!!
```

```
Success rate is 100 percent (5/5), round-trip min/avg/max = 1/1/1 ms
switchA#
```

互通表明交换机之前的 trunk 链路已经成功建立。

按表 4-6 验证，PC1 插在交换机 A 上，PC2 插在交换机 B 上。

表 4-6　　　　　　　　　　　　　　　　实验验证

PC1 位置	PC2 位置	动作	结果
1～12 端口	1～12 端口	PC1 ping PC2	互通
13～23 端口	13～23 端口	PC1 ping PC2	互通
1～12 端口	13～23 端口	PC1 ping PC2	不通
13～23 端口	1～12 端口	PC1 ping PC2	不通

4.4　实践任务

任务一：交换机基本配置

（1）任务内容

选用一台交换机，将其维护串口连接至一台 PC，试采用串口维护方式登录交换机并完成交换机基本配置。

（2）任务要求

做好交换机配置前的准备工作；掌握交换机的机器名的配置；掌握时间设置、密码配置。

（3）任务步骤

① 根据任务要求连接 PC 与交换机。

② 登录交换机进行基本配置，主要包括恢复出厂设置、密码设置、端口地址配置等。

③ 使用查询命令验证任务配置，并查找可能存在的问题。

任务二：交换机间 VLAN 互通配置

（1）任务内容

选用两台交换机和两台主机，连接两台交换机且将每台交换机端口各连接一台 PC，试规划 PC、交换机 VLAN，并完成 VLAN 配置。

（2）任务要求

掌握跨二层交换机相同 VLAN 间通信的调试方法；掌握交换机接口的 Trunk 模式和 Access 模式；了解交换机的 tagged 端口和 untagged 端口的区别。

（3）任务步骤

① 根据任务内容设计组网拓扑，并完成 PC 与交换机以及交换机之间的连接。

② 写出 PC 的 IP 地址规划表、交换机的端口 VLAN 规划表。

③ 登录交换机进行 VLAN 配置，主要包括 Trunk 端口配置、Access 端口配置等。

④ 配置 PC 网络连接的 IP 地址、子网掩码、网关等信息。

⑤ 查询 VLAN 配置或使用 Ping 命令验证任务配置，并查找可能存在的问题。

小结

1．以太网帧格式有很多种类型，其中以太网 V2 和 IEEE 802.3 标准的帧格式较为常见。

2．MAC 地址共有六个字节（48 位）。前三个字节（高位 24 位）代表供应商代码，后三个字节（低 24 位）是由厂商自己分配的序列号。

3．所有节点共享同一传输介质并竞争同一带宽，那么这些节点组成的集合就是一个冲突域；一个节点发送广播报文其余节点都能够收到的节点的集合为一个广播域。

4．自动协商的主要功能就是使物理链路两端的设备通过交互信息自动选择同样的工作参数。自动协商的内容主要包括双工模式、运行速率以及流量控制等参数。

5．以太网交换机按照系统功能划分，主要包括控制模块、交换模块、接口模块、电源模块。

6．交换机性能参数主要包括线速、转发速率、吞吐量、背板带宽、端口数量等。

7．二层交换机工作在 OSI 模型的第二层，即数据链路层，它对数据包的转发是建立在 MAC 地址基础之上的。其进行转发的依据就是以太网帧的二层信息，即以太网帧的目的 MAC 地址。

8．VLAN 即虚拟局域网，是将一个物理的 LAN 在逻辑上划分成多个广播域的通信技术。VLAN 内的主机间可以直接通信，而 VLAN 间不能直接互通，从而将广播报文限制在一个 VLAN 内。

9．VLAN 在交换机上的划分方法有：基于端口的 VLAN 划分、基于 MAC 的 VLAN 划分、基于协议的 VLAN 划分、基于子网的 VLAN 划分和基于策略的 VLAN 划分。

10．交换机端口 VLAN 类型通常分为 Access 端口、Trunk 端口、Hybrid 端口。

习题

4-1 简述以太网 V2 帧格式。

4-2 简述以太网 MAC 地址结构。

4-3 什么是冲突域和广播域？

4-4 自协商技术能实现什么功能？

4-5 简述交换机功能结构。

4-6 简述交换机性能参数。

4-7 如何登录并配置交换机？

4-8 什么是 VLAN？其作用是什么？

4-9 VLAN 的划分方式有哪些？

4-10 交换机端口的 VLAN 类型有哪些？

第 5 章

组建大型企业网/校园网

【本章任务】掌握路由器和三层交换机的功能结构，能熟练使用命令行对路由器和三层交换机进行基本配置，并根据组网要求完成静态路由、动态路由及 VLAN 间路由的配置，具备组建企业局域网的能力。

5.1 IP 地址

目前全球因特网所采用的协议族是 TCP/IP 协议族。IP 是 TCP/IP 协议族中网络层的协议，是 TCP/IP 协议族的核心协议。IP 地址可以使我们在因特网上方便的寻址，因此因特网上的每台主机的每个接口（包括路由器）都需要分配一个全球范围内唯一的 IP 地址。目前 IP 的版本号是 4（简称为 IPv4），未来 IPv6 将取代 IPv4 成为数据通信的核心协议。

IPv4 地址的编址方法经历了下面三个历史阶段。

（1）分类的 IP 地址。这是最基本的编址方法，这种方法将 IP 地址定义为二级地址，并分为 A、B、C、D、E 五类。

（2）子网划分。这是对最基本的编址方法的改进，引入了子网掩码，将 A、B、C 三类 IP 地址进一步划分为三级地址。

（3）无分类编址。这是比较新的无分类编址方法，取消了传统的 A、B、C 类地址以及划分子网的概念，又回到了二级编址方式（无分类的二级编址）。

5.1.1 分类的 IP 地址

1. IP 地址及表示方式

目前因特网使用的地址是 IPv4 地址，共 32 比特二进制，为了方便记忆通常用点分十进制数表示，如 192.168.1.1。每一类地址都由两个固定长度的字段组成：一部分是用于标识所属网络的网络号（net-id）；另一部分是给定网络上的某个特定的主机的主机号（host-id）。为了给不同规模的网络提供必要的灵活性，IP 的设计者将 IP 地址空间划分为几个不同的地址类别，这些地址类别的划分就针对于不同规模的网络。

从图 5-1 中我们可以看出。

A 类地址：网络号为 1 个字节，定义最高比特为 0，余下 7 比特为网络号，主机号则有 24 比特编址，用于超大型的网络，每个网络有 16 777 214 台主机（主机号全 "0" 和全

"1"的主机有特殊含义）。全世界总共有 126 个 A 类地址。

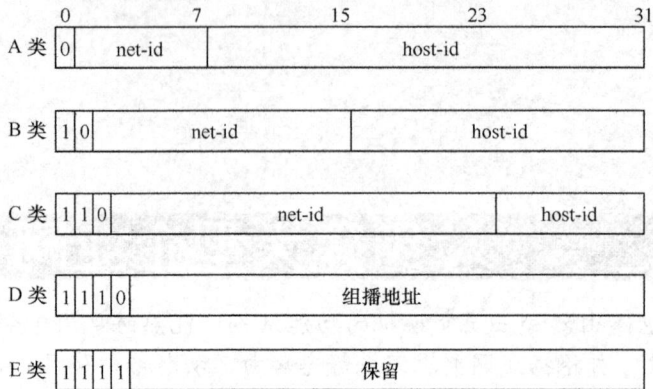

图 5-1　IP 地址分类及结构

B 类地址：网络号为 2 字节，定义前两比特为 10，余下 14 比特为网络号，主机号则可有 16 比特编址。B 类地址用于中型规模的网络，总共有 16 383 个网络，每个网络有 65 534 台主机。

C 类地址：网络号为 3 字节，定义前三比特为 110，余下 21 比特为网络号，主机号仅有 8 比特编址，适用于较小规模的网络，每个网络有 256 台主机。

D 类地址：不分网络号和主机号，定义前四比特为 1110，表示一个组播地址，即一对多通信，可用来识别一组主机。

E 类地址：定义前四比特为 1111，保留为以后用。

如何识别一个 IP 地址的类别呢？只须从点分法的最左一个十进制数就可以判断其归属。例如，1～126 属 A 类地址，128～191 属 B 类地址，192～223 属 C 类地址，224～239 属 D 类地址。除了以上四类地址外，还有 E 类地址，但暂未使用。

表 5-1　　　　　　　　　　　IP 地址指派范围

网络类别	最大可指派的网络数	第一个可指派的网络号	最后一个可指派的网络号	每个网络中的最大主机数
A	126（2^7-2）	1	126	16 777 214
B	16 383（$2^{14}-1$）	128.1	191.255	65 534
C	2 097 151（$2^{21}-1$）	192.0.1	223.255.255	254

2．特殊的 IP 地址

对于因特网 IP 地址中有特定的专用地址不作分配。

（1）主机号全为"0"。不论哪一类网络，主机号全为"0"表示指向本网，常用在路由表中。

（2）主机号全为"1"。主机号全为"1"表示广播地址，向特定的网络中的所有主机发送数据包。例如，一个 IP 数据包的目的 IP 地址是 128.1.255.255（B 类地址），那么它所表示的含义是此数据包将向 128.1.0.0 网络上所有的主机进行广播。

（3）四字节 32 比特全为"1"。若 IP 地址 4 字节 32 比特全为"1"，表示仅在本网内进行广播发送，各路由器均不转发。

（4）网络号 127。TCP/IP 规定网络号 127 不可用于任何网络。其中有一个特别地址 127.0.0.1 称之为回环地址（Loopback），它将信息通过自身的接口发送后返回，可用来测试端口状态。

3．私有 IP 地址

在 IP 地址范围内，互联网编址委员会（Internet Assigned Numbers Authority，IANA）将一部分地址保留作为私人 IP 地址空间，专门用于内部局域网使用，这些地址如表 5-2 所示。

表 5-2   私有 IP 地址

类别	IP 地址范围	网络数
A	10.0.0.0～10.255.255.255	1
B	172.16.0.0～172.31.255.255	16
C	192.168.0.0～192.168.255.255	256

私有 IP 地址是不会被 Internet 分配的，因此它们在 Internet 上也从来不会被路由，虽然它们不能直接和 Internet 连接，但仍旧可以被用来和 Internet 通信，在内部局域网中可根据需求使用这些地址。

5.1.2   子网划分

1．二级 IP 地址编址缺点

（1）IP 地址有效利用率低

当一个企业申请了一个 B 类 IP 地址，我们知道一个 B 类地址具有 6 万多个 IP 地址，但是企业中所连接的主机数并不多，这样会浪费大量的 IP 地址，而其他企业无法使用这些被浪费的 IP 地址，这种浪费使得 IP 地址资源过早的被用完。

（2）二级 IP 地址不够灵活

假设有紧急情况，企业需要在一个新地点开设一个新网络。但是在申请到新的 IP 地址之前，这个网络是不能连接到因特网上工作的。因此希望有种方法让企业可以灵活增加新的网络，而不必事先申请新的网络号。原先的二级 IP 地址编址显然无法满足这种要求。

2．子网划分

为了解决上述问题，我们在 IP 地址编址中新增加了"子网号"（subnet-id），并从原主机号（host-id）借用若干位作为子网号（subnet-id），使二级 IP 地址变为三级 IP 地址，这种方法叫作子网划分。

下面用例子说明子网划分的概念。图 5-2 表示某企业拥有一个 B 类 IP 地址，网络地址为 128.13.0.0，现将其划分子网。假设子网号为 8 位，那么主机号也只有 8 位，所划分的 2 个子网分别是 128.13.1.0 和 128.13.10.0。当企业划分完子网之后，整个企业网络对外仍表现为一个网络，其网络地址为 128.13.0.0。但是当企业出口路由器收到互联网发送来的数据包后，会根据数据包中的目的地址把它转发至部门 A 或部门 B 的子网中去。

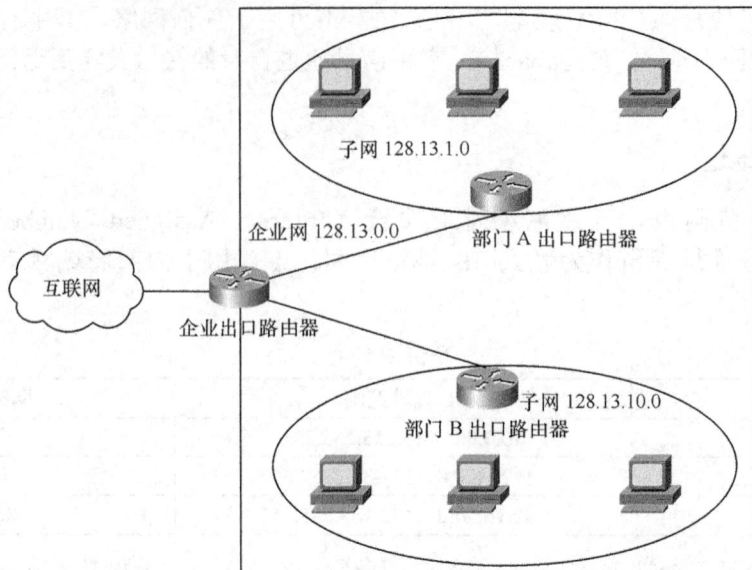

图 5-2　子网划分示意图

总之，划分子网只是把原来的主机号部分进行再划分（划分为子网号和主机号），而不改变 IP 地址原来的网络号。

3．子网掩码

IP 地址在没有相关的子网掩码的情况下单独存在是没有意义的。而子网掩码也不能单独存在，它必须结合 IP 地址一起使用。子网掩码的作用就是将某个 IP 地址划分成网络地址和主机地址两部分。子网掩码的设定必须遵循一定的规则。与 IP 地址相同，子网掩码的长度也是 32 位，左边是网络位，用二进制数字"1"表示；右边是主机位，用二进制数字"0"表示。例如，一个 IP 地址为 192.168.1.1 和子网掩码为 255.255.255.0 的二进制对照。其中，子网掩码前 24 位为"1"，代表与此相对应的 IP 地址左边 24 位是网络号；"0"有 8 个，代表与此相对应的 IP 地址右边 8 位是主机号。这样子网掩码就确定了一个 IP 地址的 32 位二进制数中哪些是网络号、哪些是主机号。这对于采用 TCP/IP 的网络来说非常重要，只有通过子网掩码，才能表明一台主机所在的子网与其他子网的关系，使网络正常工作。

如果 IP 地址和子网掩码都已经知道，那么网络地址就是 IP 地址的二进制和子网掩码的二进制进行"与"的计算结果。"与"的计算方法是 1&1=1，1&0=0，0&0=0。

例如，一个 B 类 IP 地址 192.168.1.135，子网掩码为 255.255.255.240。

那么 IP 地址和子网掩码的与计算为：

```
    11000000，10101000，00000001，10000111
&   11111111，11111111，11111111，11110000
    11000000，10101000，00000001，00000000
```

最后得到的 192.168.1.128 就是网络地址。

划分子网其实就是将原来地址中的主机号借位作为子网号来使用，目前规定借位必须从左向右连续借位，即子网掩码中的 1 和 0 必须是连续的。子网掩码的网络号和子网号全都是

1，主机号全都是 0。缺省状态下，如果没有进行子网划分，A 类网络的子网掩码为 255.0.0.0，B 类网络的子网掩码为 255.255.0.0，C 类网络子网掩码为 255.255.255.0。

4．子网划分案例

假设某公司有一段 IP 地址 192.168.5.0（C 类，默认子网掩码为 255.255.255.0），公司有两层办公楼（1 楼和 2 楼），统一使用 1 楼的路由器上公网。1 楼有 100 台计算机联网，2 楼有 53 台计算机联网。现在应如何规划公司 IP？

思路：根据网络拓扑分析需将 192.168.5.0（C 类）划成 3 个子网，1 楼一个网段，至少拥有 101 个可用 IP 地址；2 楼一个网段，至少拥有 54 个可用 IP 地址；1 楼和 2 楼的路由器互连用一个网段，需要 2 个 IP 地址。

在划分子网时应优先考虑最大主机数来划分。1 楼需要 101 个可用 IP 地址，那就要保证至少 7 位的主机号可用（$2^m-2 \geqslant 101$，m 的最小值=7）。如果保留 7 位主机位，那就只能划出两个子网，剩下的一个子网就划不出来了。但是路由器互连的子网只需要 2 个 IP 地址并且 2 楼的子网只需要 54 个可用 IP，因此可以从第一次划出的两个子网中选择一个子网来继续划分 2 楼的网段和路由器互连使用的网段。

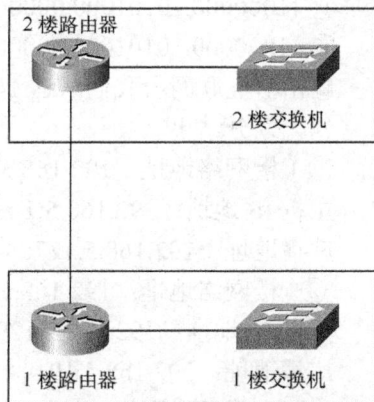

图 5-3　子网划分案例示意图

解决步骤：

（1）先根据大的主机数需求，划分子网

因为要保证 1 楼子网至少有 101 个可用 IP 地址，所以主机号要保留至少 7 位。

将 192.168.5.0（C 类）用二进制表示：

网络地址：11000000.10101000.00000101.00000000

子网掩码：11111111. 11111111. 11111111. 00000000

主机号保留 7 位，即在现有基础上网络号向主机号借 1 位（可划分出 2 个子网）：

① 11000000.10101000.00000101.00000000（子网 192.168.5.0，25 位子网掩码）

② 11000000.10101000.00000101.10000000（子网 192.168.5.128，25 位子网掩码）

1 楼子网从这两个子网中选择一个即可，我们选择 192.168.5.0/25。

2 楼子网和路由器互连使用的网段从 192.168.5.128（25 位子网掩码）中再次划分得到。

（2）再划分 2 楼的子网

2 楼的子网从 192.168.5.128（25 位子网掩码）这个子网段中再次划分子网获得。因为 2 楼至少要有 54 个可用 IP 地址，所以主机号至少要保留 6 位（$2^m-2 \geqslant 54$，m 的最小值=6）。

先将 192.168.5.128（25 位子网掩码）用二进制表示：

网络地址：11000000.10101000.00000101.10000000

子网掩码：11111111. 11111111. 11111111. 10000000

主机号保留 6 位，即在现有基础上网络号向主机号借 1 位（可划分出 2 个子网）：

① 11000000.10101000.00000101.10000000（子网 192.168.5.128，26 位子网掩码）

② 11000000.10101000.00000101.11000000（子网 192.168.5.192，26 位子网掩码）

2 楼子网从这两个子网段中选择一个即可，我们选择 192.168.5.128/26。

路由器互连使用的网段从 192.168.5.192（26 位子网掩码）中再次划分得到。

（3）最后划分路由器互连使用的子网

路由器互连使用的子网从 192.168.5.192（26 位子网掩码）子网段中再次划分子网获得。因为只需要 2 个可用 IP 地址，所以主机号只要保留 2 位即可（$2^m - 2 \geqslant 2$，m 的最小值等于 2）。

先将 192.168.5.192（26 位子网掩码）用二进制表示：

网络地址：11000000.10101000.00000101.11000000

子网掩码：11111111. 11111111. 11111111. 11000000

主机号保留 2 位，即在现有基础上网络号向主机号借 4 位（可划分出 16 个子网）：

① 11000000.10101000.00000101.11000000（子网 192.168.5.192，30 位子网掩码）

② 11000000.10101000.00000101.11000100（子网 192.168.5.196，30 位子网掩码）

③ 11000000.10101000.00000101.11001000（子网 192.168.5.200，30 位子网掩码）

••

⑭ 11000000.10101000.00000101.11110100（子网 192.168.5.244，30 位子网掩码）

⑮ 11000000.10101000.00000101.11111000（子网 192.168.5.248，30 位子网掩码）

⑯ 11000000.10101000.00000101.11111100（子网 192.168.5.252，30 位子网掩码）

路由器互联网段我们从这 16 个子网中选择一个即可，我们就选择 192.168.5.252/30。

（4）划分结果

① 1 楼网络地址：192.168.5.0，子网掩码：255.255.255.128。

主机 IP 地址：192.168.5.1～192.168.5.126。

广播地址：192.168.5.127。

② 2 楼网络地址：192.168.5.128，子网掩码：255.255.255.192。

主机 IP 地址：192.168.5.129～192.168.5.190。

广播地址：192.168.5.191。

③ 路由器互联网络地址：192.168.5.252，子网掩码：255.255.255.252。

两个 IP 地址：192.168.5.253、192.168.5.254。

广播地址：192.168.5.255。

5.1.3　无分类编址

划分子网虽然在一定程度上减缓了因特网在发展中遇到的问题，但是仍然存在问题。

（1）因特网主干网上的路由表中项目数急剧增长。

（2）整个 IPv4 的地址空间最终将全部耗尽。

因此使用一种无类别域间路由选择（Classless Inter-Domain Routing，CIDR）编址方法，也就是构成超网。CIDR 是在允许子网划分时采用不同子网掩码的变长子网掩码（Variable Length Subnet Mask，VLSM）基础上研究出的无分类编址方法。其主要特点有两个：

一是 CIDR 消除了传统的 A 类、B 类和 C 类地址和划分子网的概念，可以更有效地分配 IPv4 的地址空间，用网络前缀（简称前缀）替代网络号和子网号，使用无分类的两级 IP 地址。于是 IP 地址可以记为：

IP 地址={<网络前缀>，<主机号>}

CIDR 还使用"斜线记法"（slash notation），也称为 CIDR 记法，即在 IP 地址后面加上斜线"/"，然后写上网络前缀所占的位数（与子网掩码中 1 的个数对应相等）。例如使用 CIDR 记法的地址 130.15.120.254/18，表示这个 IP 地址的前 18 位是网络前缀，后面 14 位是主机号。需要将点分十进制写成二进制，才能看出网络前缀和主机号，例如，上述地址的网络前缀是地址的前 18 位，即 10000010 00001111 01，而后 14 位是主机号，即 111000 11111110。用十进制表示网络前缀时需注意，不能把上述网络前缀写成 130.15.1/18，因为网络前缀可看成是将地址中的主机位取零后得到的，这样在最后的字节中 01 后面还有 000000，合起来是 01000000，对应的十进制为 64，因此，上述网络前缀应该写成 130.15.64/18 才对。

二是 CIDR 把网络前缀都相同的连续的 IP 地址组成"CIDR 地址块"。例如 130.15.64/18 表示的地址块共有 2^{14} 个地址，该地址块的最小地址和最大地址分别是：

最小地址130.15.64.0　　　　　10000010 00001111 01000000 00000000
最大地址130.15.127.255　　　　10000010 00001111 01111111 11111111

当然，这两个主机号为全 0 和全 1 的地址一般并不使用。在只论及地址块的大小而不需要指出地址块中的起始地址时，也可以简称这样的地址块为"/18 地址块"。

由于一个 CIDR 地址块可以表示很多地址，所以在路由表中就利用 CIDR 地址块来查找目的网络。这种地址的聚合常称为路由聚合（route aggregation），它使得路由表中的一个项目可以表示原来传统分类地址的很多个路由，从而减少了路由表的项目数（路由器的等级越高越有效）。路由聚合也称为构成超网。路由聚合有利于减少路由器之间的路由选择信息的交换，从而提高整个因特网的性能。

为了方便进行路由选择，CIDR 编址方法使用 32 位的地址掩码（address mask），地址掩码由连续的 1 和后面连续的 0 组成，而 1 的个数就是网络前缀的长度。其功能与子网掩码相同，目前仍有一些网络还使用子网划分和子网掩码，因此可将 CIDR 使用的地址掩码继续称为子网掩码。对于/18 地址块，其掩码地址是：11111111 11111111 11000000 00000000（前面 18 个连续的 1）。显然，斜线记法中斜线后面的数字就是地址掩码中 1 的个数。

注意，在使用 CIDR 编址方法时，如果有一些主机本来使用分类的 IP 地址，它们可能不允许把网络前缀设置成比原来分类地址的子网掩码的 1 的长度更短。如将一些连续的 C 类地址块聚合成比其掩码长度 24 更短的 CIDR 地址块时，就可能配置不成功。只有在主机的软件支持 CIDR 时，网络前缀才能比原来的子网掩码长度短。

在使用 CIDR 的路由表中，每个项目由"网络前缀"和"下一跳地址"组成。但是在查找路由表时有可能会得到不止一个匹配结果，这时应当从匹配结果中选择具有最长网络前缀的路由，这叫作最长前缀匹配（longest-prefix matching），这是因为网络前缀越长，其地址块越小，因而路由就越具体。

5.1.4　IPv6 地址

1. IPv6 地址的表示

在 IPv6 中，每个 IP 地址占 128 位，地址空间大于 3.4×10^{38}。巨大的地址范围虽然不存在地址枯竭的问题，但是也要使使用者易于阅读和操纵这些地址。与 IPv4 的点分十进制不同，IPv6 使用冒号十六进制记法（colon hexadecimal notation，简写为 colon hex），它把每个

16 位的二进制数值用 4 个十六进制数值表示，各值之间用冒号分隔。例如：

68E6：8C64：FFFF：FFFF：0：1180：960A：FFFF

在十六进制记法中允许省去两个冒号之间的 4 位十六进制数的前面的连续的 0，如 000F 可缩写为 F。

冒号十六进制记法还包括两个十分有用的技术。

首先，冒号十六进制记法可以允许零压缩（zero compression），即冒号分隔的一连串连续的 0 值可以只用一对冒号所取代，例如：

FF05：0：0：0：0：0：0：BE 可以写成 FF05：：BE。

为了保证零压缩不出现歧义，规定在一个地址中只能使用一次零压缩。

其次，冒号十六进制记法可结合点分十进制记法的后缀。这种结合在 IPv4 向 IPv6 过渡时特别有用。例如，下面的串是一个合法的冒号十六进制记法：

0：0：0：0：0：0：0：128.10.2.2

其中冒号分隔的是 16 位的值，且用十六进制表示，但每个点分隔的是 8 位的值，且用十进制表示。上述地址进一步使用零压缩可以得到：

：：128.10.2.2

另外，要在一个 URL 中使用文本 IPv6 地址，文本地址应该用符号"["和"]"来封闭。例如将文本 IPv6 地址 FEDC:BA98:7654:3210:FEDC:BA98:7654:3210 写在 URL 中的示例为：

http://[FEDC:BA98:7654:3210:FEDC:BA98:7654:3210]:80/index.html。

2．IPv6 地址的编址方法

IPv6 扩展了地址的分级概念，它使用以下三个等级。

（1）第一级（顶级），指明全球都知道的公共拓扑。

（2）第二级（地点级），指明单个的地点。

（3）第三级，指明单个的网络接口。

IPv6 的地址体系采用多级体系是充分考虑到怎样使路由器快速地查找路由。

一个 IPv6 数据报的目的地址可以是以下三种基本类型地址之一。

（1）单播地址（unicast address）。单播就是点对点的通信。IPv6 将实现 IPv6 的主机和路由器均称为节点，并将 IPv6 地址分配给节点上面的接口。一个接口可以有多个单播地址。一个节点接口的单播地址可用来唯一地标识该节点。单播地址包括基于全局提供者的单播地址、基于地理位置的单播地址、NSAP 地址、IPX 地址、节点本地地址、链路本地地址和兼容 IPv4 的主机地址等。

（2）多播地址（multicast address）。多播是一点对多点的通信，数据报从一个源点交付到一组计算机中的每一个。采用多播可以减少对网络资源的占用。IPv6 将广播看作多播的一个特例。多播地址用于表示一组节点，一个节点可能会属于几个多播地址。

（3）任播地址（anycast address）。这是 IPv6 增加的一种类型。任播的目的站是一组计算机（例如，都属于同一个公司），但来自用户的数据报在交付时只交付给这组计算机中的任何一个，通常是（按照路由协议度量）距离最近的一个。例如，用户向公司请求服务，公司的这组计算机中的任何一个收到后都可以进行回答。任播地址也是一个标识符对应多个接口的情况，它可以使用表示单点传送地址的任何形式。从语法上来看，任播地址与单播地址间是没有差别的。当一个单播地址被指向多于一个接口时，该地址就成为任播地址。IPv6任播地址存在下列限制。

　　① 任意播地址不能用作源地址，而只能作为目的地址。

　　② 任意播地址不能指定给 IPv6 主机，只能指定给 IPv6 路由器。

5.2　路由器

　　如今网络正不断改变我们的生活、工作和娱乐方式。计算机网络以及范围更广泛的 Internet 让人们能够以前所未有的方式进行通信、合作以及交互。我们可以通过各种形式使用网络，其中包括 Web 应用程序、网络电话、视频会议、互动游戏、电子商务、网络教育以及其他形式。

　　网络的核心是路由器，简而言之，路由器的作用就是将各个网络彼此连接起来。因此路由器需要负责不同网络之间的数据包传送。IP 数据包的目的地可以是某个网站服务器，也可以是电子邮件服务器，这些数据包都是由路由器来负责及时传送的。在很大程度上，网络通信的效率取决于路由器的性能，即取决于路由器是否能以最有效的方式转发数据包。

5.2.1　路由器的功能结构

　　Internet 服务均围绕路由器而构建，路由器主要负责将数据包从一个网络转发到另一个网络。正是由于路由器能够在不同网络间传送数据包，不同网络中的设备才能实现通信。本节将介绍其主要硬件和软件组件，以及路由过程本身。

　　路由器可连接多个网络，这意味着它具有多个接口，每个接口属于不同的网络。当路由器从某个接口收到数据包时，它会确定使用哪个接口来将该数据包转发到目的地。路由器用于转发数据包的接口可以位于数据包的最终目的网络（即具有该数据包目的 IP 地址的网络），也可以位于连接到其他路由器的网络（用于送达目的网络）。

　　路由器连接的每个网络通常需要单独的接口。这些接口用于连接局域网和广域网。LAN 通常为以太网，其中包含各种设备，如 PC、打印机和服务器。WAN 用于连接分布在广阔地域中的网络。例如，WAN 连接通常用于将 LAN 连接到 ISP 网络。

　　路由器其实也是计算机，它的组成结构类似于计算机。第一台路由器是一台接口信息处理机，出现在美国国防部高级研究计划局网络中。

　　图 5-4 为神州数码 DCR2655 系列路由器的面板，本书以这款设备为例介绍路由器的使用。路由器中含有许多其他计算机中常见的硬件和软件组件，包括：CPU、内存、闪存、NVRAM、ROM 和操作系统。

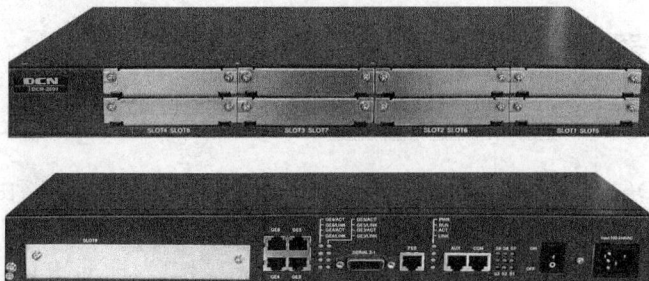

图 5-4　神州数码 DCR2655 系列路由器

1．CPU

CPU 执行操作系统指令，如系统初始化、路由功能和网络接口控制。

2．内存

与计算机类似，内存存储 CPU 所需执行的指令和数据。内存用于存储以下组件。

（1）操作系统：启动时，操作系统会将互联网操作系统复制到内存中。

（2）运行配置文件：这是存储路由器当前所用的配置命令的配置文件。路由器上配置的所有命令均存储于运行配置文件，此文件也称为 running-config。

（3）路由表：此文件存储着直接相连网络以及远程网络的相关信息，用于确定转发数据包的最佳路径。

（4）ARP 缓存：此缓存包含 IP 地址到 MAC 的映射。

（5）数据包缓冲区：数据包到达路由器之后到对其转发之前，都会暂时存储在缓冲区中。

RAM 是易失性存储器，如果路由器断电或重新启动，内存中的内容就会丢失。但是路由器也具有永久性存储区域，如 ROM、闪存和 NVRAM。

3．ROM

ROM 是一种永久性存储器，一般用来存储指令、基本诊断软件和精简版操作系统。

ROM 使用的是固件，即内嵌于集成电路中的软件。固件包含一般不需要修改或升级的软件，如启动指令。如果路由器断电或重新启动，ROM 中的内容不会丢失。

4．闪存

闪存是非易失性计算机存储器，可以电子的方式存储和擦除。在大多数路由器型号中，操作系统是永久性存储在闪存中的，在启动过程中才复制到内存，然后再由 CPU 执行。如果路由器断电或重新启动，闪存中的内容不会丢失。

5．NVRAM

NVRAM（非易失性 RAM）在电源关闭后不会丢失信息。这与大多数普通内存不同，后者需要持续的电源才能保持信息。NVRAM 用作存储启动配置文件（startup-config）的永久性存储器。而所有配置更改都存储于内存的 running-config 文件中并由操作系统立即执行。要保存这些更改以防路由器重新启动或断电，必须将 running-config 复制到 NVRAM，并存储为 startup-config 文件。即使路由器重新启动或断电，NVRAM 也不会丢失其内容。

5.2.2　路由器的端口

1．管理端口

图 5-5 所示为 DCR2655 路由器的背面板。路由器包含用于管理路由器的物理接口，这些接口也称为管理端口。与以太网接口和串行接口不同，管理端口不用于转发数据包。最常见的管理端口是控制台端口（Console 端口）。Console 端口为标准 RJ45 插头，并使用专用监控线缆（不同厂商设备的专用监控线缆线序可能不同）将该端口接至 PC 机串行口，并用

终端仿真软件（如 Windows 的超级终端）对路由器进行配置、监控等。终端串行口通信参数可设置如下：速率 9600bit/s、八位数据位、一位停止位、无奇偶校验位、无流控。

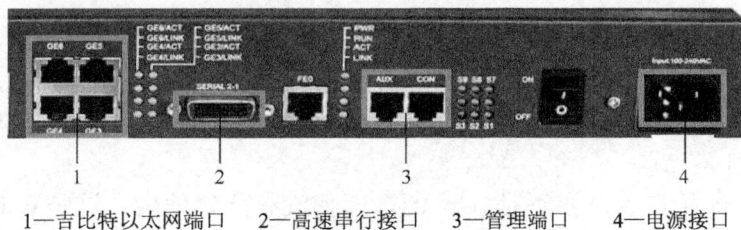

1—吉比特以太网端口　2—高速串行接口　3—管理端口　4—电源接口

图 5-5　神州数码 DCR2655 系列路由器

另一种管理端口是辅助端口（AUX 端口），并非所有路由器都有辅助端口。有时辅助端口的使用方式与控制台端口类似，此外，此端口也可用于连接调制解调器。

2．路由器物理接口

路由器接口表示负责接收和转发数据包的路由器物理接口。路由器有多个接口，用于连接多个网络。通常，这些接口连接到多种类型的网络，也就是说需要各种不同类型的介质和接口。路由器一般需要具备不同类型的接口。例如，路由器一般具有以太网接口，用于连接不同的 LAN；还具有各种类型的 WAN 接口，用于连接多种串行链路。图 5-5 中显示了路由器上的吉比特以太网接口和高速串行接口。

（1）以太网端口

DCR-2655 路由器有两种以太网端口，一种是 4 个 1000 兆以太网交换端口（GE3-GE6 端口），它支持线缆自识别功能（Auto MDI/MDIX），与其他以太网端口可以使用直连线缆或交叉线缆连接；另一种是单口以太网端口（FE0），不支持线缆自识别功能（Auto MDI/MDIX），当与其他不支持自识别功能的 PC 网卡或路由器以太网口连接时，只能用交叉线缆连接。

（2）高速串行接口

高速串行接口支持 V.24/V.28(EIA/TIA-232)和 V.35 物理层协议，提供 DB60 接口，用户可以选配相应的接口电缆与特定的设备连接，通常情况下我们选用 V.35 电缆连接高速串行接口，如图 5-6 所示，V.35 同异步串口既可以作为 DTE 又可以作为 DCE 使用。

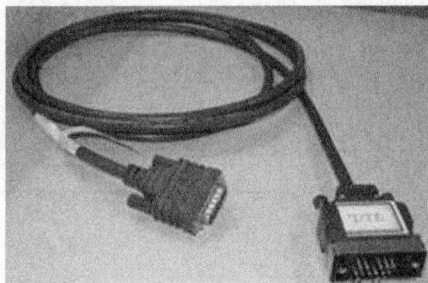

V.35 电缆 DTE 端　　　　　　V.35 电缆 DCE 端

图 5-6　V.35 电缆

串口在任何速率下都有其相应的通信距离限制，一般是通信速率越低，通信距离越远。

所有串口信号都有距离限制，超过规定的距离，信号衰减较快甚至丢失。

3．回环接口

回环（Loopback）接口是一个逻辑接口，即虚拟的软件接口，它并不是路由器的物理接口，大多数平台都支持使用这种接口来模拟真正的物理接口。这样做的好处是虚拟接口不会像物理接口那样因为各种因素的影响而导致接口被关闭。Loopback 接口和其他物理接口相比较，具有以下几条优点。

（1）Loopback 接口状态永远是 Up 的，即使没有配置地址。这是它的一个非常重要的特性。

（2）Loopback 接口可以配置 IP 地址，而且通常配置全 1 的子网掩码，这样做可以节省宝贵的 IP 地址空间。

（3）Loopback 接口不能封装任何数据链路层协议。

因此 Loopback 接口可以广泛应用在各个方面。其中最主要的应用就是：动态路由协议在运行过程中需要为该协议指定一个路由器的唯一标识（Router id），并要求在整个自治系统内唯一。由于 Router id 是一个 32 比特的无符号整数，这点与 IP 地址十分相像，而且 IP 地址是不会出现重复现象的，所以通常将路由器的 Router id 指定为与该设备上的某个接口的地址相同，所以 Loopback 接口的 IP 地址也就成了 Router id 的最佳选择。

5.2.3　路由器的基本配置案例

（1）案例配置内容

登录一台路由器并进行基础配置，其中包括恢复路由器出厂设置、配置路由器的名称、配置路由器的接口地址等。

（2）网络拓扑及数据规划

案例选用一台神州数码 DCR-2655 路由器，其中 Router-A 的 GigaEthernet0/3 端口连接至 PC1，GigaEthernet0/5 端口连接至 PC2，如图 5-7 所示。路由器各端口地址规划如表 5-3 所示。

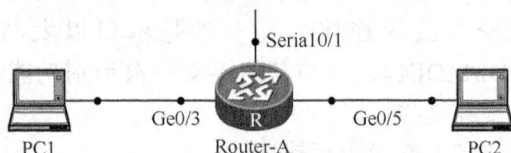

图 5-7　路由基本配置拓扑

表 5-3　　　　　　　　　　　　　路由基本配置 IP 地址规划

Router-A		PC1	PC2
Ge0/3	192.168.0.1/24	主机 IP：192.168.0.200	主机 IP：192.168.1.200
Ge0/5	192.168.1.1/24	子网掩码：255.255.255.0	子网掩码：255.255.255.0
Serial0/1	192.168.2.1/24	网关：192.168.0.1	网关：192.168.1.1

（3）配置步骤

第一步：恢复出厂设置。

```
Router>enable                        ！进入特权模式
Router#delete                        ！删除配置文件
this file will be erased,are you sure?(y/n) y
```

```
Router#reboot                        ！重新启动
Do you want to reboot the router(y/n)? y
Please wait…
```

第二步：设置接口 IP 地址。

```
Router>enable                          ！进入特权模式
Router #config                         ！进入全局配置模式
Router _config#hostname Router-A       ！修改路由器名称
Router-A_config#interface serial 0/1   ！进入串行接口模式
Router-A_config_s0/1#ip address 192.168.2.1 255.255.255.0      ！配置
IP 地址
Router-A_config_s0/1#physical-layer speed 64000    ！配置 DCE 时钟频率
Router-A_config_s0/1#no shutdown       ！开启端口
Router-A_config_s0/1#exit              ！退出接口模式
Router-A_config#interface gigaEthernet 0/3   ！进入以太网接口模式
Router-A_config_g0/3#ip address 192.168.0.1 255.255.255.0      ！配置
IP 地址
Router-A_config_g0/3#no shutdown
Router-A_config_g0/3#exit
Router-A_config#interface gigaEthernet 0/5   ！进入以太网接口模式
Router-A_config_g0/5#ip address 192.168.1.1 255.255.255.0      ！配置
IP 地址
Router-A_config_g0/5#no shutdown
Router-A_config_g0/5#exit
Router-A_config# exit
```

第三步：保存。

```
Router-A#write             ！保存配置
Saving current configuration...
OK!
```

第四步：验证实验。

设置 PC1 的 IP 地址为 192.168.0.200/24，默认网关 192.168.0.1；设置 PC2 的 IP 地址为 192.168.1.200/24，默认网关 192.168.1.1。在 PC1 上使用 Ping 命令查看是否能与 PC2 互通，若可以则配置完成。

5.3　路由技术基础

5.3.1　路由的概念

路由器提供了异构网络之间的互连机制，实现将数据包从一个网络转发到另一个网络，路由就是指导 IP 数据包发送的路径信息。

在因特网中进行路由选择时需要使用路由器，路由器只是根据 IP 数据包中的目的地址选择一个合适的路径，将数据包转发到下一个路由器，路径中最后一个路由器负责将数据包送达目的主机。

5.3.2 路由分类

路由器不仅支持静态路由，同时也支持 RIP（Routing Information Protocol）、OSPF（Open Shortest Path First）、IS-IS（Intermedia System-Intermedia System）和 BGP（Border Gateway Protocol）等动态路由协议。

1．静态路由与动态路由的区别

路由协议是路由器之间维护路由表的规则，用于发现路由，生成路由表，并指导报文转发。依据来源的不同，路由可以分为三类。

（1）通过链路层协议发现的路由称为直连路由。

（2）通过网络管理员手动配置的路由称为静态路由。

（3）通过动态路由协议发现的路由称为动态路由。

静态路由配置方便，对系统要求低，适用于拓扑结构简单并且稳定的小型网络。缺点是不能自动适应网络拓扑的变化，需要人工干预。

动态路由协议有自己的路由算法，能够自动适应网络拓扑的变化，适用于具有一定数量三层设备的网络。缺点是配置对用户要求比较高，对系统的要求高于静态路由，并将占用一定的网络资源和系统资源。

2．动态路由的分类

对动态路由协议的分类可以采用以下不同标准。

（1）根据作用范围不同分类。

① 内部网关协议（Interior Gateway Protocol，IGP）：在一个自治系统内部运行。常见的 IGP 包括 RIP、OSPF 和 IS-IS。

② 外部网关协议（Exterior Gateway Protocol，EGP）：运行于不同自治系统之间。BGP 是目前最常用的 EGP。

（2）根据使用算法不同分类。

① 距离矢量协议（Distance-Vector Protocol）：包括 RIP 和 BGP。其中，BGP 也被称为路径矢量协议（Path-Vector Protocol）。

② 链路状态协议（Link-State Protocol）：包括 OSPF 和 IS-IS。

以上两种算法的主要区别在于发现路由和计算路由的方法不同。

5.3.3 路由表

在网络中路由表（routing table）是一个存储在路由器中的数据库。路由表存储着指向特定网络地址的路径，即路由表中含有网络的拓扑信息。

路由表建立的主要目标是为了实现动态路由协议和静态路由选择。路由表不直接参与数据包的传输，而是用于生成一个小型指向表，这个指向表仅包含由路由算法选择的数据包传输优先路径。

1．路由表基本概念

路由表使用了和利用地图投递包裹相似的思想。只要网络上的一个节点需要发送数据给网络上的另一个节点，它就必须要知道把数据发送到哪。设备不可能直接连接到目的节点，它需要找到另一个方式去发送数据包。将数据包发到正确的地址是一个复杂的任务，路由器需要记录发送数据包的路径信息，路由表就存储着这样的路径信息，就如地图一样，是一个记录路径信息，并为需要这些信息的节点提供数据库服务。

2．路由表的内容

路由表包含了路由器进行选路时的关键信息，这些信息构成了路由表的总体结构。理解路由表对路由维护及排除故障有重要意义，路由表通常会存有以下的信息。

（1）目的网络地址（Destination）：就是目标地址的网络地址。

（2）掩码（Mask）：与目的地址一起来标识目的网段的地址，将目的地址和网络掩码进行"逻辑与"可以得到目的主机的网络地址。例如：目的地址为 8.0.0.0，掩码为 255.0.0.0 的主机或路由器所在网段的地址为 8.0.0.0。掩码由若干个连续"1"构成，既可以用点分十进制表示，也可以用掩码中连续"1"的个数来表示。

（3）下一跳地址/接口（Next hop / interface）：下一跳地址说明 IP 包所经由的下一个路由器的接口地址；输出接口表明 IP 包将从该路由器哪个接口转发。

（4）路由信息来源（Owner）：指明了路由的来源，即路由是如何生成的。

（5）优先级（Priority）：到相同的目的地，不同的路由协议可能会发现不同的路由，但并非这些路由都是最优的。事实上，在某一时刻，到某一目的地的当前路由仅能由唯一的路由协议来决定。因此各路由协议都被赋予了一个优先级，这样当存在多个路由信息源时，具有较高优先级（数值越小表明优先级越高）的路由协议发现的路由将成为最优路由，并被加入路由表中。不同厂家的路由器对于各种路由协议优先级的规定各不相同。

（6）度量值（Metric）：度量值标识出到达这条路由所指的目的地址的代价，通常路由的度量值会受到线路延迟、带宽、线路占有率、线路可信度、跳数、最大传输单元等因素的影响，不同的动态路由协议会选择其中的一种或几种因素来计算度量值（如 RIP 用跳数来计算度量值）。度量值只在同一种路由协议内有比较意义，不同的路由协议之间的路由度量值没有可比性，也不存在换算关系。

5.3.4　路由的优先级

对于相同的目的地，不同的路由协议（包括静态路由）可能会发现不同的路由，但这些路由并不都是最优的。事实上，在某一时刻，到某一目的地的当前路由仅能由唯一的路由协议来决定。为了判断最优路由，各路由协议（包括静态路由）都被赋予了一个优先级，当存在多个路由信息源时，具有较高优先级（取值较小）的路由协议发现的路由将成为最优路由，并将最优路由放入本地路由表中。

通常情况下对不同路由协议的优先级是各设备厂商自行决定的，没有统一的标准，所以有可能不同厂商的设备上路由的优先级是不同的，且通过配置可以修改路由缺省的优先级，通常情况下路由缺省优先级情况如表 5-4 所示。

表 5-4　　　　　　　　　　　各路由缺省优先级

路由选择协议	缺省优先级
直连路由	0
静态路由	1
外部 BGP 路由	20
OSPF 路由	110
RIP 路由	120
内部 BGP 路由	200

5.3.5　自治系统

在互联网中，自治系统（Autonomous System，AS）是指在一个（有时是多个）实体管辖下的所有 IP 网络和路由器的网络，它们对互联网执行共同的路由策略。

每一个 AS 可以支持多个内部网关路由协议。一个 AS 内的所有网络都被分配同一个 AS 号，属于一个行政单位管辖。AS 号分为 2 字节 AS 号和 4 字节 AS 号。其中 2 字节 AS 号的范围为 1～65535。随着时间推进，可分配的 2 字节 AS 号已经濒临枯竭，需要将 AS 号的范围从之前的 2 字节扩展为 4 字节，其中 4 字节 AS 号的取值范围为 1～4294967295。4 字节 AS 号还可以用 X.Y 的形式表示，其中 X 的取值范围为 1～65535，Y 的取值范围为 0～65535。

5.4　直连、静态路由及配置

5.4.1　直连路由

路由器接口上配置的网段地址会自动出现在路由表中并与接口关联，这样的路由叫直连路由。直连路由是由链路层协议发现的。其优点是自动发现，开销小；缺点是只能发现本接口所属的网段。

如图 5-8 所示，我们通过使用 "show ip route" 命令可以查看路由器已经学习到的路由表，Router-A 的 GigaEthernet0/3、GigaEthernet0/4、GigaEthernet0/5 端口。

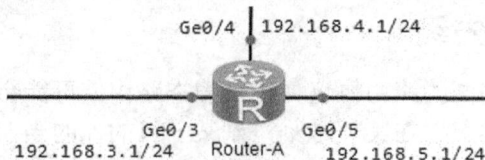

```
            Ge0/4 | 192.168.4.1/24

                    R

        Ge0/3           Ge0/5
192.168.3.1/24  Router-A  192.168.5.1/24
```

图 5-8　直连路由示例

```
Router-A#show ip route
Codes: C - connected, S - static, R - RIP, B - BGP, BC - BGP connected
       D - DEIGRP, DEX - external DEIGRP, O - OSPF, OIA - OSPF inter area
```

```
        ON1 - OSPF NSSA external type 1, ON2 - OSPF NSSA external type 2
        OE1 - OSPF external t ype 1, OE2 - OSPF external type 2
        DHCP - DHCP type
   VRF ID: 0
   C      192.168.3.0/24          is directly connected, GigaEthernet0/3   !直
连的路由
   C      192.168.4.0/24          is directly connected, GigaEthernet0/4   !直
连的路由
   C      192.168.5.0/24          is directly connected, GigaEthernet0/5   !直
连的路由
```

5.4.2　静态路由

1. 静态路由概念

路由器根据路由表转发数据包，路由表可通过手动配置和使用动态路由算法计算产生，其中网络管理员手动配置产生的路由就称为静态路由（Static Routing）。

静态路由的优点是它比动态路由使用更少的带宽，并且不需要占用 CPU 资源来计算和分析路由更新；其缺点是当网络发生故障或者拓扑发生变化后，静态路由不会自动更新，必须手动重新配置。

静态路由是一种需要管理员手工配置的特殊路由。

静态路由在不同网络环境中有不同的目的。

（1）当网络结构比较简单时，只需配置静态路由就可以使网络正常工作。

（2）在复杂网络环境中，配置静态路由可以改进网络的性能，并可为重要的应用保证带宽。

2. 静态路由的主要参数

静态路由有 5 个主要的参数：目的地址和掩码、出接口和下一跳、优先级。

（1）目的地址和掩码

IPv4 的目的地址为点分十进制格式，掩码可以用点分十进制表示，也可用掩码长度（即二进制掩码中连续 "1" 的位数）表示。

（2）出接口和下一跳地址

根据不同的出接口类型，在配置静态路由时，可指定出接口，也可指定下一跳地址，还可以同时指定出接口和下一跳地址。

对于点对点类型的接口，只需指定出接口。因为指定发送接口即隐含指定了下一跳地址，这时认为与该接口相连的对端接口地址就是路由的下一跳地址。如 10GE 封装 PPP（Point-to-Point Protocol），通过 PPP 协商获取对端的 IP 地址，这时可以不指定下一跳地址。

对于广播类型的接口（如以太网接口）接口，必须指定通过该接口发送时对应的下一跳地址。因为以太网接口是广播类型的接口，这会导致出现多个下一跳，无法唯一确定下一跳。

（3）静态路由优先级

对于不同的静态路由，可以为它们配置不同的优先级，值越小，则优先级越高。配置到达相同目的地的多条静态路由，如果指定相同优先级，则可实现负载分担；如果指定不同优先级，则可实现路由备份。

3. 静态路由配置案例

（1）案例配置内容

使用两台主机和两台路由器进行组网并配置静态路由，其中包括配置路由器的名称、配置路由器的接口地址及路由器各网段之间的静态路由等。

（2）网络拓扑及数据规划

案例选用两台神州数码 DCR-2655 路由器，其中 Router-A 的 GigaEthernet0/3 端口连接至 Router-B 的 GigaEthernet0/3 端口，如图 5-9 所示。路由器各端口地址规划如表 5-5 所示。

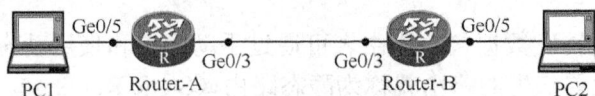

图 5-9　静态路由拓扑

表 5-5　　　　　　　　　　　　　静态路由 IP 地址规划

Router-A		Router-B	
Ge0/3	192.168.0.1/24	Ge0/3	192.168.0.2/24
Ge0/5	192.168.1.1/24	Ge0/5	192.168.2.1/24

（3）配置步骤

第一步：恢复出厂设置并配置 Router-A、Router-B 接口 IP 地址。

请参考 5.2.3 节路由器基本配置案例中接口 IP 地址配置命令，按本实验地址规划表中选用的地址完成 Router-A、Router-B 接口 IP 地址。

路由器 A：

```
Router>enable                              ！进入特权模式
Router #config                             ！进入全局配置模式
Router _config#hostname Router-A           ！修改路由器名称
Router-A_config#interface gigaEthernet 0/3 ！进入以太网接口模式
Router-A_config_g0/3#ip address 192.168.0.1 255.255.255.0      ！配置
IP 地址
Router-A_config_g0/3#no shutdown
Router-A_config_g0/3#exit
Router-A_config#interface gigaEthernet 0/5  ！进入以太网接口模式
Router-A_config_g0/5#ip address 192.168.1.1 255.255.255.0      ！配置
IP 地址
Router-A_config_g0/5#no shutdown
```

```
Router-A_config_g0/5#exit
Router-A_config# exit
```

路由器 B：

```
Router>enable                              ！进入特权模式
Router #config                             ！进入全局配置模式
Router _config#hostname Router-B           ！修改路由器名称
Router-B_config#interface gigaEthernet 0/3 ！进入以太网接口模式
Router-B_config_g0/3#ip address 192.168.0.2 255.255.255.0      ！配置
IP 地址
Router-B_config_g0/3#no shutdown
Router-B_config_g0/3#exit
Router-B_config#interface gigaEthernet 0/5  ！进入以太网接口模式
Router-B_config_g0/5#ip address 192.168.2.1 255.255.255.0      ！配置
IP 地址
Router-B_config_g0/5#no shutdown
Router-B_config_g0/5#exit
Router-B_config# exit
```

第二步：查看 Router-A、Router-B 的路由表。

```
Router-A#show ip route       ！查看 Router-A 路由表
Codes: C - connected, S - static, R - RIP, B - BGP, BC - BGP
connected
     D - BEIGRP, DEX - external BEIGRP, O - OSPF, OIA - OSPF inter
area
     ON1 - OSPF NSSA external type 1, ON2 - OSPF NSSA external type 2
     OE1 - OSPF external type 1, OE2 - OSPF external type 2
     DHCP - DHCP type, L1 - IS-IS level-1, L2 - IS-IS level-2
  VRF ID: 0
  C    192.168.0.0/24      is directly connected, GigaEthernet0/3 ！直连
的路由
  C    192.168.1.0/24      is directly connected, GigaEthernet0/5  ！直连
的路由
```

此时发现 Router-A 只有两条到达 192.168.0.0/24 和 192.168.1.0/24 网段的直连路由，并未出现到达 192.168.2.0/24 的路由。

```
Router-B#show ip route          ！查看 Router-B 路由表
Codes: C - connected, S - static, R - RIP, B - BGP, BC - BGP connected
     D - BEIGRP, DEX - external BEIGRP, O - OSPF, OIA - OSPF inter area
     ON1 - OSPF NSSA external type 1, ON2 - OSPF NSSA external type 2
     OE1 - OSPF external type 1, OE2 - OSPF external type 2
     DHCP - DHCP type, L1 - IS-IS level-1, L2 - IS-IS level-2
  VRF ID: 0
```

```
    C    192.168.0.0/24       is directly connected, GigaEthernet0/3   ! 直连
的路由
    C    192.168.2.0/24       is directly connected, GigaEthernet0/5   ! 直连
的路由
```

此时发现 Router-B 也只有两条到达 192.168.0.0/24 和 192.168.2.0/24 网段的直连路由，并未出现到达 192.168.1.0/24 的路由。

第三步：配置 PC1 与 PC2 并测试连通性。

设置 PC1 的 IP 地址为 192.168.1.200/24，默认网关 192.168.1.1；设置 PC2 的 IP 地址为 192.168.2.200/24，默认网关 192.168.2.1。在 PC1 上使用 Ping 命令查看是否能与 PC2 互通，此时 PC1 无法 Ping 通 PC2，说明 192.168.1.0/24 网段与 192.168.2.0/24 网段无法互通。

第四步：在路由器 A 上配置静态路由。

```
    Router-A#config
    Router-A_config#ip route 192.168.2.0 255.255.255.0 192.168.0.2    ! 配置
静态路由，注意目标网段和下一跳地址
```

第五步：在路由器 B 上配置静态路由。

```
    Router-B#config
    Router-B_config#ip route 192.168.1.0 255.255.255.0 192.168.0.1    ! 配置
静态路由，注意目标网段和下一跳地址
```

第六步：验证配置。

再次查看 Router-A、Router-B 的路由表。

```
    Router-A_config#show ip route
    Codes: C - connected, S - static, R - RIP, B - BGP, BC - BGP
connected
        D - BEIGRP, DEX - external BEIGRP, O - OSPF, OIA - OSPF inter
area
        ON1 - OSPF NSSA external type 1, ON2 - OSPF NSSA external type 2
        OE1 - OSPF external type 1, OE2 - OSPF external type 2
        DHCP - DHCP type, L1 - IS-IS level-1, L2 - IS-IS level-2
    VRF ID: 0
    C    192.168.0.0/24       is directly connected, GigaEthernet0/3
    C    192.168.1.0/24       is directly connected, GigaEthernet0/5
    S    192.168.2.0/24       [1,0] via 192.168.0.2(on GigaEthernet0/3)  !
```
注意出现了一条到 192.168.2.0/24 网段的静态路由，其管理距离是 1
```
    Router-B_config#show ip route
    Codes: C - connected, S - static, R - RIP, B - BGP, BC - BGP connected
        D - BEIGRP, DEX - external BEIGRP, O - OSPF, OIA - OSPF inter
area
        ON1 - OSPF NSSA external type 1, ON2 - OSPF NSSA external type 2
        OE1 - OSPF external type 1, OE2 - OSPF external type 2
        DHCP - DHCP type, L1 - IS-IS level-1, L2 - IS-IS level-2
```

```
VRF ID: 0
C      192.168.0.0/24      is directly connected, GigaEthernet0/3
S      192.168.1.0/24      [1,0] via 192.168.0.1(on GigaEthernet0/3) !
注意出现了一条到192.168.1.0/24 网段的静态路由，其管理距离是 1
C      192.168.2.0/24      is directly connected, GigaEthernet0/5
```

在 PC1 上再次使用 Ping 命令查看是否能与 PC2 互通，此时 PC1 可以 Ping 通 PC2，说明配置完成。

5.4.3　缺省路由

缺省路由是目的地址全零和子网掩码地址全零的特殊路由，可以由路由协议（如 OSPF 路由协议）自动生成，也可以手动配置。通过手动配置缺省路由，可以简化网络的配置，我们称为静态缺省路由。如果路由器配置了缺省路由，报文目的地址无法匹配路由表中的任何一项，路由器将选择缺省路由来转发报文；若路由器没有配置缺省路由且报文目的地址无法匹配路由表中的任何一项，那么路由器将丢弃这个报文，同时返回给源地址一个 ICMP 报文指出目的地址或网络不可达。

在图 5-10 中，如果不配置静态缺省路由，则需要在 RouterA 上配置到网络 3、4、5 的静态路由，在 RouterB 上配置到网络 1、5 的静态路由，在 RouterC 上配置到网络 1、2、3 的静态路由才能实现网络的互通。如果配置缺省静态路由，因为 RouterA 发往 3、4、5 网络的报文下一跳都是 RouterB，所以在 RouterA 上只需配置一条缺省路

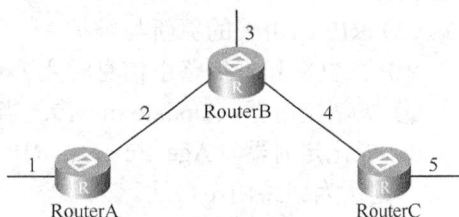

图 5-10　静态缺省路由示例

由，即可代替上个例子中通往 3、4、5 网络的三条静态路由。同理，RouterC 也只需要配置一条到 RouterB 的缺省路由，即可代替上个例子中通往 1、2、3 网络的三条静态路由。

5.5　动态路由协议及配置

5.5.1　路由信息协议

1．路由信息协议的概念

RIP 是路由信息协议（Routing Information Protocol）的简称，它是一种较为简单的内部网关协议（Interior Gateway Protocol）。RIP 是一种基于距离矢量（Distance-Vector）算法的协议，它使用跳数（Hop Count）作为度量来衡量到达目的网络的距离。RIP 通过 UDP 报文进行路由信息的交换，使用的端口号为 520。RIP 目前常见版本包括 RIP Version 1 和 RIP Version 2，RIP-2 对 RIP-1 进行了扩充，使其更具有优势。

2．RIP 路由协议基本原理

RIP 使用跳数作为度量值来衡量到达目的地址的距离。在 RIP 网络中，缺省情况下设备

到与它直接相连网络的跳数为 0，通过一个设备可达的网络的跳数为 1，其余依此类推。也就是说，度量值等于从本网络到达目的网络所通过的设备数量即跳数。为限制收敛时间，RIP 规定度量值取 0～15 之间的整数，大于或等于 16 的跳数被定义为无穷大路由，即目的网络或主机不可达。由于这个限制，使得 RIP 不可能在大型网络中得到应用。

（1）RIP 路由表的建立

当路由器启动 RIP 时初始路由表仅包含本设备的一些直连接口路由。路由器通过与相邻设备互相学习路由表项，才能实现各网段路由互通。下面我们通过图 5-11 所示的示例了解一下路由器 RouterA 是如何建立 RIP 路由表的。

① RIP 启动之后，RouterA 会向相邻的路由器广播一个 Request 报文。

② 当 RouterB 从接口接收到 RouterA 发送的 Request 报文后，把自己的 RIP 路由表封装在 Respone 报文内，然后向该接口对应的网络广播。

③RouterA 根据 RouterB 发送的 Response 报文，形成自己的路由表。

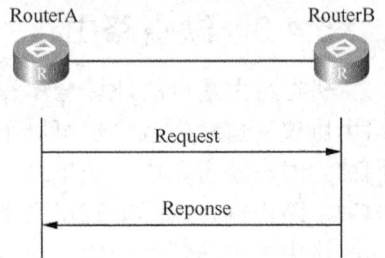

图 5-11　RIP 路由表建立过程

（2）RIP 路由表的更新与维护

RIP 在更新和维护路由信息时主要使用四个定时器。

① 更新定时器（Update timer）：当此定时器超时时，立即发送更新报文。

② 老化定时器（Age timer）：RIP 设备如果在老化时间内没有收到邻居发来的路由更新报文，则认为该路由不可达。

③ 垃圾收集定时器（Garbage-collect timer）：如果在垃圾收集时间内不可达路由没有收到来自同一邻居的更新，则该路由将被从 RIP 路由表中彻底删除。

④ 抑制定时器（Suppress timer）：当 RIP 设备收到对端的路由更新，其 cost 为 16，对应路由进入抑制状态，并启动抑制定时器。为了防止路由震荡，在抑制定时器超时之前，即使再收到对端路由 cost 小于 16 的更新，也不接受。当抑制定时器超时后，就重新允许接受对端发送的路由更新报文。

RIP 的更新信息发布是由更新定时器控制的，默认为每 30s 发送一次。

每一条路由表项对应两个定时器：老化定时器和垃圾收集定时器。当学到一条路由并添加到 RIP 路由表中时，老化定时器启动。如果老化定时器超时，设备仍没有收到邻居发来的更新报文，则把该路由的度量值置为 16（表示路由不可达），并启动垃圾收集定时器。如果垃圾收集定时器超时，设备仍然没有收到更新报文，则在 RIP 路由表中删除该路由。

3．RIP V2 路由配置案例

（1）案例配置内容

使用两台主机和两台路由器进行组网并配置 RIP 路由，其中包括配置路由器的名称、配置路由器的接口地址及路由器各网段之间的 RIP 路由等。

（2）网络拓扑及数据规划

实验选用两台神州数码 DCR-2655 路由器，其中 Router-A 的 GigaEthernet0/3 端口连接至 Router-B 的 GigaEthernet0/3 端口，如图 5-12 所示。路由器各端口地址规划如表 5-6 所示。

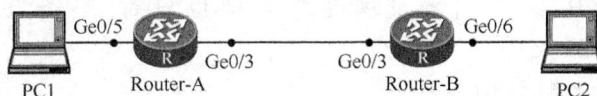

图 5-12　RIP v2 路由拓扑

表 5-6　　　　　　　　　　　　　　RIP V2 路由 IP 地址规划

Router-A		Router-B	
Ge0/3	192.168.0.1/24	Ge0/3	192.168.0.2/24
Ge0/5	192.168.1.1/24	Ge0/6	192.168.2.1/24

配置步骤

第一步：参照 5.2.3 节路由器基本配置案例，按照上表配置所有接口的 IP 地址，保证所有接口全部是 up 状态，测试连通性。

第二步：查看 Router-A 的路由表。

```
Router-A#show ip route
Codes: C - connected, S - static, R - RIP, B - BGP, BC - BGP connected
       D - BEIGRP, DEX - external BEIGRP, O - OSPF, OIA - OSPF inter
area
       ON1 - OSPF NSSA external type 1, ON2 - OSPF NSSA external type 2
       OE1 - OSPF external type 1, OE2 - OSPF external type 2
       DHCP - DHCP type, L1 - IS-IS level-1, L2 - IS-IS level-2
VRF ID: 0
C    192.168.0.0/24     is directly connected, GigaEthernet0/3
C    192.168.1.0/24     is directly connected, GigaEthernet0/5
```

通过查看 Router-A 的路由表发现路由表中只存在 2 条直连路由，不存在至 192.168.1.0/24 网段的 RIP 路由。

第三步：查看 Router-B 的路由表。

```
Router-B#show ip route
Codes: C - connected, S - static, R - RIP, B - BGP, BC - BGP connected
       D - BEIGRP, DEX - external BEIGRP, O - OSPF, OIA - OSPF
inter area
       ON1 - OSPF NSSA external type 1, ON2 - OSPF NSSA external type 2
       OE1 - OSPF external type 1, OE2 - OSPF external type 2
       DHCP - DHCP type, L1 - IS-IS level-1, L2 - IS-IS level-2
VRF ID: 0
C    192.168.0.0/24     is directly connected, GigaEthernet0/3
C    192.168.2.0/24     is directly connected, GigaEthernet0/6
```

通过查看 Router-B 的路由表发现路由表中也只有 2 条直连路由，不存在至192.168.1.0/24 网段的 RIP 路由。

第四步：Router-A 上配置 RIP。

```
Router-A#config
Router-A_config#router rip                    ! 启动 RIP
Router-A_config_rip#version 2                 ! 设置 RIP 版本为 V2
Router-A_config_rip#network 192.168.1.0 255.255.255.0        ! 宣告
192.168.1.0/24 网段，注意添子网掩码
Router-A_config_rip#network 192.168.0.0 255.255.255.0        ! 宣告
192.168.0.0/24 网段，注意添子网掩码
Router-A_config_rip#exit
Router-A_config#exit
```

第五步：在 Router-B 上配置 RIP 并再次查看路由表。

```
Router-B#config
Router-B_config#router rip                    ! 启动 RIP
Router-B_config_rip#version 2                 ! 设置 RIP 版本为 V2
Router-B_config_rip#network 192.168.2.0 255.255.255.0        ! 宣告
192.168.2.0/24 网段，注意添子网掩码
Router-B_config_rip#network 192.168.0.0 255.255.255.0        ! 宣告
192.168.0.0/24 网段，注意添子网掩码
Router-B_config_rip#exit
Router-B_config#exit
Router-B #show ip route
Codes: C - connected, S - static, R - RIP, B - BGP, BC - BGP
connected
       D - BEIGRP, DEX - external BEIGRP, O - OSPF, OIA - OSPF
inter area
       ON1 - OSPF NSSA external type 1, ON2 - OSPF NSSA external
type 2
       OE1 - OSPF external type 1, OE2 - OSPF external type 2
       DHCP - DHCP type, L1 - IS-IS level-1, L2 - IS-IS level-2
VRF ID: 0
C    192.168.0.0/24  is directly connected, GigaEthernet0/3
R    192.168.1.0/24  [120,1] via 192.168.0.1(on GigaEthernet0/3)   !
注意到已出现通过 RIP 学习到去往 192.168.1.0/24 网段的路由
C    192.168.2.0/24  is directly connected, GigaEthernet0/6
```

第六步：验证配置。

设置 PC1 的 IP 地址为 192.168.1.200/24，默认网关 192.168.1.1；设置 PC2 的 IP 地址为 192.168.2.200/24，默认网关 192.168.2.1。在 PC1 上使用 Ping 命令查看是否能与 PC2 互通，此时 PC1 能 Ping 通 PC2，说明配置完成。

此外还可通过下列命令查看 RIP 的详细信息。

```
Router-A#show ip rip               ! 显示 RIP 状态
Router-A#show ip rip protocol      ! 显示协议细节
Router-A#show ip rip database      ! 显示 RIP 数据库
Router-A#show ip route rip         ! 仅显示 RIP 学习到的路由
```

5.5.2　OSPF 路由协议

在 OSPF 出现前，网络上广泛使用 RIP 作为内部网关协议。由于 RIP 是基于距离矢量算法的路由协议，存在着收敛慢、路由环路、可扩展性差等问题，所以逐渐被 OSPF（Open Shortest Path First）取代。OSPF 是开放最短路由优先协议，它基于链路状态算法，路由域内的路由器维护相同的链路状态信息数据库，此数据库描述了路由域内的详细拓扑，OSPF 基于此链路状态数据库计算最短路径树，最短路径树给出了达到路由域内各个节点的路由。目前针对 IPv4 使用的是 OSPF Version 2，IPv6 使用的是 OSPF Version 3。

OSPF 路由协议特性如下。

（1）适应范围广，支持各种规模的网络，最多可支持几百台路由器。

（2）快速收敛，在网络的拓扑结构发生变化后立即发送更新报文，使这一变化在自治系统中同步。

（3）无自环，由于 OSPF 根据收集到的链路状态用最短路径树算法计算路由，从算法本身保证了不会生成自环路由。

（4）区域划分，允许自治系统的网络被划分成区域来管理，区域间传送的路由信息被进一步抽象，从而减少了占用的网络带宽。

（5）等价路由，支持到同一目的地址的多条等价路由。

（6）路由分级，使用四类不同的路由，按优先顺序来说分别是：区域内路由、区域间路由、第一类外部路由、第二类外部路由。

（7）支持验证，支持基于接口的报文验证，以保证报文交互的安全性。

（8）组播发送，在某些类型的链路上以组播地址发送协议报文，减少对其他设备的干扰。

1. OSPF 的基本概念

OSPF 最显著的特点是使用链路状态算法，而不是早先的路由协议使用的距离矢量算法，因此，本节首先介绍链路状态算法的路由计算基本过程。OSPF 协议路由的计算过程可简单描述如下。

（1）每台 OSPF 路由器根据自己周围的网络拓扑结构生成链路状态通告（Link State Advertisement，LSA），并通过更新报文将 LSA 发送给网络中的其他 OSPF 路由器。

（2）每台 OSPF 路由器都会收集其他路由器发来的 LSA，所有的 LSA 放在一起便组成了链路状态数据库（Link State Database，LSDB）。LSA 是对路由器周围网络拓扑结构的描述，LSDB 则是对整个自治系统的网络拓扑结构的描述。

（3）OSPF 路由器将 LSDB 转换成一张有向图，这张图便是对整个网络拓扑结构的真实反映。各个路由器得到的有向图是完全相同的。

（4）每台路由器根据有向图，计算一个以自己为根，以网络中其他节点为叶的最短路径树。每台路由器计算的最短路径树给出了到网络中其他节点的路由表。

2．路由器 ID

一台路由器如果要运行 OSPF 协议，必须存在路由器 ID。路由器 ID 是一个 32 比特无符号整数，是一台路由器在自治系统中的唯一标识。

路由器 ID 可以手工配置，如果没有通过命令指定 ID 号，系统会从当前接口的 IP 地址中自动选取一个作为路由器 ID。其选择顺序是：优先从 Loopback 地址中选择最大的 IP 地址作为路由器的 ID 号，如果没有配置 Loopback 接口，则选取接口中最大的 IP 地址作为路由器的 ID。

3．邻居与邻接关系

OSPF 作为一个路由协议，运行 OSPF 的路由器之间需要交换链路状态信息和路由信息，在交换这些信息之前首先需要建立邻接关系。

如果两个路由器有端口连接到同一个网段那么他们就是邻居路由器。图 5-13 中路由器 RTA 有三个邻居。

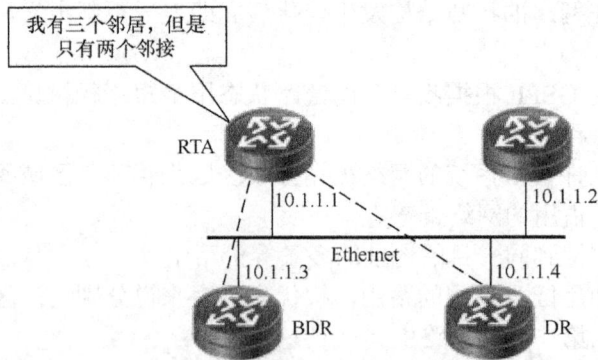

图 5-13　OSPF 中的邻居与邻接

邻接是从邻居关系中选出的为了交换路由信息而形成的关系。并非所有的邻居关系都可以成为邻接关系，不同的网络类型，是否建立邻接关系的规则也不同。在图 5-13 中，路由器 RTA 有三个邻居，但是只形成两个邻接关系，它分别与 DR 路由器、BDR 路由器建立邻接关系。

4．DR 和 BDR

在广播网络中，任意两台路由器之间都要传递路由信息。如果网络中有 n 台路由器，则需要建立 n (n-1)/2 个邻接关系。这使得任何一台路由器的路由变化都会导致多次传递，浪费了带宽资源。为解决这一问题，OSPF 协议定义了指定路由器（Designated Router，

DR），所有路由器都只将信息发送给 DR，由 DR 将网络链路状态广播出去。

如果 DR 由于某种故障而失效，则网络中的路由器必须重新选举 DR，并与新的 DR 同步。这需要较长的时间，在这段时间内，路由的计算是不正确的。为了能够缩短这个过程，OSPF 提出了 BDR（Backup Designated Router）的概念。

BDR 实际上是对 DR 的一个备份，在选举 DR 的同时也选举出 BDR，BDR 也和本网段内的所有路由器建立邻接关系并交换路由信息。当 DR 失效后，BDR 会立即成为 DR。由于不需要重新选举，并且邻接关系事先已建立，所以这个过程是非常短暂的。当然这时还需要再重新选举出一个新的 BDR，虽然一样需要较长的时间，但并不会影响路由的计算。

除 DR 和 BDR 之外的路由器（称为 DR Other）之间将不再建立邻接关系，也不再交换任何路由信息。这样就减少了广播网络上各路由器之间邻接关系的数量。

在图 5-14 中，用实线代表以太网物理连接，虚线代表建立的邻接关系。可以看到，采用 DR/BDR 机制后，五台路由器之间只需要建立七个邻接关系就可以了。

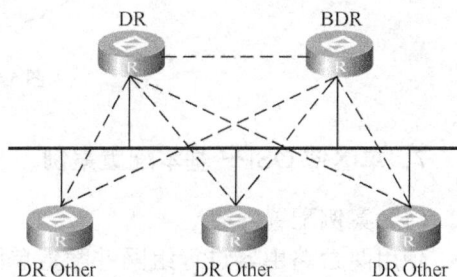

图 5-14　OSPF 中的 DR 与 BDR

5. OSPF 协议报文

OSPF 有五种类型的协议报文。

（1）问候（Hello）报文：周期性发送，用来发现和维持 OSPF 邻居关系。

（2）数据库描述（Database Description）报文：描述了本地 LSDB 的摘要信息，用于两台路由器进行数据库同步。

（3）链路状态请求（Line State Request）报文：向对方请求所需的 LSA。

（4）链路状态更新（Line State Update）报文：向对方发送其所需要的 LSA。

（5）链路状态确认（Line State Acknowledgment）报文：用来对收到的 LSA 进行确认。

6. OSPF 区域划分

随着网络规模日益扩大，当一个大型网络中的路由器都运行 OSPF 路由协议时，路由器数量的增多会导致 LSDB 非常庞大，占用大量的存储空间，并使得运行算法的复杂度增加，导致路由器 CPU 负担很重。

在网络规模增大之后，拓扑结构发生变化的概率也增大，网络会经常处于"动荡"之中，造成网络中会有大量的 OSPF 协议报文在传递，降低了网络的带宽利用率。更为严重的是，每一次变化都会导致网络中所有的路由器重新进行路由计算。

OSPF 协议通过将自治系统划分成不同的区域（Area）来解决上述问题。区域是从逻辑上将路由器划分为不同的组，每个组用区域号（Area ID）来标识。区域的边界是路由器，而不是链路。一个网段（链路）只能属于一个区域，或者说每个运行 OSPF 的接口必须指明属于哪一个区域。图 5-15 中，Area 0 区域为骨干区域，而 Area 1～4 为非骨干区域，需要注意的是通常情况下每个区域都必须连接到骨干区域。

通过划分区域后，可以在区域边界路由器上进行路由聚合，减少通告到其他区域的 LSA 数量。另外，还可以降低网络拓扑变化带来的影响。

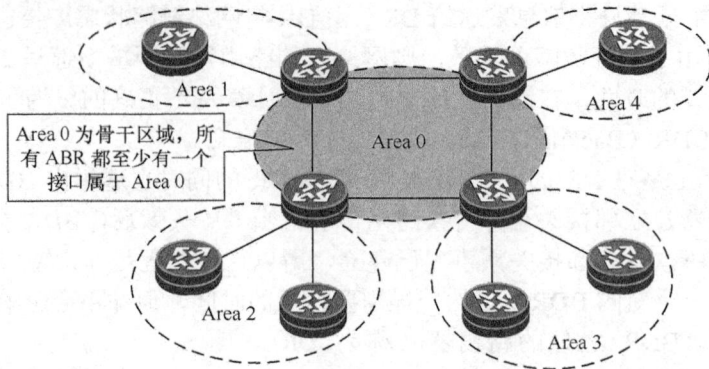

图 5-15　OSPF 的区域划分

7. 单区域 OSPF 基本配置案例

（1）案例配置内容

使用两台路由器进行组网并配置单区域 OSPF 路由，其中包括配置路由器的名称、配置路由器的接口地址及单区域路由器各网段之间的 OSPF 路由等。

（2）网络拓扑及数据规划

实验选用两台神州数码 DCR-2655 路由器，其中 Router-A 的 GigaEthernet0/3 端口连接至 Router-B 的 GigaEthernet0/3 端口，如图 5-16 所示。路由器各端口地址规划如表 5-7 所示。

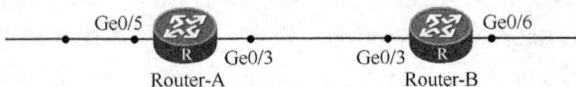

图 5-16　单区域 OSPF 实验拓扑

表 5-7　　　　　　　　　　　　　　单区域 OSPF 实验 IP 地址规划

Router-A		Router-B	
Ge0/3	192.168.1.1/24	Ge0/3	192.168.1.2/24
Loopback 0	10.10.10.1/32	Loopback 0	10.10.11.1/32

（3）配置步骤

第一步：路由器环回接口的配置。

路由器 A：

```
Router>enable
Router#config
Router#hostname Router-A
Router-A_config#interface loopback 0
Router-A_config_l0#ip address 10.10.10.1 255.255.255.255
Router-A_config_l0#exit
Router-A_config#interface gigaEthernet 0/3
Router-A_config_g0/3#ip address 192.168.1.1 255.255.255.0
```

路由器 B：

```
Router>enable
Router#config
Router#hostname Router-B
Router-B_config#interface loopback 0
Router-B_config_l0#ip address 10.10.11.1 255.255.255.255
Router-B_config_l0#exit
Router-B_config#interface gigaEthernet 0/3
Router-B_config_g0/3#ip address 192.168.1.2 255.255.255.0
```

第二步：验证接口配置。

```
Router-B_config_g0/3#exit
Router-B_config#show interface loopback 0
Loopback0 is up, line protocol is up
  Hardware is Loopback
  MTU 1514 bytes, BW 8000000 kbit, DLY 500 usec
  Interface address is 10.10.11.1/32
  Encapsulation LOOPBACK
```

第三步：路由器的 OSPF 配置。

路由器 A：

```
Router-A_config#router ospf 2                    ！启动 OSPF 进程，进程
号为 2
Router-A_config_ospf_2#network 10.10.10.1 255.255.255.255 area 0！
注意掩码和区域号
Router-A_config_ospf_2#network 192.168.1.0 255.255.255.0 area 0
```

路由器 B：

```
Router-B_config#router ospf 1                    ！启动 OSPF 进程，进程号为 1
Router-B_config_ospf_1#network 10.10.11.1 255.255.255.255 area 0！
注意掩码和区域号
Router-B_config_ospf_1#network 192.168.1.0 255.255.255.0 area 0
```

第四步：查看路由表。

路由器 A：

```
Router-A_config_ospf_2#exit
Router-A_config#exit
Router-A#show ip route
Codes: C - connected, S - static, R - RIP, B - BGP, BC - BGP connected
       D - BEIGRP, DEX - external BEIGRP, O - OSPF, OIA - OSPF
inter area
       ON1 - OSPF NSSA external type 1, ON2 - OSPF NSSA external type 2
       OE1 - OSPF external type 1, OE2 - OSPF external type 2
```

```
                      DHCP - DHCP type, L1 - IS-IS level-1, L2 - IS-IS level-2
      VRF ID: 0
      C      10.10.10.1/32       is directly connected, Loopback0
      O      10.10.11.1/32       [110,2] via 192.168.1.2(on GigaEthernet0/3)
      C      192.168.1.0/24      is directly connected, GigaEthernet0/3
```

查看路由器 A 的路由表发现存在一条通往 10.10.11.1/32 的 OSPF 路由，且这条路由的下一跳地址为192.168.1.2，注意管理距离为110。

路由器 B：

```
      Router-B_config_ospf_1#exit
      Router-B_config#exit
      Router-B#show ip route
      Codes: C - connected, S - static, R - RIP, B - BGP, BC - BGP connected
             D - BEIGRP, DEX - external BEIGRP, O - OSPF, OIA - OSPF
inter area
             ON1 - OSPF NSSA external type 1, ON2 - OSPF NSSA external type 2
             OE1 - OSPF external type 1, OE2 - OSPF external type 2
             DHCP - DHCP type, L1 - IS-IS level-1, L2 - IS-IS level-2
      VRF ID: 0
      O      10.10.10.1/32       [110,2] via 192.168.1.1(on GigaEthernet0/3)
      C      10.10.11.0/24       is directly connected, Loopback0
      C      192.168.1.0/24      is directly connected, GigaEthernet0/3
```

查看路由器 B 的路由表发现存在一条通往 10.10.10.1/24 的 OSPF 路由，且这条路由的下一跳地址为192.168.1.1，注意管理距离为110。

第五步：其他验证命令。

```
      Router-B#show ip ospf 1              ！显示该OSPF进程的信息
      OSPF process: 1, Router ID: 10.10.11.1
      Distance: intra-area 110,  inter-area 110,  external 150
      SPF schedule delay 5 secs, Hold time between two SPFs 10 secs
      SPFTV:0(0), TOs:7, SCHDs:5
      All Rtrs support Demand-Circuit.
      Number of areas is 1
      AREA: 0
        Number of interface in this area is 2(UP: 2)
        Area authentication type: None
        All Rtrs in this area support Demand-Circuit.
      Router-B#show ip ospf neighbor  ！显示该路由器的OSPF邻居信息
      ----------------------------------------------------------------
                           OSPF process: 1
                           AREA: 0
      Neighbor ID  Pri  State   DeadTime  Neighbor Addr  Interface
```

```
10.10.10.1      1    FULL/DR    37       192.168.1.1    GigaEthernet0/3
--------------------------------------------------------------------
```

8. 多区域 OSPF 基本配置案例

（1）案例配置内容

使用三台路由器进行组网并配置多区域 OSPF 路由，其中包括配置路由器的名称、配置路由器的接口地址及多区域路由器各网段之间的 OSPF 路由等。

（2）网络拓扑及数据规划

实验选用三台神州数码 DCR-2655 路由器，其中 Router-A 的 GigaEthernet0/3 端口连接至 Router-B 的 GigaEthernet0/3 端口，Router-B 的 GigaEthernet0/6 端口连接至 Router-C 的 GigaEthernet0/6 端口，如图 5-17 所示。路由器各端口地址规划如表 5-8 所示。

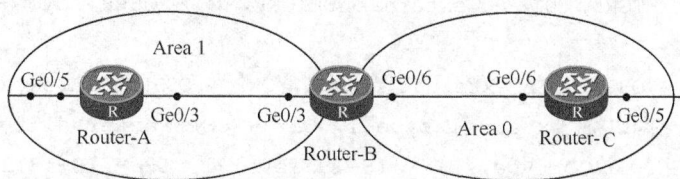

图 5-17　多区域 OSPF 路由拓扑

表 5-8　　　　　　　　　　　多区域 OSPF 路由 IP 地址规划

Router-A		Router-B		Router-C	
Ge0/3	192.168.1.1/24	Ge0/3	192.168.1.2/24	Ge0/6	192.168.2.2/24
Ge0/5	192.168.0.1/24	Ge0/6	192.168.2.1/24	Ge0/5	192.168.3.1/24
Loopback 0	10.10.10.1/32	Loopback 0	10.10.11.1/32	Loopback 0	10.10.12.1/32

（3）配置步骤

第一步：参照单区域 OSPF 配置案例和表 5-8 配置各接口地址，并测试连通性。

第二步：路由器 A 的 OSPF 配置。

```
Router-A#config
Router-A_config#router ospf 100
Router-A_config_ospf_100#network 192.168.0.0 255.255.255.0 area 1
Router-A_config_ospf_100#network 192.168.1.0 255.255.255.0 area 1
Router-A_config_ospf_100#network 10.10.10.1 255.255.255.255 area 1
```

第三步：路由器 B 的配置。

```
Router-B#config
Router-B_config#router ospf 100
Router-B_config_ospf_100#network 192.168.1.0 255.255.255.0 area 1
！注意区域的划分在接口上
Router-B_config_ospf_100#network 192.168.2.0 255.255.255.0 area 0
```

```
Router-B_config_ospf_100#network 10.10.11.1 255.255.255.255 area 0
```

第四步：路由器 C 的配置。

```
Router-C#config
Router-C_config#router ospf 100
Router-C_config_ospf_100#network 192.168.2.0 255.255.255.0 area 0
Router-C_config_ospf_100#network 192.168.3.0 255.255.255.0 area 0
Router-C_config_ospf_100#network 10.10.12.1 255.255.255.255 area 0
```

第五步：查看路由表。

路由器 A：

```
Router-A#show ip route
Codes: C - connected, S - static, R - RIP, B - BGP, BC - BGP connected
       D - BEIGRP, DEX - external BEIGRP, O - OSPF, OIA - OSPF inter
area
       ON1 - OSPF NSSA external type 1, ON2 - OSPF NSSA external type 2
       OE1 - OSPF external type 1, OE2 - OSPF external type 2
       DHCP - DHCP type, L1 - IS-IS level-1, L2 - IS-IS level-2
VRF ID: 0
C     10.10.10.1/32      is directly connected, Loopback0
O IA  10.10.11.1/32   [110,2] via 192.168.1.2(on GigaEthernet0/3)  ! 区
域间路由
O IA  10.10.12.1/32   [110,3] via 192.168.1.2(on GigaEthernet0/3)  ! 区
域间路由
C     192.168.0.0/24     is directly connected, GigaEthernet0/5
C     192.168.1.0/24     is directly connected, GigaEthernet0/3
O IA  192.168.2.0/24  [110,2] via 192.168.1.2(on GigaEthernet0/3)  ! 区
域间路由
O IA  192.168.3.0/24  [110,3] via 192.168.1.2(on GigaEthernet0/3)  ! 区
域间路由
```

查看路由器 A 的路由表发现存在四条通往各网段区域间的 OSPF 路由。

路由器 B：

```
Router-B#show ip route
Codes: C - connected, S - static, R - RIP, B - BGP, BC - BGP
connected
       D - BEIGRP, DEX - external BEIGRP, O - OSPF, OIA - OSPF
inter area
       ON1 - OSPF NSSA external type 1, ON2 - OSPF NSSA external type 2
       OE1 - OSPF external type 1, OE2 - OSPF external type 2
       DHCP - DHCP type, L1 - IS-IS level-1, L2 - IS-IS level-2
VRF ID: 0
```

```
    O       10.10.10.1/32       [110,2] via 192.168.1.1(on GigaEthernet0/3) !
区域内路由
    C       10.10.11.1/32        is directly connected, Loopback0
    O       10.10.12.1/32       [110,2] via 192.168.2.2(on GigaEthernet0/6) !
区域内路由
    O       192.168.0.0/24      [110,2] via 192.168.1.1(on GigaEthernet0/3) !
区域内路由
    C       192.168.1.0/24       is directly connected, GigaEthernet0/3
    C       192.168.2.0/24       is directly connected, GigaEthernet0/6
    O       192.168.3.0/24      [110,2] via 192.168.2.2(on GigaEthernet0/6) !
区域内路由
```

查看路由器 B 的路由表发现存在四条通往各网段区域内的 OSPF 路由，由于路由器 B 处于区域 0 与区域 1 的边界处，所以路由器 B 到区域 0 与区域 1 中的 OSPF 路由均为区域内路由。

路由器 C：

```
Router-C#show ip route
Codes: C - connected, S - static, R - RIP, B - BGP, BC - BGP connected
       D - BEIGRP, DEX - external BEIGRP, O - OSPF, OIA - OSPF inter
area
       ON1 - OSPF NSSA external type 1, ON2 - OSPF NSSA external type 2
       OE1 - OSPF external type 1, OE2 - OSPF external type 2
       DHCP - DHCP type, L1 - IS-IS level-1, L2 - IS-IS level-2
VRF ID: 0
O IA  10.10.10.1/32    [110,3] via 192.168.2.1(on GigaEthernet0/6) ! 区
域间路由
    O     10.10.11.1/32    [110,2] via 192.168.2.1(on GigaEthernet0/6) ! 区域
内路由
    C     10.10.12.1/32        is directly connected, Loopback0
O IA    192.168.0.0/24   [110,3] via 192.168.2.1(on GigaEthernet0/6) ! 区
域间路由
O IA    192.168.1.0/24   [110,2] via 192.168.2.1(on GigaEthernet0/6) ! 区
域间路由
    C     192.168.2.0/24       is directly connected, GigaEthernet0/6
    C     192.168.3.0/24       is directly connected, GigaEthernet0/5
```

查看路由器 A 的路由表发现存在三条通往各网段区域间的 OSPF 路由，且存在一条通往 10.10.10.1/32 网段的区域内路由。

通过查看各路由器的路由表，发现路由器已学习到达各网段的路由条目，说明案例配置完成。

5.6 三层网络交换机

5.6.1 三层网络交换机出现的背景

早期的网络中一般使用二层交换机来搭建局域网，而不同局域网之间的网络互通由路由器来完成。那时的网络流量，局域网内部的流量占了绝大部分，而网络间的通信访问量比较少，使用少量路由器已经足够应付了。

但是随着数据通信网络范围的不断扩大，网络业务的不断丰富，网络间互访的需求越来越大，而路由器由于自身成本高、转发性能低、端口数量少等特点无法很好地满足网络发展的需求。因此出现了三层交换机这样一种能实现高速三层转发的设备。

路由器的三层转发主要依靠 CPU 进行，而三层交换机的三层转发依靠硬件完成，这就决定了两者在转发性能上的巨大差别。当然，三层交换机并不能完全替代路由器，路由器所具备的丰富的接口类型、良好的流量服务等级控制、强大的路由能力等仍然是三层交换机的薄弱环节。

5.6.2 三层网络交换机工作原理

目前的三层交换机一般是通过 VLAN 来划分二层网络并实现二层交换，同时能够实现不同 VLAN 间的三层 IP 互访。下面详细介绍一下三层交换的过程。

如图 5-18 所示，通信的源、目的主机连接在同一台三层交换机上，但它们位于不同 VLAN（网段）。对于三层交换机来说，这两台主机都位于它的直连网段内，它们的 IP 对应的路由都是直连路由。

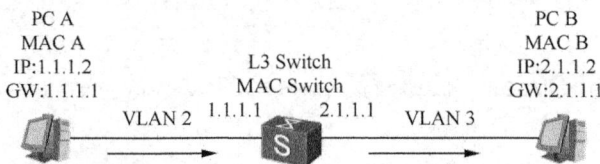

图 5-18 三层网络交换机工作示意图

图 5-18 中标明了两台主机的 MAC、IP 地址、网关，以及三层交换机的 MAC、不同 VLAN 配置的三层接口 IP。当 PC A 向 PC B 发起 ICMP 请求时，流程如下（假设三层交换机上还未建立任何硬件转发表项）。

（1）根据前面的描述，PC A 首先检查出目的 IP 地址 2.1.1.2（PC B）与自己不在同一网段，因此它发出请求网关地址 1.1.1.1 对应 MAC 的 ARP 请求。

（2）L3 Switch 收到 PC A 的 ARP 请求后，检查请求报文发现被请求 IP 是自己的三层接口 IP，因此发送 ARP 应答并将自己的三层接口 MAC（MAC Switch）包含在其中。同时它还会把 PC A 的 IP 地址与 MAC 地址对应（1.1.1.2 与 MAC A）关系记录到自己的 ARP 表项中去（因为 ARP 请求报文中包含了发送者的 IP 和 MAC）。

（3）PC A 得到网关（L3 Switch）的 ARP 应答后，封装 ICMP 请求报文并发送，报文的目的 MAC＝MAC Switch、源 MAC＝MAC A、源 IP＝1.1.1.2、目的 IP＝2.1.1.2。

（4）L3 Switch 收到报文后，首先根据报文的源 MAC+VLANID 更新 MAC 表。然后，根据报文的目的 MAC＋VLANID 查找 MAC 地址表，发现匹配了自己三层接口 MAC 的表项，说明需要作三层转发，于是继续查找交换芯片的三层表项。

（5）交换芯片根据报文的目的 IP 去查找其三层表项，由于之前未建立任何表项，因此查找失败，于是将报文送到 CPU 去进行软件处理。

（6）CPU 根据报文的目的 IP 去查找其软件路由表，发现匹配了一个直连网段（PC B 对应的网段），于是继续查找其软件 ARP 表，仍然查找失败。然后 L3 Switch 会在目的网段对应的 VLAN 3 的所有端口发送请求地址 2.1.1.2 对应 MAC 的 ARP 请求。

（7）PC B 收到 L3 Switch 发送的 ARP 请求后，检查发现被请求 IP 是自己的 IP，因此发送 ARP 应答并将自己的 MAC（MAC B）包含在其中。同时，将 L3 Switch 的 IP 与 MAC 的对应关系（2.1.1.1 与 MAC Switch）记录到自己的 ARP 表中去。

（8）L3 Switch 收到 PC B 的 ARP 应答后，将其 IP 和 MAC 对应关系（2.1.1.2 与 MAC B）记录到自己的 ARP 表中去，并将 PC A 的 ICMP 请求报文发送给 PC B，报文的目的 MAC 修改为 PC B 的 MAC（MAC B），源 MAC 修改为自己的 MAC（MAC Switch）。同时在交换芯片的三层表项中根据刚得到的三层转发信息添加表项（内容包括 IP、MAC、出口 VLAN、出端口），这样后续的 PC A 发往 PC B 的报文就可以通过该硬件三层表项直接转发了。

（9）PC B 收到 L3 Switch 转发过来的 ICMP 请求报文以后，回应 ICMP 应答给 PC A。ICMP 应答报文的转发过程与前面类似，只是由于 L3 Switch 在之前已经得到 PC A 的 IP 和 MAC 对应关系了，也同时在交换芯片中添加了相关三层表项，因此这个报文直接由交换芯片硬件转发给 PC A。

（10）后续的往返报文都经过查 MAC 表到查三层转发表的过程由交换芯片直接进行硬件转发了。

从上述流程可以看出，三层交换机正是充分利用了"一次路由（首包 CPU 转发并建立三层硬件表项）、多次交换（后续包芯片硬件转发）"的原理实现了转发性能与三层交换的统一。

5.6.3 三层交换机 VLAN 的划分及 VLAN 间路由配置案例

（1）案例配置内容

使用两台主机和一台三层交换机进行组网并实现 VLAN 间路由，其中包括配置交换机的名称、配置交换机 VLAN 及 VLAN 的 IP 地址等。

（2）网络拓扑及数据规划

实验选用两台神州数码 DCRS-5650 三层交换机，其中交换机的 ethernet 1/0/1 端口连接至 PC1，ethernet 1/0/2 端口连接至 PC2，如图 5-19 所示。路由器各端口地址规划如表 5-9 所示。

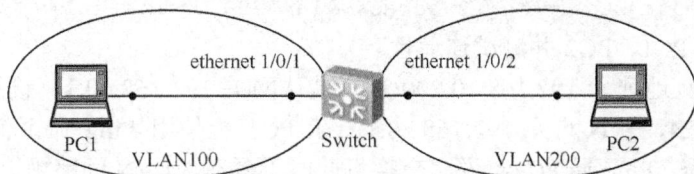

图 5-19 三层交换机 VLAN 的划分及 VLAN 间路由拓扑

表 5-9 三层交换机 VLAN 的划分及 VLAN 间路由 IP 地址规划

Switch		PC1	PC2
ethernet 1/0/1	VALN100 192.168.10.1/24	主机 IP：192.168.10.200	主机 IP：192.168.20.200
ethernet 1/0/2	VLAN200 192.168.20.1/24	子网掩码：255.255.255.0	子网掩码：255.255.255.0
	VLAN1 192.168.1.1/24	网关：192.168.10.1	网关：192.168.20.1

（3）配置步骤

第一步：恢复出厂设置。

```
DCRS-5650-28(R4)>enable
DCRS-5650-28(R4)>#set default
Are you sure? [Y/N] = y
DCRS-5650-28(R4)>#write
DCRS-5650-28(R4)#reload
Process with reboot? [Y/N] y
```

第二步：交换机设置 IP 地址即管理 IP。

```
DCRS-5650-28(R4)>enable
DCRS-5650-28(R4)#config
DCRS-5650-28(R4)(config)#hostname Switch
Switch(config)#interface vlan 1        ！进入 vlan 接口模式
Switch(config-if-vlan1)#ip address 192.168.1.1 255.255.255.0！配置
vlan 1 管理 IP 地址
Switch(config-if-vlan1)#no shutdown！开启端口
Switch(config-if-vlan1)#exit
```

第三步：创建 VLAN100 和 VLAN200 并添加端口。

```
Switch(config)#vlan 100              ！进入 vlan 100
Switch(config-vlan100)#switchport interface ethernet 1/0/1   ！将端口
加入 vlan 100
Set the port Ethernet1/0/1 access vlan 100 successfully
Switch(config-vlan100)#vlan 200      ！进入 vlan 200
Switch(config-vlan200)#switchport interface ethernet 1/0/2   ！将端口
加入 vlan 200
Set the port Ethernet1/0/2 access vlan 200 successfully
```

第四步：配置 PC1、PC2 并测试连通性。

设置 PC1 的 IP 地址为 192.168.10.200/24，默认网关 192.168.10.1；设置 PC2 的 IP 地址为 192.168.20.200/24，默认网关 192.168.20.1。在 PC1 上使用 Ping 命令查看是否能与 PC2 互通，此时 PC1 无法 Ping 通 PC2，说明交换机此时不具有 VLAN 间路由。

第五步：添加 VLAN100、VLAN200 的 IP 地址。

```
Switch(config)#interface vlan 100     ！进入vlan接口模式
Switch(config-if-vlan100)#ip address 192.168.10.1 255.255.255.0 ！
```
配置 vlan 100 IP 地址
```
Switch(config-if-vlan100)#no shutdown        ！开启端口
Switch(config-if-vlan100)#exit
Switch(config)#interface vlan 200
Switch(config-if-vlan200)#ip address 192.168.20.1 255.255.255.0 ！
```
配置 vlan 200IP 地址
```
Switch(config-if-vlan200)#no shutdown        ！开启端口
Switch(config-if-vlan200)#exit
Switch(config)#exit
```

第六步：验证配置。

```
Switch#show ip route
Codes: K - kernel, C - connected, S - static, R - RIP, B - BGP
       O - OSPF, IA - OSPF inter area
     N1 - OSPF NSSA external type 1, N2 - OSPF NSSA external type 2
     E1 - OSPF external type 1, E2 - OSPF external type 2
      i - IS-IS, L1 - IS-IS level-1, L2 - IS-IS level-2, ia - IS-
IS inter area
      * - candidate default
C       127.0.0.0/8 is directly connected, Loopback  tag:0
C       192.168.10.0/24 is directly connected, Vlan100  tag:0  ！
```
VLAN100 的直连路由
```
C       192.168.20.0/24 is directly connected, Vlan200  tag:0  ！
```
VLAN200 的直连路由 Total routes are : 3 item(s)

查看三层交换机的路由表发现有到达 192.168.10.0/24 网段（VLAN100）、192.168.20.0/24（VLAN200）网段的直连路由。

在 PC1 上再次使用 Ping 命令查看是否能与 PC2 互通，此时 PC1 可以 Ping 通 PC2，说明 192.168.10.0/24 网段与 192.168.20.0/24 网段可以互通，配置完成。

5.7　实践任务

任务一：路由器基本配置

（1）任务内容

选用一台路由器，将其两个端口分别连接至 PC，试规划 PC、路由器各端口地址，并完成路由器基本配置。

（2）任务要求

做好路由器配置前的准备工作；掌握路由器的机器名的配置；掌握接口 IP 地址、基本封装类型配置。

（3）任务步骤

① 根据任务内容设计组网拓扑，完成 PC 与路由器的连接。

② 写出 PC、路由器的端口 IP 地址规划表。

③ 登录路由器进行基本配置，主要包括恢复出厂设置、密码设置、端口地址配置等。

④ 配置 PC 的网卡 IP 地址、子网掩码、网关等信息。

⑤ 使用 Ping 命令验证任务配置，并查找可能存在的问题。

任务二：静态路由配置

（1）任务内容

选用两台路由器和两台主机，连接两台路由器且将每台路由器端口各连接一台 PC，试规划 PC、路由器各端口地址规划，并完成路由器静态路由配置。

（2）任务要求

掌握静态路由的配置方法；掌握静态路由的应用场景。

（3）任务步骤

① 根据任务内容设计组网拓扑，并完成 PC 与路由器以及路由器之间的连接。

② 写出 PC、路由器的端口 IP 地址规划表。

③ 登录路由器进行静态路由配置，主要包括端口地址配置、静态路由配置等。

④ 配置 PC 的网卡 IP 地址、子网掩码、网关等信息。

⑤ 查询路由表或使用 Ping 命令验证任务配置，并查找可能存在的问题。

任务三：RIP 路由配置

（1）任务内容

选用两台路由器和两台主机，连接两台路由器且将每台路由器端口各连接一台 PC，试规划 PC、路由器各端口地址，并完成路由器 RIP 路由配置。

（2）任务要求

掌握 RIP 路由的配置方法；理解 RIP 路由协议的工作过程。

（3）任务步骤

① 根据任务内容设计组网拓扑，并完成 PC 与路由器以及路由器之间的连接。

② 写出 PC、路由器的端口 IP 地址规划表。

③ 登录路由器进行 RIP 路由配置，主要包括端口地址配置、RIP 路由配置等。

④ 配置 PC 的网卡 IP 地址、子网掩码、网关等信息。

⑤ 查询路由表或使用 Ping 命令验证任务配置，并查找可能存在的问题。

任务四：单区域 OSPF 路由配置

（1）任务内容

选用两台路由器并连接两台路由器，试规划路由器各端口地址，并完成路由器单区域 OSPF 路由配置。

（2）任务目的及要求

掌握单区域 OSPF 的配置方法；理解链路状态路由协议的工作过程；掌握路由器中虚拟接口的配置。

（3）任务步骤

① 根据任务内容设计组网拓扑。

② 写出路由器的端口 IP 地址、Loopback 地址规划表。

③ 登录路由器进行单区域 OSPF 路由配置，主要包括端口地址配置、OSPF 路由配置等。

④ 查询路由表验证任务配置，并查找可能存在的问题。

任务五：多区域 OSPF 路由配置

（1）任务内容

选用三台路由器并将三台路由器依次连接，试规划路由器各端口地址规划，并完成路由器多区域 OSPF 路由配置。

（2）任务要求

掌握多区域 OSPF 的配置方法；理解 OSPF 路由协议中区域的划分；掌握路由器中虚拟接口的配置。

（3）任务步骤

① 根据任务内容设计组网拓扑，完成路由器之间的连接。

② 写出路由器的端口 IP 地址、Loopback 地址规划表、OSPF 区域。

③ 登录路由器进行多区域 OSPF 路由配置，主要包括端口地址配置、OSPF 区域划分、OSPF 路由配置等。

④ 查询路由表验证任务配置，并查找可能存在的问题。

任务六：三层交换机 VLAN 间路由配置

（1）任务内容

选用一台三层交换机和两台主机，将两台 PC 主机分别连接至三层交换机，且两台主机属于不同的 VLAN，试规划 PC、交换机 VLAN 及 VLAN 端口 IP 地址，并完成 VLAN 之间路由配置。

（2）任务要求

掌握三层交换机的 VALN 配置方法；掌握三层交换机 VALN 的 IP 地址配置方法；理解三层交换的工作原理。

（3）任务步骤

① 根据任务内容设计组网拓扑，并完成 PC 与三层交换机之间的连接。

② 写出 PC 端口 IP 地址、交换机 VLAN 及 VLAN 端口 IP 地址规划表。

③ 登录三层交换机进行 VLAN 的配置，主要包括 VLAN 划分配置，VLAN 端口地址配置等。

④ 配置 PC 的网卡 IP 地址、子网掩码、网关等信息。

⑤ 查询路由表或使用 Ping 命令验证任务配置，并查找可能存在的问题。

小结

1．IPv4 地址的编址方法经历了三个阶段：分类的 IP 地址，将 IP 地址定义为二级地址，并分为 A、B、C、D、E 五类；子网划分，引入了子网掩码，将 A、B、C 三类 IP 地址进一步划分为三级地址；无分类编址，取消了传统的 A、B、C 类地址以及划分子网的概念。

2．路由器中含有许多其他计算机中常见的硬件和软件组件，包括：CPU、内存、闪存、NVRAM、ROM 和操作系统。

3．路由协议是路由器之间维护路由表的规则，用于发现路由，生成路由表，并指导报文转发。依据来源的不同，路由可以分为：直连路由、静态路由、动态路由。

4．动态路由协议根据作用范围不同，动态路由协议可分为：内部网关协议和外部网关协议；根据使用算法不同，动态路由协议可分为：距离矢量协议和链路状态协议。

5．路由表是一个存储在路由器中的数据库，它存储着指向特定网络地址的路径，即路由表中含有网络的拓扑信息。

6．自治系统（AS）是指在一个（有时是多个）实体管辖下的所有 IP 网络和路由器的网络，它们对互联网执行共同的路由策略。

7．RIP 是一种基于距离矢量算法的协议，它使用跳数作为度量来衡量到达目的网络的距离。

8．OSPF 是开放最短路由优先协议，它基于链路状态算法，路由域内的路由器维护相同的链路状态信息数据库，此数据库描述了路由域内的详细拓扑，OSPF 基于此链路状态数据库计算最短路径树，最短路径树给出了达到路由域内各个节点的路由。

9．三层交换机使用"一次路由（首包 CPU 转发并建立三层硬件表项）、多次交换（后续包芯片硬件转发）"的原理实现了转发性能与三层交换的统一。

习题

5-1　IP 地址的编址方式有哪几种？

5-2　简述如何进行子网划分。

5-3　路由器的作用是什么？

5-4　简述路由协议的分类。

5-5　简述 RIP 基本原理。

5-6　简述 OSPF 协议基本原理。

5-7　如何配置路由器的静态路由？

5-8　如何配置路由器的 OSPF 路由？

5-9　如何配置路由器的 RIP 路由？

5-10　简述三层交换机工作原理。

5-11　如何配置三层交换机 VLAN 的 IP 地址？

第6章

网络体系结构

【本章任务】了解 OSI-RM 和 TCP/IP 两种网络体系结构；掌握抓包软件的使用方法，并通过抓包来分析各种协议报文的组成结构及各部分的功能。

6.1 网络体系结构

数据通信与计算机网络实现的是各种类型的数据终端或计算机之间的通信，它不同于两端都有人参与的电话通信，其通信控制过程要复杂得多，因此引入了通信协议的概念。网络通信协议的集合称为网络体系结构，网络体系结构是抽象的，具体的通信网络是网络体系结构的实现。

6.1.1 通信协议

1. 通信协议的概念

在数据通信中，为了能够实现各种数据终端或计算机参与的通信，必须事先约定一些通信双方共同遵守的协议规程，我们把通信的发送和接收之间需要共同遵守的这些规定、约定和规程统称为通信协议。

2. 通信协议的作用

通信协议是协调网络的运行，使之达到互连、互通和互换的目的，因此通信协议十分重要。其主要作用有：数据的分段和重组、封装和拆装、连接控制、流量控制、差错控制、寻址、数据交换、复用、提供用户接口等。

3. 通信协议的组成要素

数据通信系统中的协议，是一整套关于信息传输程序、信息格式和信息内容等方面的规则和约定，它保证了计算机与终端之间、计算机之间能够正确有效地传递信息。

通信协议主要包括以下三个要素。

（1）语义

对协议元素的含义进行解释。语义规定了通信双方彼此"讲什么"，语义确定协议元素的类型和内容，包括数据的内容和含义以及用于协调的控制信息和差错控制。例如，报文中哪些部分用于控制，哪些部分是真正的通信内容。

（2）语法

将若干个协议元素和数据组合在一起用来表达一个完整的内容所应遵循的格式，也就是对信息的数据结构做一种规定。语法规定了通信双方彼此"怎样讲",即确定协议元素的结构与格式,包括数据格式、编码和信号等级。

(3)同步

同步又称为定时关系,对事件实现顺序的详细说明。同步规定了"什么时候讲",即规定事件的执行顺序,同步确定通信过程中通信状态的变化,包括速率适配和排序。例如,何时进行通信。

由此可以看出,协议(Protocol)实质上是数据网络通信时所使用的一种语言。

6.1.2 网络体系结构的分层

1. 网络体系结构的分层思想及其优点

通信协议就是网络的构造标准语言,由标准化组织事先制定并以标准的形式发布。为了方便描述和实现,按照系统功能分为若干层,分别定义对等层的协议及上下层间的关系,即每一层如何进行工作,上一层和下一层如何协调,这就是网络体系结构的层次化概念。网络体系结构采用这种分层结构,把实现通信的网络在功能上视为若干相邻的层组成,各层完成自己特定的功能。每一层都建立在较低层的基础上,利用较低层的服务,同时为较高一层提供服务。这样通过协议分层,把复杂的协议分解为一些简单的协议,再组合成总的协议。对于采用这种层次化设计的网络体系结构,在用户要求更改通信程序的功能时,不必改变整个结构,只需改变相关的层次,因此,协议分层是为了简化问题,降低协议设计的复杂性。

2. OSI-RM 中的层次化相关概念

国际标准化组织(ISO)在 1978 年提出了开放系统互连参考模型(OSI-RM),并于 1983 年春发布为国际标准。所谓开放系统是指遵循 OSI 参考模型和相关协议标准,并能够实现互连的具有各种应用目的的计算机系统。为了描述层次化的网络体系结构,OSI-RM 定义了以下概念。

(1)系统。它是由一台或多台计算机、相关软件、外围设备、终端、操作员、物理过程及信息传递手段等组成的集合,构成一个能够执行信息处理和信息传送的独立单元。协议中的每一层都完成各自的功能,又称为子系统。

(2)实体。OSI 参考模型的每一层都执行一定的功能,功能的执行是由系统内的活动元素完成的,具有相对的独立性,我们称之为实体。每一层可能有许多个实体,相邻层的实体之间可能有联系。相邻层之间通过接口联系。不同系统同一层中的实体称为对等实体。

(3)接口。接口是指在相邻层之间进行数据传送的一组规则。它可以是硬件接口,也可以是软件接口。在协议分层中,接口通常是逻辑的而不是物理的,所以又称"服务访问点(SAP)"。

(4)服务。服务指下一层及以下各层通过接口提供给上层的一种能力。上层为服务用户,下层为服务提供者,每一层都是下层的服务用户,同时又是上一层的服务提供者。

(5)应用进程。系统为某一具体应用而执行信息处理功能的一个元素称为应用进程,可以是操作进程、计算机进程或物理进程。

6.2　OSI-RM 网络体系结构

6.2.1　OSI-RM 七层协议的划分

OSI 参考模型如图 6-1 所示。它采用分层结构化技术，将整个网络的通信功能分为七层。由低层至高层分别是：物理层、数据链路层、网络层、运输层、会话层、表示层、应用层。每一层都有特定的功能，并且利用下一层的功能所提供的服务。

在 OSI 参考模型中，各层的数据并不是从一端的第 N 层直接送到另一端的，第 N 层的数据在垂直的层次中自上而下地逐层传递直至物理层，在物理层的两个端点进行物理通信，我们把这种通信称为实通信。对等层由于通信并不是直接进行，因而称为虚拟通信。

应该指出，OSI-RM 只是提供了一个抽象的体系结构，从而根据它研究各项标准，并在这些标准的基础上设计系统。开放系统的外部特性必须符合 OSI 参考模型，而各个系统的内部功能是不受限制的。

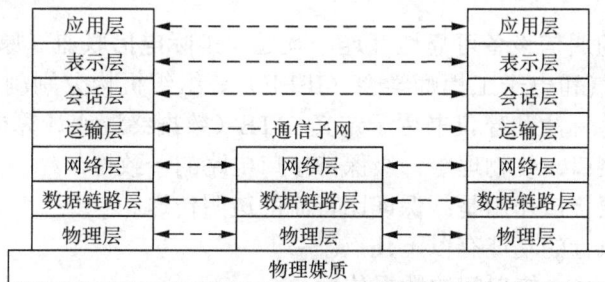

图 6-1　OSI 参考模型

6.2.2　OSI-RM 七层协议的功能简介

6.2.2.1　物理层

物理层主要讨论在通信线路上比特流的传输问题。物理层是 OSI 参考模型的最低层，它建立在物理介质的基础上，实现系统与物理媒体的接口。它通过物理介质来建立、维持和断开物理连接，为数据链路实体之间提供比特流的透明传输。这一层协议描述传输介质的电气、机械、功能和过程特性。其典型的设计问题有：信号的发送电平、码元宽度、线路码型、物理连接器插脚的数量、插脚的功能、物理拓扑结构、物理连接的建立和终止、传输方式等。其典型的协议有 RS-232C，RS-449，RS-422A，RS-423A，V.24，V.28，X.20 和 X.21 等。物理层传送数据的基本单位是比特。

1. 物理层的位置与接口标准

数据通信系统中物理层接口所处的位置如图 6-2 所示。它不仅包括 DTE 与 DCE 之间的接口，还包括 DCE 与 DCE 之间的接口。

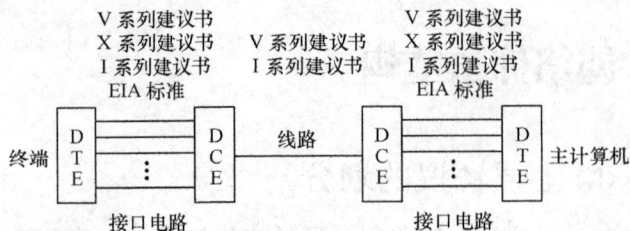

图 6-2　物理层接口的位置

物理层接口标准主要有原 CCITT 的 V 系列建议书（用于模拟信道）和 X 系列建议书（用于数字信道）。

2．物理层的接口功能

物理层的规程是在通信设备之间通过有线或无线信道实现物理连接的标准，物理层是国际标准组织（ISO）开放系统互连（OSI）模型七层协议中的最低层，是通信系统实现所有较高层协议的基础。计算机网络中的物理设备和传输介质的种类繁多，通信手段也有许多不同的方式，物理层的作用就是对上层屏蔽掉这些差异，提供一个标准的物理连接。保证数据比特流的透明传输。

为了保证各厂家的通信设备可靠地互连、互通，国际电信联盟（原 CCITT）、美国电子工业学会（EIA）、电气和电子工程师学会（IEEE）等组织机构分别制订了许多物理层相同的标准和建议书。这些标注和建议书用于定义 DTE（数据终端或计算机）和 DCE（数据通信网络设备）之间的接口，使物理层一级保持接口电路的一致性。

简单地说，物理层接口作用是：保证比特流的透明传送。

通常物理层规程执行的功能有以下几点。

（1）提供 DTE 和 DCE 接口间的数据传输。

（2）提供设备之间的控制信号。

（3）提供时钟信号，用以同步数据流和规定比特速率。

（4）提供机械的连接器（即插针、插头和插座等）。

（5）提供电气地。

3．物理层的接口特性

物理层 DTE 与 DCE 的接口关系和技术详情的描述，简称接口特性描述，它包括四种基本特性，即机械特性、电气特性、功能特性和规程特性。

（1）机械特性

DTE 与 DCE 之间的接口首先涉及机械分界的问题，即规定机械上分界的方法。DTE 与 DCE 之间通过多条导线相互连系。DTE 与 DCE 作为两种分立的设备通常是采用接插件组成的连接器来实现在机械上的互连，即一端设备的引出导线连接插头，另一端设备的引出导线连接插座。

为了使不同厂家生产的 DTE 与 DCE 便于连接，物理接口标准对连接器的几何尺寸、引脚排列和锁定装置等机械性能一般需要做出详细规定。表 6-1 列出了在通信系统和计算机网络中常用的四种连接器的国际标准和参数，以及使用场合。

表 6-1　　　　　　　　　　　用于 DTE/DCE 接口的四种常用 ISO 标准化连接器规格

ISO 标准	引脚数	使用场合	兼容标准	引脚排列	固定端点间尺寸（mm）
ISO2110	25	话音频带 Modem 公共数据网 DCE 电报网 DCE 自动呼叫设备 ACE	EIA RS-232 EIA RS-366-A	2 排，13/12	46.91～47.17
ISO2593	34	ITU 建议的宽带 Modem		4 排，9/8/9/8	42.67～43.08
ISO4902	37/9	话音频带 Modem 宽带 Modem	EIA RS-499 CCITT V.35	2 排，19/18 2 排，5/4	63.37～63.63 24.87 ～25.12
ISO4903	15	ITU X.20，X.21 和 X.22 建议书中的公共数据网 DCE	CCITT X.21	2 排，8/7	32.20～33.45

机械特性定义了连接器即接口插件的插头（阳连接器）和插座（阴连接器）的规格、尺寸、形状、引脚的数量及排列情况等，如图 6-3 所示。

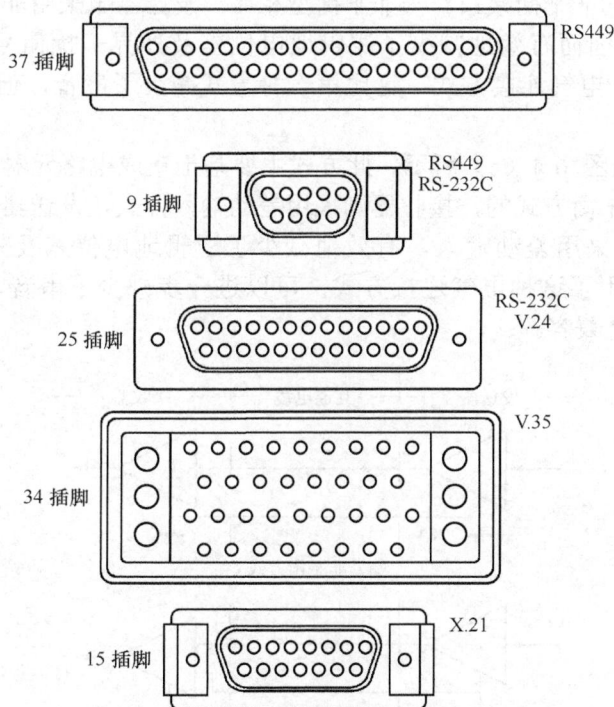

图 6-3　ISO 标准化的部分连接器

在 ISO 标准中，涉及 DTE 与 DCE 接口机械特性的标准有以下四种。

① ISO 2110 数据通信。25 芯 DTE/DCE 接口接线器及引线分配。用于串行和并行话音音频调制解调器、公用数据网接口、电报（包括用户电报）接口和自动呼叫设备。

② ISO 2593 数据通信。34 芯高速数据终端设备用接线器和引线分配。34 芯高速数据终端设备用接口接线器用于原 CCITT V.35 的宽带调制解调器。

③ ISO 4902 数据通信。37 芯和 9 芯 DTE 与 DCE 接口接线器和引线分配。用于串行话

音音频调制解调器和宽带调制解调器。

④ ISO 4903 数据通信。15 芯 DTE 与 DCE 接口接线器和引线分配。用于由原 CCITT X.20，X.21 和 X.22 所规范的公用数据网接口。

（2）电气特性

定义接口电路的电气参数，如接口电路的电压（或电流）、负载电阻、负载电容等。DTE 与 DCE 标准接口的电气特性规定了 DTE 与 DCE 之间多条信号线的电气连接及有关电路特性，通常包括：发送器和接收器的电路特性（如发送信号电平、发送器的输出阻抗、接收器的输入阻抗、平衡特性等）、负载要求、传输速率和连接距离等。

常用电气连接有以下三种方式。

① 非平衡方式。如图 6-4（a）所示，该方式主要应用于按分立元器件设计的非平衡接口。此时，发送器和接收器是单端输入/输出的，每个信号使用一根导线，所有信号的收、发两端回路共用一根信号地线。原 CCITT V.28 采用了这种电气连接方式，这种方式引起的串音较大。EIA RS-232C 基本上与之兼容。

② 差动接收的非平衡方式（半平衡型）。如图 6-4（b）所示，这种方式主要应用于按集成电路元器件设计的非平衡接口。与非平衡型相比，发送器虽采用非平衡方式，但接收器采用差动输入方式，因而有效地减少了逻辑地电位差及外界干扰信号的影响。原 CCITT V.10/X.26 采用了这种电气连接方式，这比第一种方式减少了串音，但仍然存在串音。EIA RS-423A 与之兼容。

③ 平衡方式。如图 6-4（c）所示，此方式主要基于集成电路元器件设计的平衡接口。这种接口的发送器是平衡方式的，接收器则采用差动输入方式，发送器和接收器采用对称电缆连接。由于接收器采用差动输入，有效地减少了逻辑地电位差及外界干扰的影响。原 CCITT V.11/X.27 采用了这种电气连接方式，可以进一步减少了串音，具有平衡的电气特性。EIA RS-422A 与之兼容。

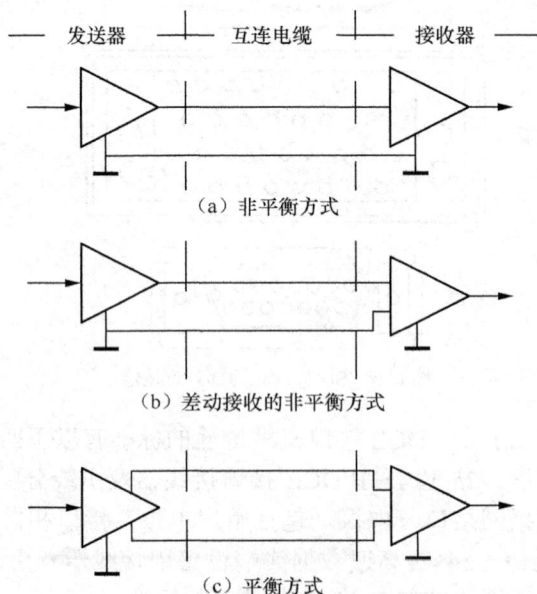

（a）非平衡方式

（b）差动接收的非平衡方式

（c）平衡方式

图 6-4　DTE/DCE 接口的三种电气连接方式

（3）功能特性

定义了接口电路执行的功能。DTE/DCE 标准接口的功能特性主要是明确各接口信号线的功能定义及相互之间的操作关系定义。对每根接口信号线的定义通常采用两种方法：一种是一线一义法，即每根信号线定义为一种功能。原 CCITT V.24、EIA RS-232C 和 EIA RS-449 等都采用这种方法；另一种是一线多义法，指每根信号线被定义为多种功能，此法有利于减少接口信号线的数目。它被原 CCITT X.24 和 X.21 所采用。

接口信号线按其功能一般可分为接地线、数据线、控制线、定时线等类型。对各信号线的命名通常采用数字、字母组合和英文缩写三种形式。例如 EIA RS-232C 采用字母组合，EIA RS-449 采用英文缩写，而原 CCITT V.24 则以数字命名。在原 CCITT V.24 建议书中，对 DTE/DCE 接口信号线的命名以"1"开头，所以通常将其称为 100 系列接口线；而用于 DTE/ACE 接口信号线的命名以"2"开头，故将它称作 200 系列接口信号线。

（4）规程特性

定义了接口电路的动作和各动作之间的关系和顺序。DTE/DCE 标准接口的规程特性规定了 DTE/DCE 接口各信号线之间的相互关系、动作顺序及维护测试操作等内容。规程特性反映了通信双方在数据通信过程中可能发生的各种事件。由于这些可能事件出现的先后次序不尽相同，而且又有多种组合，因而规程特性往往比较复杂。目前，用于物理层规程特性的标准有：原 CCITT V.24、V.25、V.54、X.20、X.20bis、X.21、X.21bis、X.22 和 X.150 等。

6.2.2.2 数据链路层

数据链路层主要讨论在数据链路上帧流的传输问题。这一层协议的内容包括：帧的格式，帧的类型，比特填充技术，数据链路的建立和终止，信息流量控制，差错控制，向物理层报告一个不可恢复的错误等。这一层协议的目的是保障在相邻的站与节点或节点与节点之间正确地、有次序地、有节奏地传输数据帧。常见的数据链路协议有两类：一类是面向字符的传输控制规程，如基本型传输控制规程（BSC）；另一类是面向比特的传输控制规程，如高级数据链路控制规程（HDLC）。实际应用中主要是后一类。数据链路层中传送数据的基本单位一般是帧。

1．数据链路层传输控制规程

数据通信是机与机或人与机的通信，一旦数据电路建立后，为了在 DTE 与网络之间或 DTE 与 DTE 之间进行有效可靠的数据传输，必须在数据链路这一层上采取必要的控制手段对数据信息的传输实施严格的控制和管理。完成数据传输控制和管理功能的规则和程序称为数据传输控制规程。又因为数据通信系统中将数据电路加上传输控制规程定义为数据链路，所以数据传输控制规程又称为数据链路传输控制规程。而数据链路传输控制规程是通过数据链路层协议来完成的，习惯上数据链路传输控制规程也称为数据链路层协议。

目前广泛采用的传输控制规程基本上可分为两大类，即面向字符型控制规程和面向比特型控制规程。

（1）面向字符型的传输控制规程

面向字符型控制规程的特点是利用专门定义的传输控制字符和序列完成链路的功能，其主要适用于中低速异步或同步数据传输，以双向交替工作的通信方式进行操作。面向字符型的控制规程主要有基本型控制规程及其扩充规程（如会话型传输控制规程、编码独立的信息传输规程等）。这种控制规程一般适用于"主机—终端"型数据通信系统，一般来说其不适合计算机之间的通信，因此这种规程的应用范围受到一定的限制。

（2）面向比特型的传输控制规程

面向比特型规程的概念在 1969 年开始提出，它将传输帧看作是一系列比特，通过比特流在帧中的位置和与其他比特的组合模式来表达含义，控制信息可以是一个或多个比特。这些规程有 IBM 的同步数据链路控制规程（Synchronous Data Link Control，SDLC），ISO 的高级数据链路控制规程（HDLC）等。这类规程是目前通信网中经常采用的通信规程。

面向比特型控制规程的特点是不采用传输控制字符，而仅采用某些比特序列完成控制功能，实现不受编码限制的透明传输，传输效率和可靠性都高于面向字符型的控制规程。它主要适用于中高速同步全双工方式的数据通信，尤其适用于分组交换网与终端之间的数据传输。随着计算机网的发展，它将成为一种重要的传输控制规程。

2．数据链路的基本概念

（1）数据链路

数据通信与电话通信所不同的是，当数据电路建立后，为了进行有效的、可靠的数据传输，需要对传输操作实施严格的控制和管理。完成数据传输的控制和管理功能的规则，称为数据链路传输控制规程，也就是数据链路层的协议。

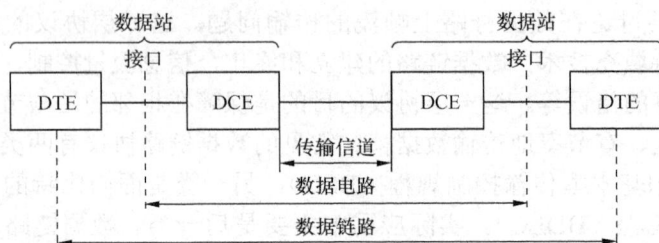

图 6-5　数据链路的构成

任何两个 DTE 之间只有当执行了某一数据链路层协议而建立起双方的逻辑连接关系后，这一对通信实体之间的传输通路才能称为数据链路。数据链路是由数据电路和收发两端的通信控制器构成的，如图 6-5 所示。在数据电路已建立的基础上，通过两端的控制装置使发送方和接收方之间交换握手信号，双方确认后开始传输数据。ISO 给出的数据链路定义为：按照信息的特定方式进行操作的两个或两个以上的终端装置与互连线路的组合体。

（2）物理连接

物理连接与物理介质是两个不同的概念，前者受时间限制，后者没有时间性。物理连接的建立和拆除过程是用一连串的脉冲信号来表示的。对于数据通信系统，要完成一次通信，首先要进行物理连接，然后建立数据链路。在一次物理连接上可以进行多次通信，即可以建立多条数据链路。物理连接只有在数据链路的建立和拆除阶段才是空闲的，而当数据链路释放后，物理连接并不一定清除。可见物理连接和数据链路都有其生存期的，如图 6-6 所示。

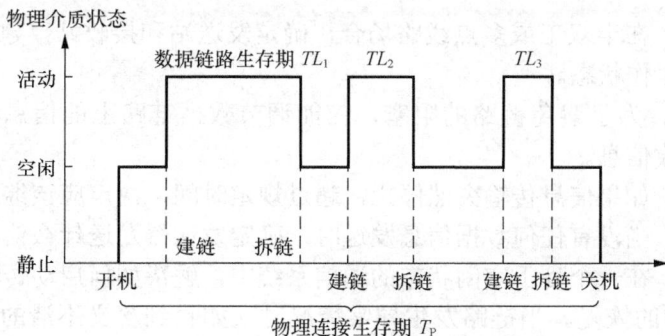

图 6-6　物理连接和数据链路

（3）数据链路的结构

数据链路的结构分为两种：点对点和点对多点的数据链路。环形链路属于点对多点的派生结构，如图 6-7 所示给出了它们的结构示意图。

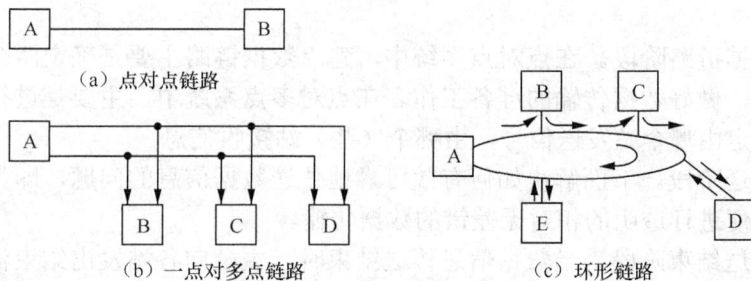

（a）点对点链路

（b）一点对多点链路　　　　　　（c）环形链路

图 6-7　数据链路的结构形式

3．数据链路控制规程的功能

数据通信的双方为有效地交换数据信息，必须建立一些规约，以控制和监督信息在通信线路上的传输和系统间信息交换，这些操作规则称为通信协议。数据链路的通信操作规则称为数据链路控制规程，它的目的是在已经形成的物理电路上，建立起相对无差错的逻辑链路，以便在 DTE 与网路之间、DTE 与 DTE 之间有效可靠地传送数据信息。为此，数据链路控制规程，应具备下面的功能。

（1）帧同步。将信息报文分为码组，采用特殊的码型作为码组的起始与结尾标志，并在码组中加入地址及必要的控制信息，这样构成的码组称为帧。帧同步的目的是确定帧的起始与结尾，以保持收发两端帧同步。

（2）差错控制。由于物理电路上存在着各种干扰和噪声，数据信息在传输过程中会产生差错。采用水平和垂直冗余校验，或循环冗余校验进行差错检测，对正确接收的帧进行确认，对接收有差错的帧要求重发。

（3）顺序控制。为了防止帧的重收和漏收，必须给每个帧编号，接收时按编号确认，以识别差错控制系统要求重发的帧。

（4）透明性。在所传输的信息中，若出现了帧的开头、结尾标志字符和各种控制字符的序列，要插入指定的比特或字符，以区别以上各种标志和控制字符，用来保障信息的透明传输，即信息不受限制。

（5）线路控制。在半双工或多点线路场合，确定发送站和接收站，建立和释放链路的逻辑连接，显示站的工作状态。

（6）流量控制。为了避免链路的阻塞，应能调节数据链路上的信息流量，决定是否暂停、停止或继续接收信息。

（7）超时处理。如果信息传输突然停止，超过规定时间，决定应该继续做些什么。

（8）特殊情况。当没有任何数据信息发送时，确定发送器发送什么信息。

（9）启动控制。在一个处于空闲状态的通信系统中，解决如何启动传输的问题。

（10）异常状态的恢复。当链路发生异常情况时（如收到含义不清的序列、数据码组不完整或超时收不到响应等），自动地重新启动恢复到正常工作状态。

链路控制规程执行数据传输控制功能可分为五个阶段。

（1）建立物理连接（数据电路）阶段。数据电路可分为专用线路与交换线路两种。在点对多点结构中，主要采用专线，物理连接是固定的。在点对点结构中，如采用交换电路时，必须按照交换网络的要求进行呼叫接续，如电话网的 V.25 和数据网的 X.21 呼叫接续过程。

（2）建立数据链路阶段。在点对点系统中，建立数据链路主要是确定两个站点的关系，谁先发，谁先收，做好数据传输的准备工作。在点对多点系统中，主要是进行轮询和选择。这个过程也是确定由哪个站发送信号，由哪个（些）站接收信息。

（3）数据传送阶段。下面解决如何有效可靠地传送数据信息的问题，即如何将报文分成合适的码组，以便进行透明的相对无差错的数据传输。

（4）数据传送结束阶段。当数据信息传送结束时，主站向各站发出结束消息序列，各站便回到空闲状态或进入一个新的控制状态。

（5）拆线阶段。当数据电路是交换线路时，数据信息传送结束后，就需要发出控制序列，拆除通信线路。

在上述的五个阶段中，第二至第四阶段属于数据链路控制规程的范围，而第一和第五阶段是在公用交换网完成的操作。

4．数据链路控制规程--高级数据链路控制规程

高级数据路控制规程（High-Level Data Link Control Procedures，HDLC）是国际标准化组织（ISO）颁布的一种面向比特的数据链路控制规程。

（1）HDLC 的基本概念

① 站的类型

HDLC 中站的类型可分为主站、从站和复合站三类。主、从站相当于控制规程中的控制站、辅助站，但与基本型中的主、从站完全不同。主站负有发起传输、组织数据流、执行链路级差错控制和差错恢复的责任；从站执行来自主站的命令动作；复合站具有平衡的链路控制能力，它能同时起到主站和从站的作用。

② 帧

所谓帧是主站和从站间通过链路传送的一个完整的信息组，它是信息传输的基本单元。HDLC 中所有信息都以帧为单位进行传输。帧可以分为帧和响应帧。主站使用命令帧使从站完成某个规定的数据链路控制功能，从站使用响应帧向主站通告对一个或多个命令所采取的行动。

③ 逻辑数据链路结构

逻辑数据链路结构可分为不平衡型（非均衡型）、对称型和平衡型（均衡型）三种结构形式，如图 6-8 所示。

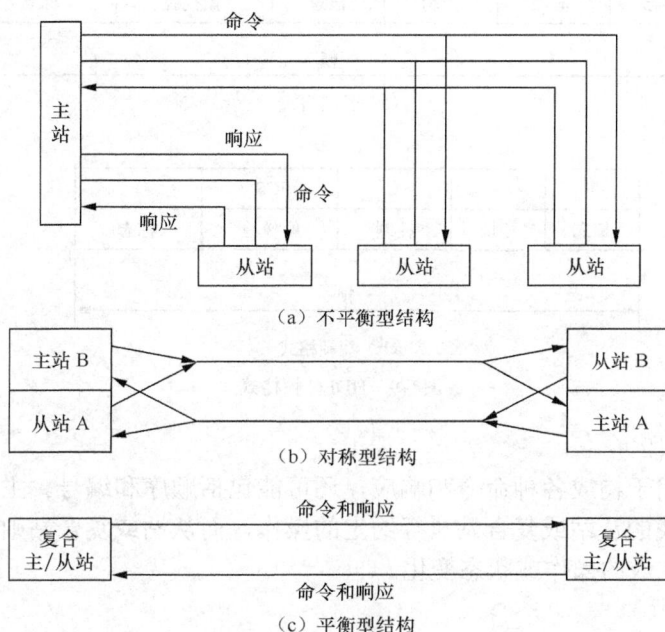

（a）不平衡型结构

（b）对称型结构

（c）平衡型结构

图 6-8　HDLC 链路逻辑结构

不平衡结构有一个主站和一个或多个从站被直接接至一条链路。该链路可以是点对点方式和一点对多点的方式，通信双方交替或同时进行交换和非交换的数据传输。主站负有把每个从站置于某逻辑状态和适当的操作方式的责任，使它们之间可相互交换数据和控制信息，并按规定提供链路级的纠错功能。

对称型结构是连接两个点对点独立的不平衡型的逻辑结构，并在一条链路上复用。这种结构可以是双向交替工作或同时工作的可进行交换和非交换的数据传输。这种结构中，有两条独立的主站到从站的链路。

平衡型结构由两个复合站以点对点的连接方式构成。这种链路可以进行双向交替工作或同时工作的交换和非交换的数据传输，两个复合站都具有数据传送或链路控制功能。

（2）HDLC 帧结构

① HDLC 帧格式

所有的帧都使用标准的格式，如图 6-9 所示。图 6-9（a）为长格式的帧包括数据和链路控制信息，图 6-9（b）为短格式的帧是只包括链路控制信息而且只起监督控制作用。

HDLC 帧内各字段的含义如下。

（a）F（标志序列）

F 是一个 8 比特序列（01111110），用于帧同步，F 作为一帧的结束和下一帧的开始，若在两个 F 之间有五个连续"1"序列出现，则在其后插入一个"0"，在接收端把它去掉，以保护 F 的唯一性。

（b）A（地址字段）

A 为 8 比特序列，用于表示链路级的从站或复合站的地址。命令帧中地址字段是从站或复合站的地址，响应帧中的地址字段则是主站或复合站的地址。

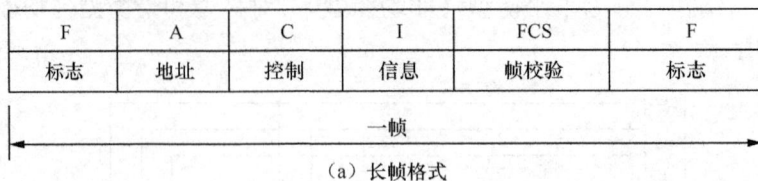

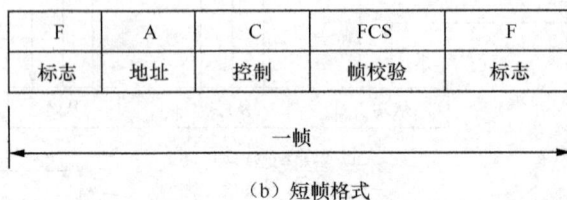

F	A	C	I	FCS	F
标志	地址	控制	信息	帧校验	标志

一帧

（a）长帧格式

F	A	C	FCS	F
标志	地址	控制	帧校验	标志

一帧

（b）短帧格式

图 6-9　HDLC 帧格式

（c）C（控制字段）

C 为 8 比特，用于构成各种命令和响应，还可能包括顺序和编号。主站或复合站利用控制字段来通知被寻找的从站或复合站执行约定的操作，而从站或复合站则用控制字符对通知进行响应，报告已完成的操作或状态变化。

（d）I（信息字段）

I 可以是任意比特。但其最大长受帧校验序列（FCS）的差错检测能力、信道差错特性、数据传输速率、站的缓冲容量和所用方案以及数据的逻辑结构特征等因素的限制。因此，在实际使用中，系统将规定一个帧的最大长度作为失定参数和超长帧的处理方法。

（e）FCS（帧校验序列）

FCS 位于 I 字段之后和结束标志之前。按规程规定可以使用 16 比特或 32 比特的帧校验序列用于差错检测。一般情况下使用 16 比特，采用循环冗余检验 CRC，生成多项式为原 CCITT 建议书所规定的 CRC 序列，即 $P(x) = x^{16} + x^{12} + x^5 + 1$。检测范围从地址字段第 1 比特到信息字段的最后一比特止，但要除去按透明规则插入的所有"0"比特。帧校验序列（FCS）是数据（K 位信息）多项式 $G(x)$ 被生成多项式 $P(x)$ 除所得余项 $R(x)$ 的反码，即

$$\frac{G(x)}{P(x)} = Q(x) + \frac{R(x)}{P(x)}$$

帧校验序列

$$FCS = \frac{1}{R(x)}$$

这样会使检验更为可靠，在接收端经过计算以后，如果传输正确，则其余数是一个特定码：0001110100001111（从左自右为相应的 X15～X0）。FCS 的格式如图 6-10 所示。

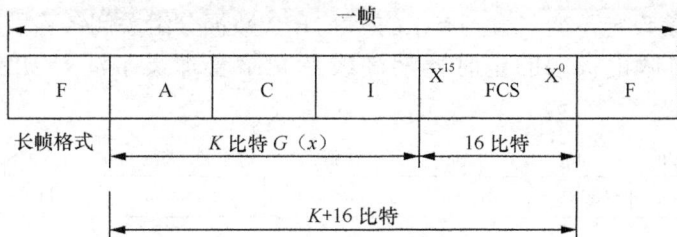

图 6-10　FCS 的格式

② 帧内容的透明性

为了防止误认标志序列情况的出现，在送往链路的两个 F 之间不准出现与 F 相同的形式。因此，在 HDLC 中，除了真正的帧标志序列外，需采用零比特插入技术，对帧的内容执行透明性规则。

（a）发送端检查两个帧标志序列之间的 A、C、I 和 FCS（Frame Check Sequence）内容，发现有连续的五个"1"时，在其后插入一个"0"。

（b）接收端收到帧的内容，除去连续五个"1"后面的一个"0"比特。

（c）帧校验计算时应不包括发端插入而收端除去的"0"比特。

5．点对点协议

（1）点对点协议

点对点协议（Point to Point Protocol，PPP）为在点对点连接上传输多协议数据包提供了一个标准方法。PPP 最初设计是为两个对等节点之间的 IP 流量传输提供一种封装协议。TCP/IP 是一种用来同步调制连接的数据链路层协议（OSI 模型中的第二层），替代了原来非标准的第二层协议，即 SLIP（Serial Link Internet Protocol）。除了 IP 以外 PPP 还可以携带其他协议，包括 DECnet 和 Novell 的互联网网包（分组）交换（Internetwork Packet eXchange，IPX）。

PPP 主要由以下几部分组成。

① 封装协议。一种封装多协议数据报的方法。PPP 封装提供了不同网络层协议同时在同一链路传输的多路复用技术。PPP 封装精心设计，能保持对大多数常用硬件的兼容性。

② 链路控制协议（Link Control Protocol LCP）。PPP 提供的 LCP 功能全面，适用于大多数环境。LCP 用于就封装格式选项自动达成一致，处理数据包大小限制，探测环路链路和其他普通的配置错误，以及终止链路。LCP 提供的其他可选功能有：认证链路中对等单元的身份，判定链路功能正常或链路失败情况。

③ 网络控制协议（Network Control Protocol，NCP）。它是一种扩展链路控制协议，用于建立、配置、测试和管理数据链路连接。

④ 配置。使用链路控制协议的简单和自制机制。该机制也应用于其他控制协议，如网络控制协议。

为了建立点对点链路通信，PPP 链路的每一端，必须首先发送 LCP 包以便设定和测试数据链路。在链路建立，LCP 所需的可选功能被选定之后，PPP 必须发送 NCP 包以便选择和设定一个或更多的网络层协议。一旦每个被选择的网络层协议都被设定好了，来自每个网络层协议的数据报就能在链路上发送了。

链路将保持通信设定不变，直到有 LCP 和 NCP 数据分组关闭链路，或者是发生一些外部事件的时候（如休止状态的定时器期满或者网络管理员干涉）。PPP 结构如图 6-11 所示。

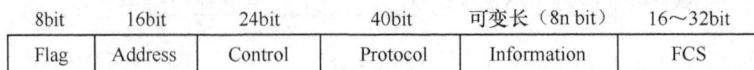

8bit	16bit	24bit	40bit	可变长（8n bit）	16～32bit
Flag	Address	Control	Protocol	Information	FCS

图 6-11 PPP 结构

PPP 帧内各字段的含义如下：

① 标志（Flag）字段。表示帧的起始或结束，由二进制序列 01111110 构成。

② 地址（Address）字段。包括二进制序列 11111111 和标准广播地址（注意：PPP 不分配个人站地址）。

③ 控制（Control）字段。二进制序列 00000011，要求用户数据传输采用无序帧。

④ 协议类型（Protocol）字段。字段长度 40 比特，识别帧的信息字段封装的协议。

⑤ 信息（Information）字段。字段长度为 0 或更多八位字节，包含 Protocol 字段中指定的协议数据报。

⑥ 帧校验序列（FCS）字段。通常为 16 比特，PPP 的执行可以通过预先协议采用 32 位 FCS 来提高差错检测效果。

PPP 帧格式和 HDLC 帧格式相似，二者主要区别：PPP 是面向字符的，而 HDLC 是面向比特位的。

可以看出，PPP 帧的前 3 个字段和最后两个字段与 HDLC 的格式是一样的。标志字段 F 为 0x7E（0x 表示后面的 7E 是十六进制数），但地址字段 A 和控制字段 C 都是固定不变的，分别为 0xFF、0x03。PPP 不是面向比特的，因而，所有的 PPP 帧长度都是整数个字节。

与 HDLC 不同的是多了 2 个字节的协议字段。协议字段不同，后面的信息字段类型就不同。如：

0x0021——信息字段是 IP数据包

0xC021——信息字段是链路控制数据 LCP

0x8021——信息字段是网络控制数据 NCP

0xC023——信息字段是安全性认证 PAP

0xC025——信息字段是 LQR

0xC223——信息字段是安全性认证 CHAP

当信息字段中出现和标志字段一样的比特 0x7E 时，就必须采取一些措施。因 PPP 是面向字符型的，所以它不能采用 HDLC 所使用的零比特插入法，而是使用一种特殊的字符填充。具体的做法是将信息字段中出现的每一个 0x7E 字节转变成 2 字节序列（0x7D，0x5E）。若信息字段中出现一个 0x7D 的字节，则将其转变成 2 字节序列（0x7D，0x5D）。若信息字段中出现 ASCII 码的控制字符，则在该字符前面要加入一个 0x7D 字节。这样做的目的是防止这些表面上的 ASCII 码控制字符被错误地解释为控制字符。

（2）PPP 链路建立的过程

下面通过 PPP 链路建立的过程来说明数据链路层协议的实现。

一个典型的链路建立过程分为三个阶段：创建阶段、认证阶段和网络协商阶段。

阶段 1：创建 PPP 链路。LCP 负责创建链路。在这个阶段，将对基本的通信方式进行选择。链路两端设备通过 LCP 向对方发送配置信息报文（Configure Packets）。一旦一个配置成功信息包（Configure-Ack packet）被发送且被接收，就完成了交换，进入了 LCP 开启状态。

注意，在链路创建阶段，只是对认证协议进行选择，用户验证将在第 2 阶段实现。

阶段 2：用户验证。在这个阶段，客户机会将自己的身份发送给远端的接入服务器。该阶段使用一种安全验证方式避免第三方窃取数据或冒充远程客户机接管与客户机的连接。在认证完成之前，禁止从认证阶段前进到调用网络层协议阶段。如果认证失败，认证者应该跃迁到链路终止阶段。

在这一阶段里，只有链路控制协议、认证协议和链路质量监视协议的数据包是被允许的。在该阶段里接收到的其他的数据包必须被静静地丢弃。

最常用的认证协议有口令认证协议（Password Authentication Protocol，PAP）和询问握手认证协议（Challenge Handshake Authentication Protocol，CHAP）。

阶段 3：调用网络层协议。认证阶段完成之后，PPP 将调用在链路创建阶段（阶段 1）选定的各种网络控制协议（NCP）。选定的 NCP 解决 PPP 链路之上的高层协议问题，例如，在该阶段 IP 控制协议（IPCP）可以向拨入用户分配动态地址。

这样，经过三个阶段以后，一条完整的 PPP 链路就建立起来了。

（3）PPP 的认证方式

① 口令认证协议

PAP 是两次握手协议，是一种简单的明文验证方式。网络接入服务器（Network Access Server，NAS）要求用户提供用户名和口令，PAP 以明文方式返回用户信息。很明显，这种验证方式的安全性较差，第三方可以很容易的获取被传送的用户名和口令，并利用这些信息与 NAS 建立连接，获取 NAS 提供的所有资源。所以，一旦用户密码被第三方窃取，PAP 无法提供避免受到第三方攻击的保障措施。

② 询问-握手认证协议（CHAP）

CHAP 为三次握手协议，是一种加密的验证方式，能够避免建立连接时传送用户的真实密码。NAS 向远程用户发送一个（challenge 询问）信息，其中包括会话 ID 和一个随机数据（arbitrary challenge string）。远程客户机用会话 ID 找出密码，采用 MDS 单向散列算法（one-way hashing algorithm）对随机数据、会话 ID 和客户机的口令进行加密运算，并以明文返回自己的用户名和加密的结果。

CHAP 对 PAP 进行了改进，不再直接通过链路发送明文口令，而是使用随机数据以散列算法对口令进行加密。因为服务器端存有客户机的明文口令，所以服务器可以重复客户机进行的操作，并将结果与客户机返回的口令进行对照。CHAP 为每一次验证生成一个随机数据来防止受到再现攻击（replay attack）。在整个连接过程中，CHAP 将不定时的向客户机重复发送随机数据，从而避免第三方冒充远程客户机（remote client impersonation）进行攻击。

（4）PPP 的应用

PPP 是目前广域网上应用最广泛的协议之一，它的优点在于简单、具备用户验证能力、可以解决 IP 分配等。

家庭拨号上网就是通过 PPP 在用户端和运营商的接入服务器之间建立通信链路。目前，宽带接入正在成为取代拨号上网的趋势，在宽带接入技术日新月异的今天，PPP 也衍生出新的应用。典型的应用是在不对称数字用户线（Asymmetrical Digital Subscriber Line，ADSL）接入方式当中，PPP 与其他的协议共同派生出了符合宽带接入要求的新的协议，如 PPPoE（PPP over Ethernet），PPPoA（PPP over ATM）。

利用以太网（Ethernet）资源，在以太网上运行 PPP 来进行用户认证接入的方式称为 PPPoE。PPPoE 即保护了用户方的以太网资源，又完成了 ADSL 的接入要求，是目前 ADSL 接入方式中应用最广泛的技术标准。

同样，在异步传输模式（Asynchronous Transfer Mode，ATM）网络上运行 PPP 来管理用户认证的方式称为 PPPoA。它与 PPPoE 的原理相同，作用相同；不同的是它是在 ATM 网络上，而 PPPoE 是在以太网网络上运行，所以要分别适应 ATM 标准和以太网标准。

PPP 的简单完整使它得到了广泛的应用，相信在未来的网络技术发展中，它还可以发挥更大的作用。

6.2.2.3 网络层

网络层主要处理数据分组在网络中的传输。这一层协议的功能是：路由选择、数据交换，网络连接的建立和终止，一个给定的数据链路上网络连接的复用，根据从数据链路层来的错误报告而进行的错误检测和恢复，分组的排序，信息流的控制等。网络层的典型例子是原 CCITT 的 X.25 建议书的第三层标准。网络层传输数据的基本单位是分组。

6.2.2.4 运输层

运输层是第一个端对端的层次，也就是计算机-计算机的层次。OSI-RM 的前三层可组成公共网络，可被很多设备共享，并且计算机-节点机、节点机-节点机、节点机-计算机是按照"接力"方式传送的，为了防止传送途中报文的丢失，两台计算机之间可实现端对端控制。这一层的功能是：把运输层的地址变换为网络层的地址，运输连接的建立和终止，在网络连接上对运输连接进行多路复用，端对端的次序控制，信息流控制，错误的检测和恢复等。运输层传送数据的基本单位是报文。运输层又称为传递层或传输层。

6.2.2.5 会话层

会话层是指用户与用户的连接，它通过在两台计算机间建立、管理和终止通信来完成对话。会话层的主要功能：在建立会话时核实双方身份是否有权参加会话；确定何方支付通信费用；双方在各种选择功能方面（如全双工还是半双工通信）取得一致；在会话建立以后，需要对进程间的对话进行管理与控制，例如对话过程中某个环节出了故障，会话层在可能条件下必须保存这个对话的数据，使数据不丢失，如不能保留，那么终止这个对话，并重新开始。会话层及以上各层中，传送数据的单位一般都称为报文，但是与运输层的报文有本质的不同。

6.2.2.6 表示层

表示层主要处理应用实体间交换数据的语法，其目的是解决格式和数据表示的差别，从而为应用层提供一个一致的数据格式，如文本压缩、数据加密、字符编码的转换，从而使字符、格式等有差异的设备之间能够相互通信。

6.2.2.7　应用层

应用层与提供的网络服务相关，这些服务包括文件传送、打印服务、数据库服务、电子邮件等。应用层提供了一个应用网络通信的接口，它直接面向用户以满足用户的不同需要，并利用网络资源唯一向应用进程直接提供服务的一层。

从七层的功能可见，1～3 层主要是完成数据交换和数据传输，称之为网络低层，即通信子网是面向通信的；5～7 层主要是完成信息处理服务的功能，称之为网络高层是面向信息处理的；低层与高层之间由第 4 层传送层衔接，是执行网络通信的最高层，但它只存在于终端系统，不属于通信子网，可以认为是传输和应用之间的接口，所以传送层是网络体系结构中很重要的一层。数据通信网涉及的只有物理层、数据链路层和网络层，在终端系统才会有完整的七层。

6.2.3　OSI-RM 中的数据封装过程

在 OSI-RM 中，当一台主机需要传送用户的数据（DATA）时，数据首先通过应用层的接口进入应用层。在应用层，用户的数据被加上应用层的报头（Application Header，AH），形成应用层协议数据单元（Protocol Data Unit，PDU），然后被递交到其下层——表示层。不同系统的应用进程在进行数据传送时，其信息在各层之间传输过程所经历的变化如图 6-12 所示。

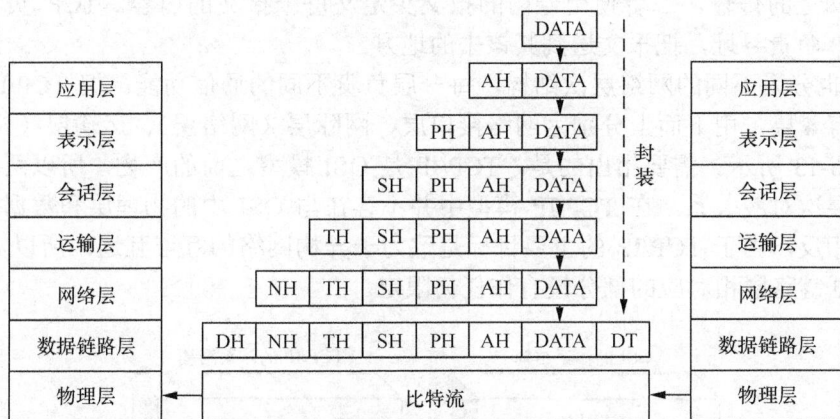

图 6-12　OSI-RM 中的数据封装过程

表示层并不"关心"其上层——应用层的数据格式而是把整个应用层递交的数据包看成是一个整体进行封装，即加上表示层的报头（Presentation Header，PH）。然后，递交到其下层——会话层。

同样，会话层、传送层、网络层、数据链路层也都要分别给上层递交下来的数据加上自己的报头。它们是：会话层报头（Session Header，SH）、传送层报头（Transport Header，TH）、网络层报头（Network Header，NH）和数据链路层报头（Data link Header，DH）。其中，数据链路层还要给网络层递交的数据加上数据链路层报尾（Data link Termination，DT）形成最终的一帧数据。

当一帧数据通过物理层传送到目标主机的物理层时，该主机的物理层把它递交到其上层——数据链路层。数据链路层负责去掉数据帧的帧头部 DH 和尾部 DT，同时还进行数据校验。如果数据没有出错，则递交到其上层——网络层。

同样，网络层、传送层、会话层、表示层、应用层也要做类似的工作。最终，原始数据被递交到目标主机的具体应用程序中。

6.3 TCP/IP 网络体系结构

6.3.1 TCP/IP 的四层结构

6.3.1.1 TCP/IP 的四层协议的划分

TCP/IP（Transmission Control Protocol/Internet Protocol）的发展比 OSI-RM 要早，它是在 20 世纪 70 年代中期美国国防部为其 ARPANET 开发的网络体系结构和协议标准，所以有时又称 DoD（Department of Defense）模型，以它为基础组建的因特网是目前国际上规模最大的计算机网络。正因为因特网的广泛使用，使得 TCP/IP 成了事实上的工业标准。

TCP/IP 是发展至今最成功的通信协议，是一组通信协议的代名词，这组协议使任何具有网络设备的用户能访问和共享因特网上的信息，其中最重要的协议是传输控制协议（TCP）和网际协议（IP）。TCP 和 IP 是两个独立且紧密结合的协议，负责管理和引导数据报文在因特网上的传输。二者使用专门的报文头定义每个报文的内容。TCP 负责和远程主机的连接，IP 负责寻址，把报文送到其该去的地方。

TCP/IP 也分为不同的网络层次结构，每一层负责不同的通信功能。但 TCP/IP 简化了层次结构，只有 4 层，由下而上分别为网络接口层、网际层（网络层）、运输层（传送层）、应用层，如图 6-13 所示。需要指出的是，TCP/IP 是 OSI 模型之前的产物，所以两者间不存在严格的网络层次对应关系。在 TCP/IP 模型中并不存在与 OSI 中的物理层和数据链路层相对应的部分，相反，由于 TCP/IP 的主要目标是致力于异构网络的互连互通，所以对 OSI 中的物理层和数据链路层相对应的部分没有作任何限定。

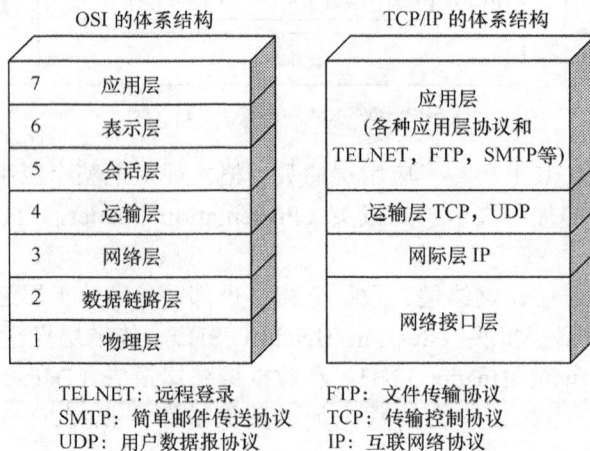

TELNET：远程登录　　　　　　FTP：文件传输协议
SMTP：简单邮件传送协议　　　TCP：传输控制协议
UDP：用户数据报协议　　　　　IP：互联网络协议

图 6-13　TCP/IP 模型与 OSI-RM 对照

6.3.1.2　TCP/IP 的四层协议的功能简介

1．网络接口层

网络接口层（NIL-Network Interface Layer）是 TCP/IP 模型的最低层，该层负责接收从网络层交来的 IP 数据包，并将 IP 数据包通过底层物理网络发送至选定的网络，或者从底层物理网络上接收物理帧，抽出 IP 数据包，交给网络层。网络接口层使采用不同技术和网络硬件之间的网络能够互连，它包括属于操作系统的设备驱动器和计算机网络接口卡，以处理具体的硬件物理接口。

2．网际互连层（网络互连层）

网际互连层（IL-Internet Layer）又称为 IP 层，主要功能是处理来自传送层的分组，将分组装入数据包（IP 数据包），并为该数据包选择路由，最终将数据包从源主机发送到目的的主机，TCP/IP 模型的网络层在功能上非常类似于 OSI 参考模型中的网络层，即检查网络拓扑结构，以决定传输报文的最佳路由。

3．传送层（运输层）

传送层（TL-Transport Layer）的基本任务是在源节点和目的节点的两个对等实体间提供可靠的端对端的数据通信。为保证数据传输的可靠性，传送层协议也提供了确认、差错控制和流量控制等机制。传送层从应用层接收数据，并且在必要的时候把它分割成较小的单元，传递给网络层，并确保到达对方的各段信息正确无误。

4．应用层

应用层（AL-Application Layer）为用户提供网络应用，并为这些应用提供网络支撑服务。同时，把用户的数据发送到低层，并为应用程序提供网络接口。由于 TCP/IP 将所有与应用相关的内容都归为一层，所以在应用层要处理高层协议、数据表达和对话控制等任务。

6.3.1.3　TCP/IP 各层的主要协议

与 OSI/RM 不同，TCP/IP 从推出之时就把考虑问题的重点放在了异种网络互连上。所谓异种网络，即遵循不同网络体系结构的网络。

TCP/IP 事实上是一个协议系列或协议族，目前包含了 100 多个协议，用来将各种计算机和数据通信设备组成实际的 TCP/IP 计算机网络。TCP/IP 模型各层的一些重要协议如图 6-14 所示。它的特点是上下两头大而中间小，应用层和网络接口层都有许多协议，而中间的 IP 层很少，上层的各种协议都向下汇聚到一个 IP 中。这种很像沙漏计时器形状的 TCP/IP 协议族表明，TCP/IP 可以为各式各样的应用提供服务（Everything Over IP），同时也可以连接到各式各样的网络上（IP Over Everything）。正因为如此，因特网才发展到今天的这种全球规模。

1．网络接口层协议

这是 TCP/IP 的最底层，TCP/IP 的网络接口层中包括各种物理网协议，例如 Ethernet、令牌环、帧中继、ISDN 和分组交换网 X.25 等。当各种物理网被用作传送 IP 数据包的通道时，就可以认为是属于这一层的内容。

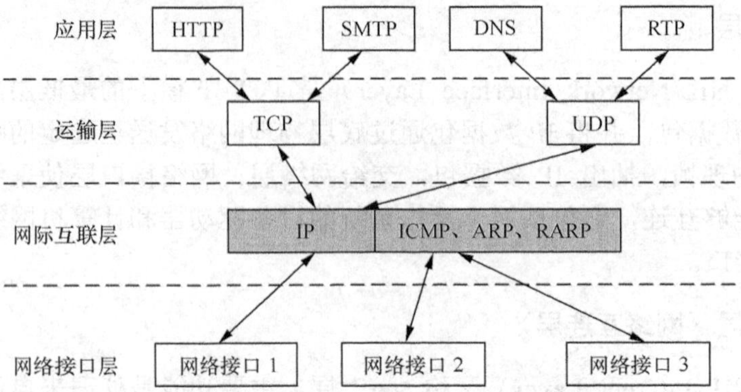

图 6-14　沙漏计时器形状的 TCP/IP 协议族

2．网际互连层协议

网际互连层所执行的主要功能是处理来自传送层的协议数据单元，将传送层的协议数据单元装入数据包（IP 数据报或分组），并为该数据包选择路径，最终将数据包从源主机发送到目的主机，其地位类似于 OSI 参考模型的网络层，向上提供不可靠的数据报传送服务。

网际互连层包括多个重要协议，主要协议有 IP、ICMP、ARP 与 RARP 和 IGMP。

网际协议（Internet Protocol，IP）是其中的核心协议，IP 规定网际互连层数据报的格式，并实现数据分段和寻址功能。

因特网控制消息协议（Internet Control Message Protocol，ICMP）是用来提供网络控制和消息传递功能的。

地址解释协议（Address Resolution Protocol，ARP）是用来将逻辑地址解析成物理地址。而反向地址解释协议（Reverse Address Resolution Protocol，RARP）则是将物理地址解析成逻辑地址。

因特网组管理协议（Internet Group Management Protocol，IGMP）运行于主机和与主机直接相连的组播路由器之间，是 IP 主机用来报告多址广播组成员身份的协议。

3．传送层协议

传送层提供应用程序之间（即端对端）的通信。该层可以提供两种不同的协议，即 TCP 和 UDP。传送控制协议（Transport Control Protocol，TCP）是面向连接的协议，提供端对端的可靠传送服务，数据传送单位是报文段；用三次握手和滑动窗口机制来保证传输的可靠性，并进行流量控制。用户数据报协议（User Data-gram Protocol，UDP）是面向无连接的不可靠传送层协议，在端与端之间提供不可靠传输服务，但传输效率比 TCP 高，数据传送单位是数据报（Data-gram），实际上就是以前提到的报文。

4．应用层协议

TCP/IP 模型的应用层是最高层，但与 OSI 的应用层有较大的区别。实际上，TCP/IP 模

124

型的应用层的功能相当于 OSI 参考模型的会话层、表示层和应用层三层的功能。

在 TCP/IP 模型的应用层中，定义了大量的 TCP/IP 应用协议，其中最常用的协议包括文件传送协议（FTP）、超文本传送协议（HTTP）、简单邮件传送协议（SMTP）和远程登录（TELNET），常见的应用支撑协议包括域名服务（DNS）和简单网络管理协议（SNMP）等。

6.3.1.4　TCP/IP 中报文的封装

以网际层下面是以太网为例，从网际层向下看，IP 数据包封装在 MAC 帧中；从网际层向上看，传送层的 TCP 和 UDP 报文则封装在 IP 数据包中；网际层中的 ICMP、IGMP 等报文及 OSPF 路由信息报文也是由 IP 数据报来承载的。TCP/IP 协议中报文的封装示意图如图 6-15 所示。

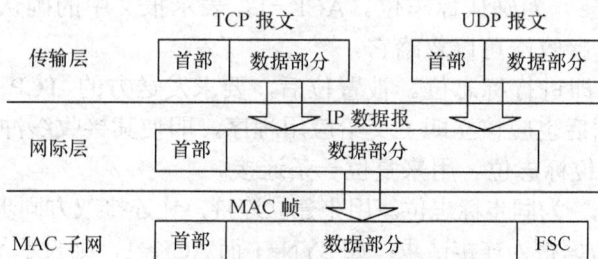

图 6-15　TCP/IP 中报文的封装示意图

6.3.2　传送层协议

6.3.2.1 TCP

1．TCP 报文格式

TCP 报文分为首部和数据两部分，如图 6-16 所示。

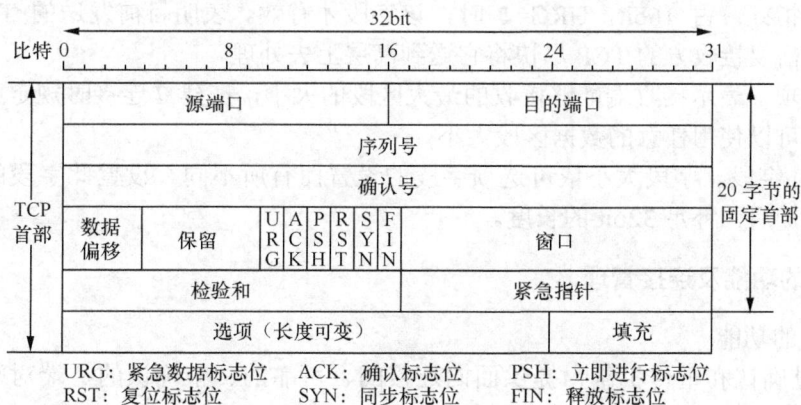

URG：紧急数据标志位　　ACK：确认标志位　　PSH：立即进行标志位
RST：复位标志位　　　　SYN：同步标志位　　FIN：释放标志位

图 6-16　TCP 报文格式

TCP 报文首部中各字段的含义如下。

（1）源端口和目的端口。各占 16bit，表示发送方和接收方的端口（Port）号。不同的端口号表示不同的应用程序（或称为高层用户）。

（2）序列号和确认号。各占 4 字节，序列号表示本报文段数据部分第一个字节的序号，而确认号表示该数据报的接收者希望对方发送的下一个字节的序号。

（3）数据偏移。占 4bit，指出数据开始的地方距 TCP 报文段的起始处的偏移量，即 TCP 报文段首部的长度。长度以 4 字节为单位来计算。所以如果选项部分的长度不是 4 字节的整数倍，则要加上填充。

（4）保留。共 6bit，紧接在数据偏移字段后，目前把它设置为 0。

（5）标志位。共 6bit，各标志位含义如下。

URG（urgent）为紧急数据标志。URG=1，表示本数据报中包含紧急数据。此时紧急数据指针表示的值有效，表示在紧急数据之后的第一个字节的偏侈值（即紧急数据的总长度）。

ACK（acknowledge）为确认标志位。ACK=1，表示报文中的确认号是有效的。否则，报文中的确认号无效，接收端可以忽略它。

PSH（push）为立即进行标志位。被置位后，要求发送方的 TCP 软件马上发送该数据报，接收方在收到数据后也应该立即上交给应用程序，即使其接收缓冲区尚未填满。

RST（reset）为复位标志位。用来复位一条连接。

SYN（Synchronous）为同步标志位。用来建立连接，让连接双方同步序列号。如果 SYN=1 而 ACK=0，则表示该数据报为连接请求；如 SYN=1 而 ACK=1，则表示是接受连接。

FIN（Finish）为释放标志位。表示发送方希望释放连接。

（6）窗口。占 16bit，表示从被确认的字节开始，发送方最多可以连续发送的字节的个数。接收方通过设置该窗口值的大小，调节源端发送数据的速率。

（7）检验和。占 16bit，检验和是 TCP 提供的一种检错机制。

注意，检验和字段检测的范围包括首部和数据两部分。在计算检验和时，还要在 TCP 报文前面加上 12 个字节的伪首部，伪首部只是计算检验和时和 TCP 报文连接在一起构成一个临时报文，计算出检验和后就没用了。它包括 5 个字段：前两个字段为源 IP 地址和目的 IP 地址；第三个字段是全零；第四个字段是 IP 首部中的协议字段的值，TCP 的协议代码为 6；第五个字段是 TCP 报文的长度，以字节为单位。

（8）紧急指针。占 16bit，URG=1 时，该字段才有效。表明目前发送的 TCP 包中包含有紧急数据，需要接收方的 TCP 尽快将它送到高层上去处理。

（9）可选项。表示接收端能够接收的最大区段的大小，在建立连接时规定此值。如果此字段不使用，可以使用任意的数据区段大小。

（10）填补字段。字段大小依可选项字段的设置而有所不同。设置此字段的目的在于和可选项字段相加后，补足 32bit 的长度。

2．TCP 的功能及连接管理

（1）TCP 的功能

TCP 通过确认和重传机制，提供面向连接的、可靠的、带确认的、端对端的全双工通信服务。具体的协议功能包括以下几个方面。

① 建立 TCP 连接。IP 地址和端口号合在一起构成一个插口，又称套接字（Socket），套接字分为发送套接字和接收套接字。

发送套接字=源 IP 地址+源端口号。

接收套接字=目的 IP 地址+目的端口号。

一对套接字可以唯一地确定一个 TCP 连接的两个端点。

② 实现复用和分用。TCP 是面向连接的，但同时会有不同应用进程间的多个连接都需要 TCP 的支持。和 UDP 一样，在发送端通过在 TCP 报文段首部写入的端口号，可以将不同应用进程的数据加以标识，合在一起传输，实现复用；到接收端根据目的端口号将接收的数据交给相应的进程，实现分用。注意，源端口号和目的端口号在目的端形成响应报文段时，反过来作为响应报文段中的目的端口号和源端口号。

③ 实现分段和重组。TCP/IP 网络中，每个协议层对所能够传输的最大数据长度都有一定的限制。和无连接的面向报文的 UDP 不同，TCP 将一个连接所传输的数据根据 IP 层所允许的 IP 数据报的最大长度分成多个小的数据段，分别组成 TCP 报文段，交给 IP 层，这一过程称为数据分段。注意，IP 层对太长的 UDP 数据报进行划分，或因在不同节点设备对 IP 数据报最大长度要求不同而进行的数据划分，称为分片。而重组与数据的分段/分片相对应在同一协议层完成。

④ 实现报文段的顺序控制。TCP 在复用传输多个应用进程的数据时，将数据看作字节流处理，而不考虑其到底属于哪个应用进程。为了对传输进行有效控制，给每个字节依次编上序号，将每个报文段的第一个字节的序号写入该报文段首部的序号字段。接收时按照序号可以把顺序传输的各报文段重组成原来的完整的数据。

⑤ 实现报文段的可靠传输。TCP 通过确认和重传机制，在无连接的、不可靠的 IP 层服务的基础上，实现了报文段的可靠传输。确认机制是由接收方通过报文段首部的检验和字段进行差错校验，并在正确接收后，给发送方以确认响应。确认机制的实现有两种方式：一是单独发送确认报文，即报文段的数据部分为空；二是为提高传输效率采用捎带技术，在全双工通信中，利用反向传送数据时，通过报文段首部的确认号字段来实现。为防止发送的报文段（或应答报文段）在传送的过程中丢失，造成发送方得不到确认而无限等待下去，TCP 引入了超时重传机制，即每发送一个报文段，就启动一个定时时钟，并将报文段的副本保存在缓冲存储器中，定时器超时而没能收到确认信息，则将该报文段重传。定时器的超时时间称为重传时间，应略大于统计所得的报文段的平均往返时延。

⑥ 实现流量控制和拥塞控制。TCP 利用滑动窗口协议实现流量控制，确定发送窗口大小时，一方面由接收方的接收能力确定出通知窗口，通过报文段首部的窗口字段送给发送方，要求发送窗口不大于通知窗口；另一方面发送方根据网络拥塞情况确定出拥塞窗口，要求发送窗口不大于拥塞窗口。所以发送窗口只能取通知窗口和拥塞窗口中的较小的一个。而对拥塞窗口的动态控制是通过将慢启动、加速递减和拥塞避免三种方法结合起来实现的。如图 6-17 所示。

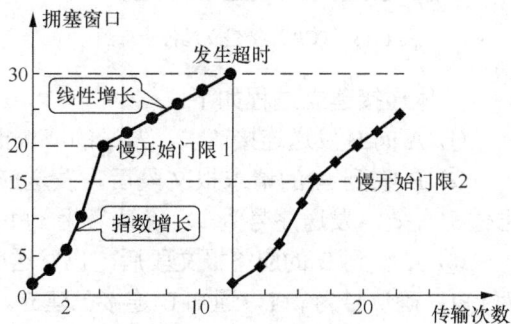

图 6-17　拥塞控制示意图

这三种方法的确切含义解释如下。

① 慢启动。初始化时拥塞窗口从 1 开始，以指数规律迅速增长。

127

② 加速递减。当发生拥塞后，慢开始门限值减半，拥塞窗口回到 1，再次以指数规律迅速增长。

③ 拥塞避免。为避免拥塞频繁发生，设置慢开始门限的初始值（比如取为 20），当拥塞窗口从 1 开始，以指数规律迅速增长，达到慢开始门限值时，减慢增长速度，改以线性规律增长。

注意，TCP 采用滑动窗口协议，存在一种叫作糊涂窗口综合征的问题。

糊涂窗口综合征是指 TCP 采用滑动窗口协议，在通知窗口变化较小时，频繁传送这些通知窗口信息，报文段很小，效率很低，对于其他一些短的报文段来说，也存在效率低下的问题。其解决办法有：在接收方，通告零窗口后，需要等待缓冲区可用空间达到总空间一半或最大报文段才发送更新窗口通告；在接收方，采用推迟确认技术，因为根据滑动窗口协议，当发送窗口大于 1 时，允许在没有收到确认前，连续发送报文段。也可以一次对几个报文段进行确认；在发送方采用组块技术（Nagle 算法），即发送完上一个报文段后，TCP 继续接收应用程序的数据到其缓存中，但并不将数据立即发送出去，而是等发送端缓存中的数据可以形成一个最大长度的 TCP 报文段或已发送的报文段的确认到达时才发送。

（2）TCP 的连接管理

TCP 是面向连接的，通信双方进行数据传输的过程包括三个阶段：建立连接、传输数据、释放连接。TCP 中建立的连接并不是建立真正的物理连接，建立连接的目的在于通过连接过程通信双方相互通报各自的情况，使每一方能够确认对方的存在，并协商最大报文段长度、窗口大小等参数，以及对缓存等资源进行分配。TCP 中是采用客户机/服务器方式建立连接的，主动要求建立连接的一方为客户机，被动等待连接建立的一方为服务器。TCP 连接的建立和释放都要通过三次握手信号来实现。分别如图 6-18 和图 6-19 所示。

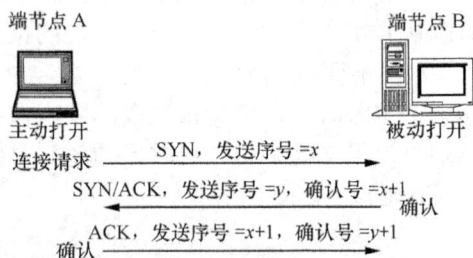

图 6-18 TCP 连接建立过程示意图　　　　图 6-19 TCP 连接释放过程示意图

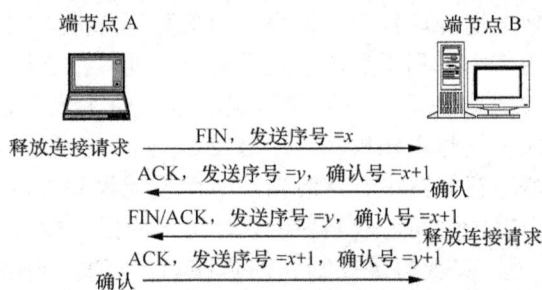

具体连接建立过程如下。

① A 向 B 发送连接请求，发送的请求报文段首部中的 SYN 标志位有效，发送序号为 x。

② B 收到 A 的请求报文段后，发送应答报文段给 A，报文段首部中的 SYN 和 ACK 标志位都有效，发送序号为 y，确认号为 $x+1$。

③ A 收到 B 的应答报文段后，也发送应答报文段给 B，其中 ACK 标志位有效，发送序号为 $x+1$，确认号为 $y+1$，通知 B 连接已建立。这样，A 和 B 之间的全双工的连接同时建立。

注意，在 B 发送应答报文段给 A 时，系统处于半连接状态，B 同意与 A 建立连接，并为之预留必要的资源（如缓冲区等），如果一个服务器在较短时间内接到大量连接请求，而这些请求都处于半连接状态，由于资源有限，服务器允许并发的连接数是有限的，这使得资源耗尽后，如再有新的连接请求将得不到正常响应。拒绝攻击服务（Denial of Service，

DoS）就利用了 TCP 的这个弱点。

具体连接释放过程如下。

① A 向 B 发送释放连接请求，释放连接请求报文段的首部中的 FIN 标志位有效，通知 B 数据已全部发送完毕，发送序号为 x。

② B 收到 A 的释放请求报文段后，若还有数据要发送，则发送应答报文段给 A，报文段首部中的 ACK 标志位有效，应答报文首部中的发送序号为 y，确认号为 $x+1$，通知 A 可以释放 A 到 B 之间的单向连接了，即 A 不能再向 B 发送数据，但仍能接收 B 发来的数据。否则转到④。

③ A 收到 B 的应答报文段后，也发送应答报文段给 B，其中 ACK 标志位有效，发送序号为 $x+1$，确认号为 $y+1$，通知 B 连接已释放。这样，A 到 B 之间的单向的连接释放，相关资源归还给系统。直到 B 数据全部发送完毕后，执行④。

④ B 也发送释放请求报文段给 A，报文段首部中的 FIN 和 ACK 标志位都有效，应答报文首部中的发送序号为 y，确认号为 $x+1$，通知 A 数据已全部发送完毕，可以释放双向连接了。

⑤ A 收到 B 的释放请求报文段后，也发送应答报文段给 B，其中 ACK 标志位有效，发送序号为 $x+1$，确认号为 $y+1$，通知 B 连接已释放。这样，A 和 B 之间的全双工的连接全部释放，相关资源归还给系统。

6.3.2.2 UDP

1．UDP 报文格式

UDP 报文分为首部和数据两部分，如图 6-20 所示。

UDP 报文首部中各字段的含义如下。

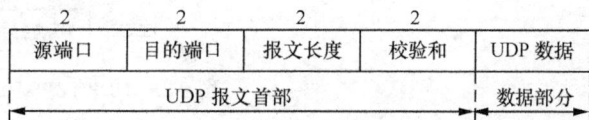

图 6-20　UDP 报文格式

（1）源端口和目的端口。各占 2 字节，源端口和目的端口字段包含的是 UDP 端口号，它使得多个应用程序可以多路复用同一个传送层协议。UDP 仅通过不同的端口号来区分不同的应用程序。

（2）长度。占 2 字节，表示该 UDP 数据包的总长度（以字节为单位），包括 8 字节的 UDP 头和其后的数据部分。最小值是 8（即报文头的长度，表示只有报文头而无数据区），最大值为 65 535 字节。

（3）检验和。占 2 字节，UDP 检验和（Checksum）字段的内容超出了 UDP 数据报文本身的范围，与 TCP 一样，它的值是通过计算 UDP 数据报及一个伪首部的检验和而得到，只是伪首部中的协议代码是 17。

2．UDP 的功能和特点

（1）UDP 的功能

UDP 的功能相对简单，只在 IP 基础之上增加了端口功能和差错检测功能，它提供无连接的、不可靠的、无确认的端对端数据传送服务。

（2）UDP 的特点

① 无连接。使用 UDP 传输数据时不需要建立和释放连接，从而减少了数据传输的开销

和时延。

② 无确认和拥塞控制功能。不能保证数据传输的正确性和可靠性。

③ 传输效率高。UDP 数据单元由首部和数据两部分组成，其首部仅有 8 个字节，短小精悍，所以传输数据的效率比较高。

④ UDP 是面向报文的。UDP 不具有报文的分段和重组功能，当它发送的报文太长时，向下交给 IP 层后，IP 层在传送时可能需要进行分片处理。

⑤ UDP 支持一对一、一对多、多对一和多对多的交互通信。

6.3.2.3 TCP/UDP 工作原理及应用

1. TCP/UDP 工作原理

在传送层中，UDP 和 TCP 都通过端口号实现复用和分用功能，如图 6-21 所示。并利用协议数据单元首部中的检验和字段实现差错检测功能。

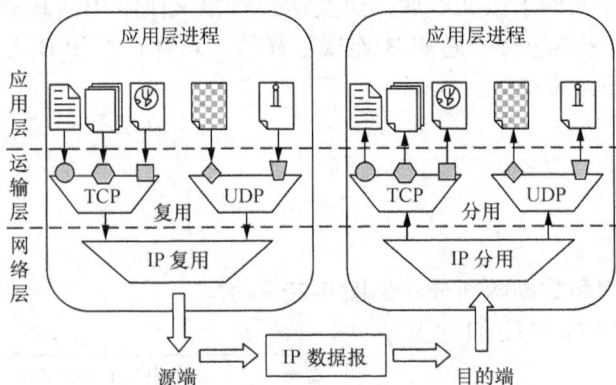

图 6-21　UDP/TCP 复用和分用示意图

UDP 和 TCP 都使用与应用层接口（传送层服务访问点）处的端口与上层的应用进程进行通信。注意，端口不是物理概念，而是传送层服务访问点的各应用进程数据通过对应的某个端口号来标识。各应用进程间需要传送的数据向下提交给传送层时，在 UDP 和 TCP 数据单元的首部中写入源端口号和目的端口号，实现在传送层的复用；而在传送层将接收的各应用进程数据向上提交时，就是根据 UDP 和 TCP 数据单元的首部中的目的端口号，将数据正确地传递到各应用进程，实现在传送层的分用。

通常把端口号分为以下三类。

（1）熟知端口。0～1 023 的端口号已经由 ICANN 负责分配给特定的应用程序来使用，这类端口号称为熟知端口，如表 6-2 所示。

表 6-2　　　　　　　　　　　常用的熟知端口与应用程序对照表

应用程序	FTP	TELNET	SMTP	DNS	TFTP	HTTP	SNMP	SNMP（trap）
熟知端口	21	23	25	53	69	80	161	162

（2）登记端口。1 024～49 151 的端口号是 ICANN 控制的，使用这个范围的端口必须在 ICANN 登记，以防重复。

（3）动态端口。49 152～65 535 的端口号留给客户机进程作为临时端口，可以自由使用。

2．TCP/UDP 的应用

UDP 是无连接的，非常适合于对实时性要求较高的少量数据的传输。TCP 则通过较为复杂的确认和重传机制，提供面向连接的、可靠的数据传输。TCP 和 UDP 支持的应用层协议见表 6-3 所示。

表 6-3　　　　　　　　　　传送层协议支持的应用层协议

传送层协议	支持的应用层协议
TCP	SMTP、TELNET、HTTP、FTP
UDP	DNS、TFTP、RIP、BOOTP、DHCP、SNMP、NFS

6.3.3　网络互连协议

6.3.3.1　IP 数据包格式

网络互连协议（IP）的数据包分为首部和数据两部分，实际应用的 IP 的版本分 IPv4 和 IPv6 两种。

1．IPv4 数据包的格式

IPv4 数据报的首部包含固定的首部和选项两部分，固定的首部长度为 20 个字节，选项字段用来支持排错、测量以及安全等措施。如果没有选项字段，数据在固定的 IP 首部后面开始；如果有选项字段，无论选项内容的长度是否是整行，数据总在选项后面新的一行的行首开始。IPv4 数据包的格式如图 6-22 所示。

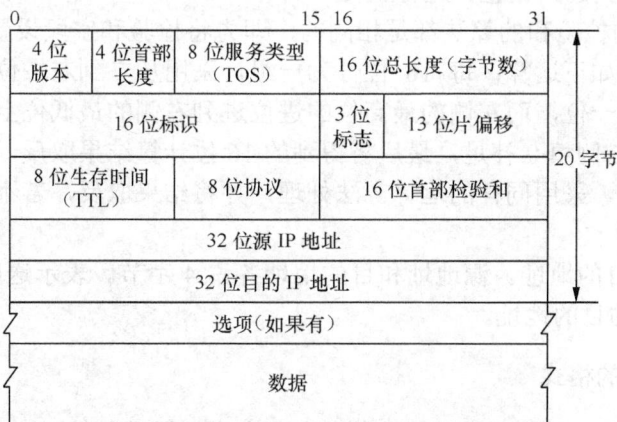

图 6-22　IPv4 数据包的格式

固定首部中各字段的含义如下。

（1）版本。占 4bit，指出使用的 IP 版本号，IPv4 版本号是 4。

（2）首部长度。占 4bit，指示 IP 数据包首部的长度。以 32bit（4 个字节）为计数单位，不包含选项字段。典型的首部长度为 20 个字节，则此字段的值是 5。此字段最大取值为 15，因此 IP 数据包首部最长为 60 个字节。

（3）服务类型（Type Of Service，TOS）。占 8bit，前 3bit 为优先级子字段（已被忽略），4bit 的服务类型子字段和 1bit 未用位（但必须置 0）。4bit 的服务类型子字段分别为：bit4 表示更短时延，bit5 表示更大吞吐量，bit6 表示更高可靠性，bit7 表示更小费用。4bit 中只能置其中的一个 bit。若 4bit 均为 0，为一般服务。

（4）总长度。占 16bit，指整个 IP 数据包的长度，以字节（B）为单位。

利用首部长度字段和总长度字段，就可以知道 IP 数据包中数据内容的起始位置和长度。该字段长 16bit，IP 数据包最长可达 65535B。当数据包被分片时，该字段的值也随着变化。

（5）标识。占 16bit，唯一标识主机发送的每一份数据包。通常每发送一份报文，它的值就会加 1。

（6）标志。占 3bit，只有前两个比特有意义。标志字段中的最低位为 MF（More Fragment），MF=1，表示后面还有分片的数据包；MF=0，表示这已是最后一个数据报片。中间一位记为 DF（Don't Fragment），只有 DF=0 时才允许分片。

（7）片偏移。占 13bit，数据报分片后，该片在原数据报中的相对位置，以 8 个字节为单位。

（8）生存时间（Time-To-Live，TTL）。占 8bit，设置了数据报可以经过的最多路由器数。其初始值由源主机设置（通常为 32 或 64），一旦经过一个处理它的路由器，值就减去 1。当值为 0 时，数据包被丢弃，并发送 ICMP 报文通知源主机。

（9）协议。占 8bit，指出此数据报携带的数据是使用哪一种协议，以便使目的主机的 IP 层知道将此数据包上交给哪个进程。

（10）首部检验和字段。占 16bit，首部检验和字段是根据 IP 首部计算的检验和码。它不对首部后面的数据进行计算。若检验错误，IP 就丢弃收到的数据报。但是不生成差错报文，由上层去发现丢失的数据包并进行重传。

TCP/IP 报文中的检验和的算法都是相同的，即先将检验和字段设置成 0，对检验和检查范围内的各字段进行如下运算：每 16 位分为一组，采用从右到左按位相加的方法，若产生进位，则向左进到下一位，而左侧的最高位的进位进到右侧的最低位上，如此依次计算，若最后不足 16 位，在右侧填 0 补足，最后将得到的 16 位计算结果取反，填到检验和字段。在接收端收到该报文后，采用同样的运算方法处理，并将结果取反，若不为 0，则说明数据传输出错。

（11）源地址和目的地址。源地址和目的地址各占 4 字节。表示送出 IP 数据包的主机地址和接收 IP 数据包的目的地址。

2. IPv6 数据包的格式

IPv6 数据包在基本首部的后面允许有零个或多个扩展首部（extension header），再后面是数据部分，如图 6-23 所示。

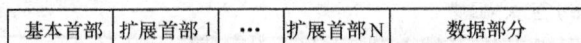

基本首部	扩展首部 1	…	扩展首部 N	数据部分

图 6-23 IPv6 数据包的格式

IPv6 基本首部的格式如图 6-24 所示。

比特 0　　　4　　　　12　16　　　　24　　　31

版本	通信量类	流标号
有效载荷长度	下一个首部	跳数限制

源地址
（128bit）

目的地址
（128bit）

IPv6 的
基本首部
（40B）

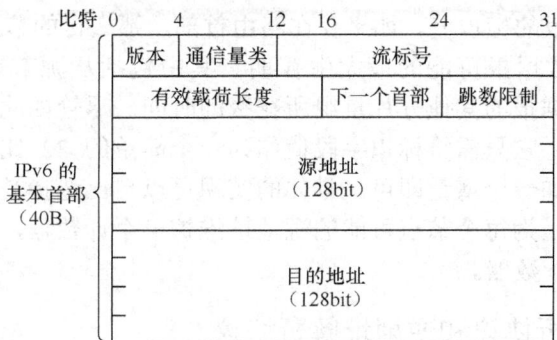

图 6-24　IPv6 基本首部的格式

IPv6 基本首部中的各字段含义如下。

（1）版本（version）。占 4bit，指出使用的 IP 版本号，IPv6 的版本号为 6。

（2）通信量类（traffic class）。占 8bit，表示 IPv6 数据报的类别或优先级。

（3）流标号（flow label）。占 20bit，IPv6 支持资源预分配，并允许路由器将每一个数据报与一个给定的资源分配相联系，用于 QoS 控制。所谓"流"就是互联网络上从特定源点到特定终点（单播或多播）的一系列数据包（如实时音频或视频传输），而在这个"流"所经过的路径上的路由器都保证指明的服务质量。所有属于同一个"流"的数据包都具有相同的流标号。

（4）有效载荷长度（payload length）。占 16bit，表示负载的长度，它包括高层的数据和可能选用的扩展首部。

（5）下一个首部（next header）。占 8bit，用于向后兼容性。当数据包不包含扩展首部时，固定首部中的下一个首部字段就相当于 IPv4 首部中的协议字段，此字段的值指出后面的有效载荷应当交付给上一层的哪一个进程。当有扩展首部时，下一个首部字段的值表示的是后面第一个扩展首部的类型。

（6）跳数限制（hop limit）。占 8bit，生存时间，相当于 IPv4 中的 TTL。

（7）源地址和目的地址。各占 128bit，表示送出 IP 数据包的主机地址和接收 IP 数据包的目的地址。

对于 IPv6 的扩展首部，在 RFC 2460 中定义了以下六种扩展首部，按级别从高到低顺序为：逐跳选项、路由选择（类型 0，即不严格的源站路由选择）、分片、鉴别、封装安全有效载荷、目的站选项。除逐跳选项扩展首部外，路由器都不做处理。IPv6 基本首部中不包含有用于分片的字段，而是在需要分片时，源站便在每一数据报片的基本首部的后边插入一个小的分片扩展首部，分片扩展首部共有以下几个字段。

（1）下一个首部。占 8bit，表示的是后面紧接着的扩展首部的类型。

（2）保留。占 10bit，设置为 0。

（3）片偏移。占 13bit，片偏移是 13 比特的无符号整数。以 8 个八位组为单位，表示首部后面的数据相对于原包中可分片部分的开始位置处的偏移量。

（4）M。占 1bit，标志位 M=1 表示还有分片；M=0 表示这是最后一个分片。

（5）标识符。占 32bit，对于要发送大于去往目的节点的路径 MTU 的数据报，源节点可以将数据报分成若干分片，每个分片单独发送，并且在接收者处进行重组。源节点应为每个要分片的数据报规定一个标识值。这个标识值必须不同于近期之内同一对源节点和目的节点之间其他的分片数据报的标识值。如果存在路由首部，那么目的节点是指最终目的节点。

"近期之内"是指数据报可能的最大生存期。其中包括从源节点到目的节点的传输时间，以及等待与同一数据报的其他分片重组所花费的时间。尽管如此，源节点并没有必要知道数据报的最大生存期。它只需将标识字段值作为一个简单的 32 比特循环计数器，每次将数据报分片时计数器增加一个增量即可。具体的实现可以自己选择是维护一个计数器还是多个计数器，还可以选择是为每个节点可能的源地址维护一个计数器，还是为每个活动的源地址和目的地址维护一个计数器。

6.3.3.2 地址解析协议和逆地址解析协议

在 TCP/IP 网络中 IP 数据包的传送是按照 IP 地址实现寻址的，而在局域网内 IP 数据包封装在 MAC 帧中，按照 MAC 地址实现寻址的。如何建立 IP 地址到 MAC 地址的映射呢？这时就要用到地址解析协议（ARP）和逆地址解析协议（RARP）。注意，由于这两个协议是通过在一个局域网内传送 MAC 帧实现的，所以，有人按照 OSI 的分层划分把它们划分为第二层（数据链路层）的协议，但在 TCP/IP 栈中它们属于网际层的协议。

1. 地址解析协议

地址解析是将主机 IP 地址映射为硬件地址的过程。地址解析协议（ARP）用于由已知目的主机 IP 地址获得在同一局域网中的主机的硬件地址。

在每台安装有 TCP/IP 的计算机中都有一个 ARP 缓存表，表里的 IP 地址与 MAC 地址是相对应的，如表 6-4 所示。

表6-4　　　　　　　　　　　　　　IP 地址与 MAC 地址的对应关系

IP 地址	MAC 地址
192.168.1.1	00-AA-02-36-C0-08
192.168.1.2	00-18-00-24-C4-07
192.168.1.3	00-62-03-4A-C5-06
……	……

以主机 A（192.168.1.1）向主机 B（192.168.1.2）发送数据为例。

当发送数据时，主机 A 会在自己的 ARP 缓存表中寻找是否有目标 IP 地址。如果找到，直接把目标 IP 地址对应的 MAC 地址写入帧里面发送；

若没有找到，主机 A 就会发送一个广播（ARP 请求帧），询问主机 B（192.168.1.2）的MAC 地址。

只有主机 B 接收到这个帧时，才向主机 A 发送 ARP 响应帧，回应主机 B 的 MAC 地址。主机 A 就知道了主机 B 的 MAC 地址，就可以向主机 B 发送数据了。同时它还更新了自己的 ARP 缓存表，下次再向主机 B 发送信息时，直接从 ARP 缓存表里查找就可以了。注意，由于 ARP 中主机 A 不需要去核实是否自己发送过 ARP 请求帧，只要收到 ARP 响应帧，就更新自己的 ARP 缓存表，网络攻击者可利用 ARP 的这个弱点进行地址欺骗。

ARP 缓存表采用了老化机制，在一段时间内如果表中的某一行没有使用，就会被删除，减少了 ARP 缓存表的长度，加快查询速度。

如果两台要通信的主机不在同一局域网内，其实没必要知道远程主机的硬件地址，这时主机通过路由选择协议选择一个与目的网络相连接的路由器，并将该路由器的 IP 地址解析为硬件地址，如果没有这样的路由器，就将默认网关路由器的 IP 地址解析为硬件地址，以便通过路由器转发 IP 数据报。因此，每个主机应该配置有默认网关 IP 地址，即它连接的某个路由器的地址。

因此，只要主机或路由器要和本网络上的另一个已知 IP 地址的主机或路由器进行通信，ARP 协议就会自动将该 IP 地址转换成为相应的 MAC 地址。

2．逆地址解析协议

与地址解析相反，逆地址解析（RARP）是将主机硬件地址映射为 IP 地址的过程。逆地址解析协议用于使只知道自己硬件地址的主机能够知道其 IP 地址，这种主机往往是无盘工作站。这时，局域网中至少要有一个主机充当 RARP 服务器，无盘工作站发送一个广播（RARP 请求帧），其中包含自己的硬件地址。RARP 服务器有一个事先准备好的从无盘工作站的硬件地址到 IP 地址的映射表，收到 RARP 请求帧后，查表找出该无盘工作站的硬件地址，并回送 RARP 响应帧，这样，无盘工作站就能知道自己的 IP 地址。

6.3.3.3　网际控制消息协议

网络控制消息协议（ICMP）属于网络层协议，主要用于在主机与路由器之间传递控制信息，包括报告错误、交换受限控制和状态信息等。当遇到 IP 数据无法访问目标、IP 路由器无法按当前的传输速率转发数据包等情况时，会自动发送 ICMP 消息。

ICMP 报文信息封装在 IP 数据包中，如图 6-25 所示。

ICMP 报文的种类有两种：即 ICMP 差错报告报文和 ICMP 询问报文。

ICMP 差错报告报文共有五种，用于目的站不可达、源站抑制、时间超时、参数问题和改变路由（重定向）五种情况。ICMP 差错报告报文的数据字段由两部分组成，一部分是收到的需要进行差错报告的 IP 数据包的首部，另一部分是 IP 数据包的数据字段的前 8 个字节。

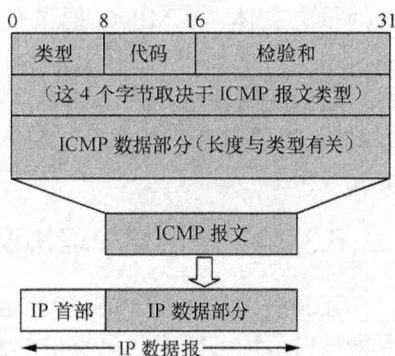

图 6-25　ICMP 报文格式及封装示意图

注意，在下面的几种情况下不应发送 ICMP 差错报告报文。

对 ICMP 差错报告报文不再发送 ICMP 差错报告报文。

对第一个分片的数据报片的所有后续数据报片都不发送 ICMP 差错报告报文。

对具有多播地址的数据包都不发送 ICMP 差错报告报文。

对具有特殊地址（如 127.0.0.0 或 0.0.0.0）的数据包不发送 ICMP 差错报告报文。

ICMP 询问报文有四种，用于回送请求和回答、时间戳请求和回答、掩码地址请求和回答以及路由器询问和通告四种情况。

下面介绍几种常见的 ICMP 报文。

（1）响应请求

我们日常使用最多的 ping，就是响应请求（Type=8）和应答（Type=0），一台主机向一个节点发送一个 Type=8 的 ICMP 报文，如果途中没有异常（例如被路由器丢弃、目标不回应 ICMP 或传输失败），则目标返回 Type=0 的 ICMP 报文，说明这台主机存在，更详细的 tracert 通过计算 ICMP 报文通过的节点来确定主机与目标之间的网络距离。

（2）目标不可到达、源抑制和超时报文

这三种报文的格式是一样的，目标不可到达报文（Type=3）在路由器或主机不能传递数据包时使用，例如我们要连接对方一个不存在的系统端口（端口号小于 1024）时，将返回 Type=3、Code=3 的 ICMP 报文，常见的不可到达类型还有网络不可到达（Code=0）、主机不可到达（Code=1）、协议不可到达（Code=2）等。源抑制则充当一个控制流量的角色，它通知主机减少数据包流量，由于 ICMP 没有恢复传输的报文，所以只要停止该报文，主机就会逐渐恢复传输速率。最后，无连接方式网络的问题就是数据包会丢失，或者长时间在网络游荡而找不到目标，或者拥塞导致主机在规定时间内无法重组数据报分段，这时就要触发 ICMP 超时报文的产生。超时报文的代码域有两种取值：Code=0 表示传输超时，Code=1 表示重组分段超时。

（3）时间戳

时间戳请求报文（Type=13）和时间戳应答报文（Type=14）用于测试两台主机之间数据包来回一次的传输时间。传输时，主机填充原始时间戳，接收方收到请求后填充接收时间戳后以 Type=14 的报文格式返回，发送方计算这个时间差。一些系统不响应这种报文。

注意，上述介绍的是 IPv4 版本中的 ICMP，在 IPv6 版本中有对应的 ICMP ICMPv6，其报文格式与 IPv4 中的相似，前 4 个字节是一样的，但 ICMPv6 把第 5 个字节起的后面部分作为报文主体。ICMPv6 把报文分成两类，即差错报文和提供信息的报文。差错报文有四种，用于目的站不可达、分组太长、时间超时和参数问题四种情况。提供信息的报文有两种，用于回送请求和回送回答两种情况。ICMPv6 报文信息的前面是 IPv6 首部和零个或多个 IPv6 扩展首部。注意，ICMPv6 在 IP 数据包首部的协议号为 58，而 IPv4 中的 ICMP 的协议号为 1。

6.3.3.4 互连组管理协议

互联组管理协议（IGMP）运行于主机和与主机直接相连的组播路由器之间，是 IP 主机用来报告多址广播组成员身份的协议。

IGMP 定义了两种报文：成员关系报告报文和成员关系询问报文。IGMP 主机可以通过成员关系报告报文通知本地路由器希望加入并接收某个特定组播组的信息；路由器通过成员关系询问报文周期性地查询局域网内某个已知组的成员是否处于活动状态。

IGMP 报文信息封装在 IP 数据包中，其 IP 数据包首部的协议号为 2。IGMP 具有三种版本，即 IGMPv1、IGMPv2 和 IGMPv3。

IGMPv1：主机可以加入组播组，没有离开信息（Leave Messages）。路由器使用基于超时的机制去发现其成员不关注的组。

IGMPv2：该协议包含了离开信息，允许迅速向路由协议报告组成员终止情况，这对高带宽组播组或易变型组播组成员而言是非常重要的。

IGMPv3：与以上两种协议相比，该协议的主要改动为：允许主机指定它要接收通信流量的主机对象，而来自网络中其他主机的流量是被隔离的，IGMPv3 支持主机阻止那些来自于非要求的主机发送的网络数据包。

IGMP 变种有：

距离矢量组播路由选择协议（Distance Vector Multicast Routing Protocol，DVMRP）；

IGMP 用户认证协议（IGMP for user Authentication Protocol，IGAP）；

路由器端口组管理协议（Router-port Group Management Protocol，RGMP）。

注意，上述介绍的是 IPv4 版本中的 IGMP，在 IPv6 版本中没有对应的 IGMP，因为其功能已包含在 ICMPv6 中了。

6.4　OSI-RM 与 TCP/IP 网络体系结构的比较

OSI-RM 和 TCP/IP 网络体系结构有很多相似之处。它们都是基于独立的协议栈的概念，而且层的功能也大体相似。这两个模型中，传送层及传送层以上的层都为通信提供端对端的、与网络无关的传送服务，这些层构成了传输的提供者。

除了有很多相似之处外，这两个网络体系结构也有很多不同，如图 6-26 所示。下面讨论两个网络体系结构的主要差别。

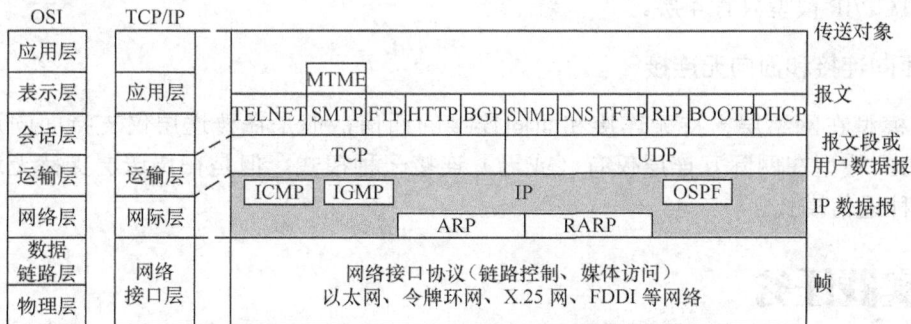

图 6-26　TCP/IP 与 OSI-RM 各层的对应关系

1. 服务、接口和协议等基本概念的差别

OSI-RM 有三个主要的概念，即服务、接口和协议。也许 OSI-RM 最大的贡献是将服务、接口和协议这三个概念之间明确化。

（1）每一层都为它上面的层提供服务。服务说明该层提供什么功能，而不管上面的层如何访问它或怎样工作。

（2）某一层的接口告诉上面的进程如何访问它。它定义需要的参数以及预期的结果。同样，它与该层怎样工作无关。

（3）某一层中使用的对等协议是该层的内部事务。它可以使用任何协议只要能够完成工作，也可以改变使用的协议且不影响到它上面的层。

TCP/IP 最初没有明确区分服务、接口和协议的概念，后来人们试图改进它以便接近 OSI，于是很多教程为了讲述时理论性更强，将 TCP/IP 的网络接口层用 OSI-RM 中的物理层和数据链路层替代，得到了 5 层的网络体系结构。

作为事实上的工业标准，TCP/IP 网络体系结构由具体的实用的协议所组成。OSI-RM 只定义了每层的协议功能和相邻层间的接口和服务，具体协议怎么实现没有限定。因此，OSI-RM 中的协议比 TCP/IP 的更具有隐蔽性，在技术发生变化时能够相对比较容易地替换，这也是把协议分层的主要目的之一。

2．模型与协议的关系

OSI-RM 的产生在协议发明之前。这意味着该模型没有偏向于任何特定的协议，因此通用性强。但是不利的方面是设计者在协议方面缺乏经验，不知道应该把某些功能放到哪一层。例如，流量控制和差错控制功能等。当人们开始用 OSI-RM 和现存的协议组建真正的网络时，才发现它们不符合要求的服务规范，因此在模型中增加子层以弥补不足。例如，数据链路层最初只处理点对点的网络。当广播式网络出现以后，就不得不在该模型中再加上一个子层。

而 TCP/IP 却正好相反，首先出现的是协议，模型实际上是对已有协议的描述，因此不会出现协议不能匹配模型的情况，它们匹配得相当好。唯一的问题是该模型不适合于描述除 TCP/IP 模型之外的任何协议。

3．层次的划分

在 OSI 和 TCP/IP 两个网络体系结构之间，最明显的差别是层的数量不同。OSI 模型为 7 层，而 TCP/IP 模型只有 4 层。

4．面向连接和面向无连接

OSI 模型在网络层支持无连接和面向连接的通信，但是在传送层仅支持面向连接的通信。TCP/IP 模型在网际互连层仅有（或无）连接一种模式，但是在传送层支持无连接和面向连接两种通信模式。

6.5　实践任务

任务一：安装抓包分析软件

任务内容：
（1）下载抓包分析软件 Wireshark。
（2）完成抓包分析软件 Wireshark 安装。
（3）熟悉抓包分析软件 Wireshark 的使用方法。
任务要求：
（1）安装抓包分析软件 Wireshark 并熟悉其使用方法。
（2）遵守操作规程。

任务二：抓包分析

任务内容：
（1）使用 Wireshark 抓包分析 IP 报文格式。
（2）使用 Wireshark 抓包分析 ICMP 报文格式。
（3）使用 Wireshark 抓包分析 TCP 报文格式。
（4）使用 Wireshark 抓包分析 ARP 报文格式。

（5）使用 Wireshark 抓包分析 DIX Ethernet V2 帧格式。

任务要求：

（1）使用抓包分析软件 Wireshark 完成抓包分析任务，图文并茂地写明抓包的具体步骤及分析结果。

（2）遵守操作规程。

小结

1．网络通信双方进行数据交换和建立的规则、共同遵守的约定的集合叫作通信协议。通信协议采用分层结构。由于网络的分层结构形式，协议也往往采用分层结构形式，与网络的各层功能相对应。

2．开放系统互连模型（OSI-RM）是国际标准化组织（ISO）制定的正式标准，它提供概念性和功能性结构，利用层次结构可以把开放系统的信息处理交换分解在一系列层次结构中。OSI-RM 把一个系统结构分为 7 层：物理层、数据链路层、网络层、运输层、会话层、表示层和应用层，每层配置了相应的协议，规定了各层协议的功能及向上提供的服务。

3．物理层是建立在物理介质的基础上，实现数据网络系统与物理介质的接口，提供了有关同步和全双工比特流在物理介质上的传输手段，其传送数据的基本单位是比特，典型协议有 RS-232C、RS449/422/423、V.24、V.28、X.24 和 X.21。物理层接口描述了 4 种基本特性：机械特性、电气特性、功能特性和规程特性。

4．数据链路层的基本功能是在物理层的基础上，负责数据链路的建立、维持和释放，差错控制，流量控制等。提供相对无差错的帧传输。数据链路层传送数据的基本单位一般是帧。常用的数据链路层规程有基本型传输控制规程和高级数据链路控制规程两种。

5．网络层主要功能是：路由选择、差错控制、流量控制等，传送数据的基本单位是分组，网络层的协议是 X.25 分组级协议。

6．一般把 TCP/IP 模型看成是由 4 层模型组成，这 4 层分别是网络接口层、网际层、传送层、应用层。

7．在 TCP/IP 模型的应用层中，定义了大量的 TCP/IP 应用协议，其中最常用的协议包括文件传送协议（FTP）、超文本传送协议（HTTP）、简单邮件传送协议（SMTP）、虚拟终端（TELNET）；远程登录（Telnet），常见的应用支撑协议包括域名服务（DNS）和简单网络管理协议（SNMP）等。

8．TCP 通过确认和重传机制，提供面向连接的、可靠的、带确认的、端对端的全双工通信服务。

9．UDP 的功能相对简单，只在 IP 基础之上增加了端口功能和差错检测功能，它提供无连接的、不可靠的、无确认的端对端数据传送服务。

10．IP 数据报分为首部和数据两部分，实际应用的 IP 的版本分 IPv4 和 IPv6 两种。

11．地址解析是将主机 IP 地址映射为硬件地址的过程。地址解析协议（ARP）用于由已知目的主机 IP 地址获得在同一局域网中的主机的硬件地址。

12．ICMP 属于网络层协议，主要用于在主机与路由器之间传递控制信息，包括报告错误、交换受限控制和状态信息等。当遇到 IP 数据无法访问目标、IP 路由器无法按当前的传输速率转发数据包等情况时，会自动发送 ICMP 消息。

13．IGMP 运行于主机和与主机直接相连的组播路由器之间，是 IP 主机用来报告多址广播组成员身份的协议。

习题

6-1　物理层的主要功能是什么？物理链路与数据链路有什么区别？

6-2　试画出 OSI 参考模型，并简述 OSI 参考模型各层的主要功能。

6-3　物理层协议中规定的物理接口的基本特性由哪些？说明其基本概念。

6-4　数据链路层的主要功能有哪些？

6-5　数据链路传输控制规程分为哪两大类？

6-6　请画出 HDLC 的帧结构，并说明各字段的含义。

6-7　网络层的主要功能有哪些？

6-8　OSI-RM 中低层和高层协议是如何区分的？

6-9　试画出 TCP/IP 模型，并简述 TCP/IP 模型各层的主要功能。

6-10　试画出沙漏计时器形状的 TCP/IP 协议族，并说明各层协议是什么功能。

6-11　请画出 TCP 和 UDP 报文的格式，并说明各字节的含义。

6-12　请画出 IPv4 报文的格式，并说明各字节的含义。

6-13　地址解析协议（ARP）的功能是什么？

6-14　ICMP 的功能是什么？

6-15　IGMP 报文信息是如何封装的？

6-16　简述 OSI-RM 与 TCP/IP 网络体系结构的异同。

第 7 章

数据通信网

【本章任务】了解数据通信网的网络结构，重点掌握城域网的网络结构，能够分析本地城域网的网络结构；能够对数据包在网络中的传输过程进行仿真并分析。

7.1　数据通信网络结构

数据通信网按覆盖范围可分为：局域网（Local Area Network，LAN）、城域网（Metropolitan Area Network，MAN）和广域网（Wide Area Network，WAN）。

① 局域网。将一个校园、一个单位或一栋大楼等有限范围内的计算机、外设等通过通信设备连接起来就组成了局域网。其覆盖范围较小，通常为几十米到几千米。

② 城域网。将一个城市范围的局域网、计算机系统等计算资源通过通信设备连接起来就组成了城域网。

③ 广域网。广域网又称远程网（Remote Computer Network，RCN）。广域网将分布在相距很远的不同地理位置的局域网、计算机系统等计算资源通过远程的通信链路连接起来，实现更大范围的资源共享。

7.1.1　局域网

局域网（LAN）是目前最成熟、应用最广泛的一种计算机网络。因特网就是由大小不同、各具特色的局域网通过广域网连接而成的，因此局域网可以看作是组成计算机网络的细胞。局域网的地理范围和站点数目均有限，具有传输速率高、延迟小、误码率低等特点。

1. IEEE 802 标准

IEEE 于 1980 年就成立了 IEEE 802 委员会，专门研究制定有关局域网的参考模型和标准，其陆续推出的一系列标准统称为 IEEE 802.x，其中 x 对应不同类型的局域网或不同的协议层。IEEE 802 标准（部分）如表 7-1 所示。

表 7-1　　　　　　　　　　　　　　　　　IEEE 802 标准

标准	描述内容	标准	描述内容
IEEE 802.1（A）	综述及网络体系结构	IEEE 802.7	宽带技术
IEEE 802.1（B）	寻址、网际互连和网络管理	IEEE 802.8	光纤技术
IEEE 802.2	逻辑链路控制层	IEEE 802.9	语音数字综合局域网
IEEE 802.3	共享总线网/以太网	IEEE 802.11	无线局域网

标准	描述内容	标准	描述内容
IEEE 802.4	令牌总线网	IEEE 802.14	交互式电视网
IEEE 802.5	令牌环网	IEEE 802.15	无线个人区域网
IEEE 802.6	城域网	IEEE 802.16	宽带无线网

局域网实现了 OSI-RM 中的数据链路层和物理层两层的功能。IEEE 802 标准就是针对这两层制定的。只是 IEEE 802 标准将数据链路层又分成逻辑链路控制（Logic Link Control，LLC）子层和介质访问控制（Medium Access Control，MAC）子层，MAC 子层又细分成帧封装与解封装，以及介质访问控制两个功能层；物理层又分成物理信令（Physical Signaling，PLS）子层和物理介质连接（Physical Medium Attachment，PMA）子层，PMA 子层和物理介质又称介质访问/连接单元（Medium Access/Attachment Unit，MAU）。IEEE 802 局域网体系结构如图 7-1 所示。

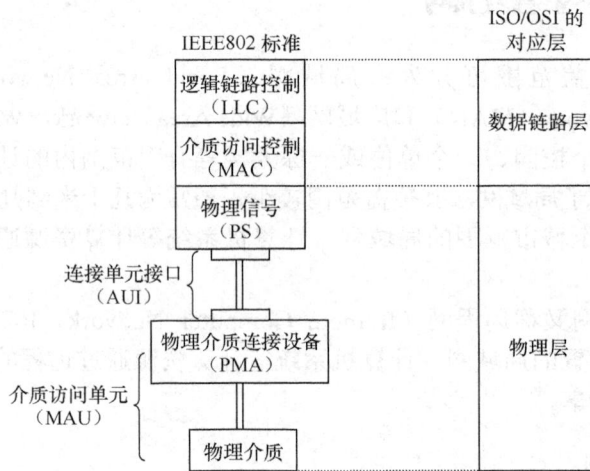

图 7-1　IEEE 802 局域网体系结构图

2．介质访问控制方式

局域网中的各节点常通过共用的通信线路连接在一起，这样由共用通信线路形成的信道被局域网中的多个节点所共享。在同一时刻，共享信道只能由一个节点使用，若多个节点同时使用则会导致冲突，各节点发送的信号在共享信道上混杂在一起，以至于相互影响，无法区分。所以，对共享信道的使用要进行控制，这称为介质访问控制或媒体接入控制。各节点获得共享通信介质使用权的方式称为介质访问控制方式。

共享信道的介质访问控制方式有如下两种。

（1）随机接入。各节点随机获得通信介质的使用权，随机发送数据，这种方式在多个节点同时使用共享信道时会产生碰撞或冲突，因此必须有协议来控制各个节点对共享信道的使用，以避免冲突，解决对共享信道的竞争，如以太网中采用的是 CSMA/CD 协议。

（2）受控接入。各节点不是随机地而是受控地使用共享信道进行通信，这样各节点在使用信道时就不会发生冲突。如在令牌环网中，有一个称为令牌的数据帧在环型共享总线上进行移动，每个节点若想发送数据必须事先获得令牌，然后才能发送数据，待发送完数据后再释放令牌，通过令牌来控制环上各个节点对共享信道的使用。

根据介质访问控制方式不同，局域网可分为共享总线网/以太网、令牌总线网和令牌环网三种不同的类型。但是 MAC 子层向上对 LLC 子层屏蔽了下层的传输信道的媒体介质的诸多差异，LLC 子层与传输媒体无关，因此不同类型的局域网从 LLC 子层以上来看都是透明的。

3．局域网的应用

局域网的使用已相当普遍，其主要用途有以下 6 点。

（1）共享打印机、绘图机等费用较高的外部设备。

（2）通过文件服务器来管理共享文件，提供大容量的存储服务。

（3）通过公共数据库共享各类信息。

（4）通过 OA 系统实现信息化办公和管理。

（5）向用户提供各种应用服务。例如，文件传送服务、电子邮件服务、万维网（WWW）服务、域名解析服务和代理服务等。各种应用服务可以由局域网内的各种应用服务器来提供，也可以通过网关由连接的外网上的各种应用服务器来提供。

（6）网络游戏、视频点播（Video on Demand，VoD）和即时通信（Instant Messaging，IM）等交互性服务。

4．局域网实例

局域网的网络分布架构与入网计算机的节点数量和网络分布情况直接相关。局域网根据入网计算机的数量可分为小型局域网、中型局域网和大型局域网。

如果所建设的局域网是由空间上集中的几十台计算机构成的小型局域网，在逻辑上可以不用考虑分层，使用一组或一台交换机连接所有的入网节点即可。

如果所建设的局域网在规模上是由几十台至几百台入网节点计算机组成的网络，在空间上分布在一座建筑物的多个楼层或多个部门，这样的网络称为中小型局域网。在设计上常常分为核心层和接入层两层考虑，接入层节点直接连接进核心层节点。

如果所建设的局域网在规模上是一个由数百台至上千台入网节点计算机组成的网络，在空间上跨越在一个园区的多个建筑物，则称这样的网络为大型局域网。对于大型局域网，通常在设计上将它组织成为核心层、汇聚层和接入层分别考虑。接入层节点直接连接用户计算机，它通常是一个部门或一个楼层的交换机；汇聚层的每个节点可以连接多个接入层节点，通常它是一个建筑物内连接多个楼层交换机或部门交换机的总交换机；核心层节点在逻辑上只有一个，它连接多个分布层交换机，通常是一个园区中连接多个建筑物的总交换机的核心网络设备。

现以某学校的校园网为例，说明大型局域网的结构，如图 7-2 所示。

该校园网由教学楼、办公行政楼、图书馆、宿舍楼、综合楼（信息网络中心）组成。网络结构分为接入层、汇聚层和核心层三层。核心层交换机通过光纤连接到办公行政楼及教学楼、综合楼、图书馆、宿舍楼的汇聚层交换机。汇聚交换机分别连接到各楼栋的接入层交换机，通过双绞线连接到各个信息面板上。信息网络中心通过光纤接入，连接到一台核心交换机和服务器群，再连接到防火墙，连接外网。服务器群组包括一台对外 Web 服务器，放的是学校的官方网站；一台内网 Web 服务器，是学校的内部网站；一台 FTP 服务器，由于FTP 流量比较大，所以可以增加一台 FTP 服务器。

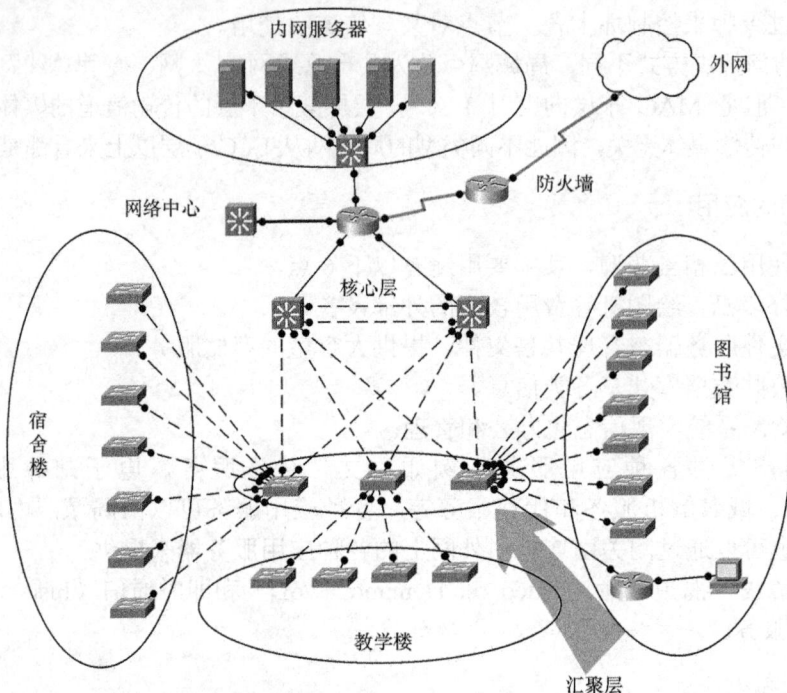

图 7-2　校园网的网络结构

7.1.2　城域网

1．城域网的基本概念

城域网（MAN）最初是一个计算机网络概念，指的是覆盖范围为一个城市大小的计算机网络。在 IEEE 802 系列标准中 IEEE 802.6 是关于城域网的标准，但是 IEEE 802.6 工作组已处于休眠状态，现在的城域网使用因特网的工作标准进行创建和管理。城域网通常是指城域以太网/IP 城域网，提供面向公众的多种宽带数据业务，属于数据网的范畴。

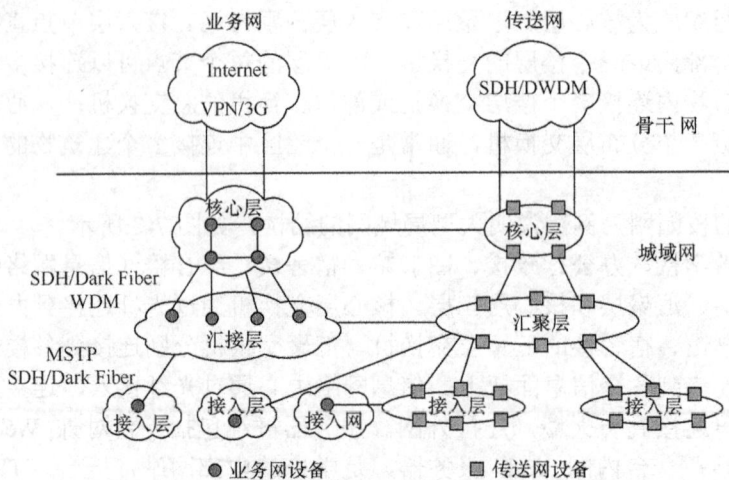

图 7-3　城域网的层次划分示意图

城域网的层次划分如图 7-3 所示。城域网的层次划分可以从两个方面来分析，即纵向和横向划分。所谓纵向划分是按照所对应的不同网络分层加以区别，比较常见的是分成传送网和业务网，传送网是业务网的物理承载平台，应该适应不同业务网的相关需求，传送网的主要功能是完成链路建立、带宽管理和业务疏导；业务网是业务实现的平台，应该满足不同业务的相关需求，业务网的主要功能是负责完成净荷的封装和对传送层的电路信息进行交换处理。

横向划分时，常把城域网分为三层结构：核心层、汇聚层和接入层。核心层主要为各业务汇聚节点提供高速的承载和传输通道，同时实现与既有网络的互连；汇聚层主要完成本地业务的区域汇接，进行业务汇聚、管理与分发处理；接入层则主要利用各种接入技术和线路资源实现对用户的覆盖。

值得强调的是，城域网的层次分为三层并不是固定的，这与城市规模、业务类型等一系列因素都有关系。在中小城市，则可以简化为两层，只有核心层、汇聚层（汇聚层和接入层综合在一起）；而在另外一些城市，可能汇聚层与核心层集成在一起，只有核心层（汇聚层）与接入层。运营商根据自己的网络规模、业务分布来决定网络的层次。另外，随着城域网网络规模的扩大，其接入层面与客户网络有了越来越多的重叠，接入网络有被边缘化的趋势。对于商业大厦、写字楼等大用户，可将光纤延伸至大楼，直接与那里已有的 LAN 相连，从而使城域网接入部分等同于客户网络。

2．宽带 IP 城域网

（1）宽带 IP 城域网的网络结构

随着基于 IP 的业务种类的增加，采用基于 IP 的网络技术建立支持多种业务的统一网络平台已经成为一种经济、高效的城域网建设方法。宽带 IP 城域网可以认为是各运营商宽带 IP 骨干网在各城市范围内的延伸，可以支持高速上网、带宽租用、虚拟专用网（VPN）、窄带拨号接入、视频、语音等各种多媒体业务，是以电信网络的可管理性、可扩充性为基础，来满足政府部门、企业、个人用户对各种带宽的基于 IP 的多媒体业务的需求。其典型技术特征是在城域范围内实现了传输的宽带化和节点的宽带化，使得城域网从接入到核心各个部分都实现了宽带化。

宽带 IP 城域网的网络结构通常分为三层：核心层、汇聚层和接入层。如图 7-4 所示。核心层网络完成高速数据转发的功能。汇聚层网络节点则主要实现扩展核心层设备的端口密度和端口种类、扩大核心层节点的业务覆盖范围、汇聚接入节点、解决接入节点到核心节点间光纤资源紧张问题、实现接入用户的可管理性等功能。接入层网络节点主要是将不同地理分布的用户快速有效地向上接入到骨干网。

（2）宽带 IP 城域网的骨干网技术

宽带 IP 城域网的核心层和汇聚层设备组成宽带 IP 城域网的骨干网。作为网络连接和交换的平台，宽带 IP 城域网的骨干网需要快速的交换和转发能力，还要有冗余链路以保证网络安全可靠、良好的流量控制和 QoS 等。宽带 IP 城域网的骨干网技术突飞猛进，针对不同的运营环境有 ATM、GE、POS、WDM 和 DPT（Dynamic Packet Transport，动态分组传输）等多种技术可供选择。

① IP over ATM。IP over ATM 的基本原理和工作方式为：将 IP 数据包在 ATM 层全部封装为 ATM 信元，以 ATM 信元形式在信道中传输。当网络中的交换机接收到一个 IP 数据

包时，首先根据 IP 数据包的 IP 地址通过某种机制进行路由地址处理，按路由转发。随后，按已计算的路由在 ATM 网上建立虚电路（VC）。以后的 IP 数据包将在此虚电路 VC 上以直通（Cut-Through）方式传输而不再经过路由器，从而有效地解决了 IP 的路由器的瓶颈问题，并将 IP 包的转发速度提高到交换速度。

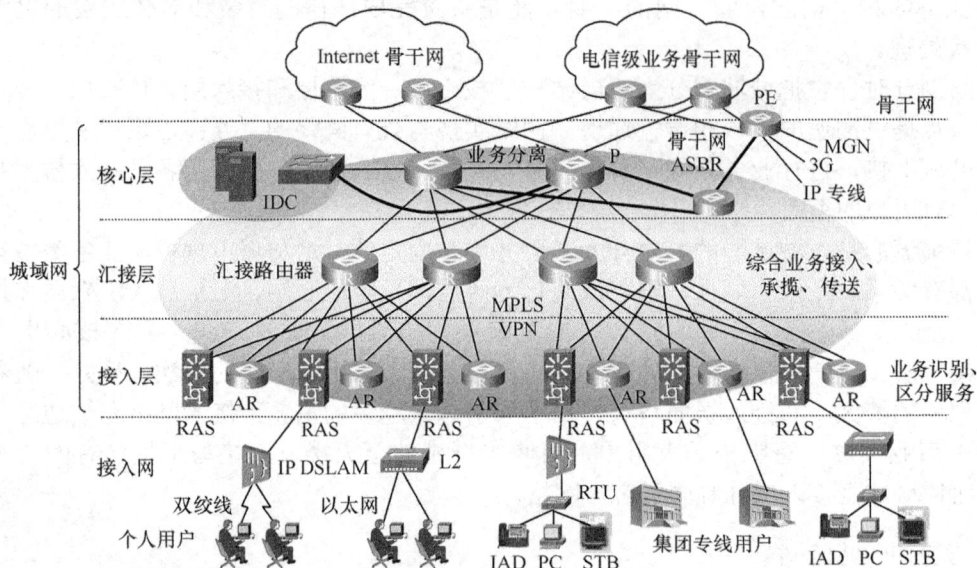

图中：ASBR：自治系统边界路由器（Autonomous System Border Router）
IDC：互联网数据中心（Internet Data Center）　　　　　　L2：2 层交换机
P/PE：运营商的主干 / 边缘路由器　　　　　　RTU：远程终端单元（Remote Terminal Unit）
RAS：远程访问服务器（Remote Access server）　　　AR：接入路由器（Access Router）
IAD：综合接入设备（Integrated Access Device）　　　STB：机顶盒（Set Top Box）

图 7-4　宽带 IP 城域网的网络结构

② GE。吉比特以太网（GE）无论是在技术成熟度、标准化方面，还是在价格等方面都是一个更合适的选择。未来 10 吉比特以太网（10GE）将会是宽带 IP 城域网技术的主要发展方向。

③ POS。IP over SDH，也称 Packet over SDH（POS）。IP Over SDH 以 SDH 网络作为 IP 数据网络的物理传输网络。使用 SDH 链路及 PPP 协议对 IP 数据包进行封装，把 IP 分组根据 RFC1662 规范简单地插入到 PPP 帧中的信息段。然后再由 SDH 通道层的业务适配器把封装后的 IP 数据包映射到 SDH 的同步净荷中，然后向下，经过 SDH 传送层和段层，加上相应的开销，把净荷装入一个 SDH 帧中，最后到达光层，在光纤中传输。

④ IP over WDM。IP over WDM 也叫光因特网或 IP 优化光互联网，是指直接在光网上运行的因特网。它是一种由高性能 WDM 设备、吉比特和太比特路由交换机组成的数据通信网络，综合利用 IP 技术和基于 WDM 的光网络技术，交换机与路由器之间可通过光纤直接相连或连至光网络层。

⑤ DPT。动态分组传输（DPT）是一种提供 SONET/SDH 传输经常所需的可靠性和恢复功能而无需增加不必要的 IP 业务开销的技术。DPT 采用两条反向循环的光纤环路，能够使两条光纤同时用于传输数据和控制业务。DPT 将 IP 路由选择高效的带宽利用、丰富的业务功能与光纤环路的大量带宽及自愈功能充分结合起来，提供现有解决方案无法提供的成本

和功能优势。

3．城域网的应用

宽带城域网的业务应用大致包括如下分类。

（1）宽带上网、LAN 上网等宽带接入业务

随着各种宽带接入技术的成熟和普及，可以向用户提供以 xDSL、FTTx+LAN、HFC、无线（Wireless）等多种上网选择，也使跨越城域网的局域网（LAN）互连成为可能，用户接入的宽带化促进了网上各种宽带业务的发展，目前主要采用的是 10/100M 以太网到桌面的方式。

（2）视频点播（VOD）、MP3 音乐、网上游戏等网络应用业务

随着人们生活水平和质量的提高，生活节奏和竞争的加剧，人们对音乐和影视节目的需求日益增长，希望通过娱乐和游戏来放松自己，如何做到足不出户就能尽收各种节目，宽带网日渐成为人们享受生活的方式之一。

（3）远程教育、远程医疗应用业务

多媒体远程教育系统以视频/音频工业的最复杂的压缩和传送技术为基础，采用标准 RTP 并且已把高品质的视频/音频和 HTML 页面紧密结合，可实现视频、音频、图像和文字教学材料在网上的等时同步传输。远程医疗是使用远程通信技术和计算机多媒体技术提供医疗信息和服务。对于偏远地区和师资、医疗技术力量薄弱的地区，远程教育、远程医疗的开展无疑是十分有益的。

（4）电视会议业务

电视会议就是利用电视技术和设备通过传输信道在两地或多个地点开会的一种通信手段。宽带城域网的建设为电视会议提供了可靠的网络平台，电视会议在企业中的应用越来越多。

（5）虚拟专用网（VPN）、局域网到局域网互连业务

虚拟专用网（VPN）的需求一直是各类企业，尤其是跨地区的企业所急需的，城域网的宽带化为此提供了网络保证。

（6）端口出租、主机托管、虚拟 ISP 业务

对于网络运营商来说，对各类 ISP 和 ICP 提供多样化的服务和灵活的网络资源组合，是取得效益增长的一个有效途径。

4．城域网实例

某市的教育城域网是以该市电信提供的 MPLS-VPN 形式为承载构建的宽带城域网，该市的教育管理系统及教育教学应用系统等大型应用系统均在专网内实现，各个学校通过 10/100M 链路接入 MPLS VPN 网络。各个学校通过 MPLS VPN 网络同中心连接在一起，形成一个巨大的园区网。访问中心的资源，并通过中心来访问 Internet，由中心统一提供 Internet 公网出口，确保系统内的安全性。

该市教育城域网建设是以市电教馆（教育信息中心）作为主中心。在各区建立分中心。每个分中心有三个出口：一个是用来连接 Internet 的，作为每个中心所对应下属中小学的出口；一个是用作下联的接口，该接口作为汇聚区域内所有中小学的接口；还有一个是用来连接到主中心的接口，各分中心通过主中心节点实现各分中心之间的互连。

整个城域网由四大部分组成：城域网核心区域；城域网数据中心区域；电教馆办公接入区域；城域网下属学校接入区域。该市教育城域网网络结构如图 7-5 所示。

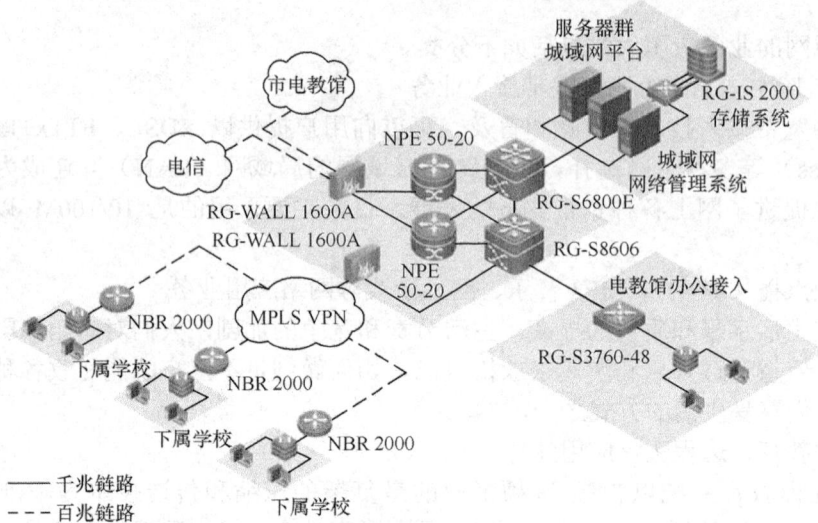

图 7-5 某市教育城域网网络结构

城域网核心区域由三部分组成：核心交换机、出口路由器（NAT 处理引擎）、出口防火墙。城域网核心交换机负责城域网数据的高速交换，城域网所有访问的流量都将经过核心交换转发。城域网主核心采用 IPV6 核心路由交换机 S8606，城域网辅核心采用 S6800E 系列的路由交换机。城域网中心出口路由器负责所有通过城域网中心上互联网和市教育城域网的数据转发和 NAT 处理。配置的 NAT 处理引擎为 NPE50-20。城域网出口防火墙负责城域网安全策略方面的控制。在学校接入城域网的线路上放置一台具有吉比特以太网接口的防火墙 RG-WALL 1600A，用来控制和过滤学校内部的攻击和病毒；在城域网上互联网出口的线路上放置一台具有吉比特以太网接口的防火墙 RG-WALL 1600A，用于控制和过滤外网进来的病毒和攻击。

城域网数据中心区域是城域网所有数据存储的中心，主要由服务器和存储系统组成。

在教育局办公区域需要接入到城域网，在该区域放置一台具有吉比特以太网接口的汇聚交换机 RG-S3760-48，负责办公区域的汇聚和安全控制。

城域网下属学校的接入区域主要是负责将各个学校接入到城域网中，提供访问城域网和互联网的路径。在每个学校的出口放置一台能够防病毒防攻击的出口路由器 RG-NBR 2000，在每个学校的出口启用安全策略，严格限制各学校之间的相互访问，严格控制对城域网的访问，防止大量的攻击流量攻击城域网核心。

7.1.3 广域网

广域网（WAN）也称远程网。通常跨接很大的物理范围，所覆盖的范围从几十公里到几千公里，它能连接多个城市或国家，或横跨几个洲并能提供远距离通信，形成国际性的远程网络。

常用的广域网包括分组交换网（X.25）、帧中继网（FRN）、数字数据网（DDN）、ATM网等公用数据通信网。

1. 分组交换网

分组交换网是采用分组交换技术的广域网。分组交换网从 20 世纪 70 年代中期开始在世界各国迅速发展和相继建立。几乎所有工业发达国家和相当部分发展中国家都建立了公用分组交换网。

我国内地的公用分组交换网试验网 CNPAC 于 1989 年建成，并正式开放业务，1993 年完成了二期工程 CHINAPAC，覆盖全国省会城市及部分地区市，形成了全国范围的公用数据交换网络。CHINAPAC 与美国、法国、德国、日本和中国香港等国家和地区的公用分组交换网互连，可实现全球性通信。到 20 世纪 90 年代末，我国公用分组交换网已渐渐被其他数据通信网所取代。

X.25 网是第一个公共的基于分组交换的数据通信网。X.25 是一个使用电话或者ISDN设备作为网络硬件设备来架构广域网的ITU-T网络协议。它的物理层、数据链路层和网络层（1～3 层）都是按照 OSI 体系模型来架构的。

X.25 网络是在物理链路传输质量很差的情况下开发出来的。为了保障数据传输的可靠性，它在每一段链路上都要执行差错校验和出错重传，这种复杂的差错校验机制虽然使它的传输效率受到了限制，但确实为用户数据的安全传输提供了很好的保障。

X.25 网络的突出优点是可以在一条物理电路上同时开放多条虚电路供多个用户同时使用；网络具有动态路由功能和复杂完备的误码纠错功能。X.25 分组交换网可以满足不同速率和不同型号的终端与计算机、计算机与计算机间以及局域网（LAN）之间的数据通信。

2. 数字数据网

由于分组交换受到自身技术特点的制约，交换机对所传信息的存储-转发和通信协议的处理，使得分组交换网处理速度慢、网络时延大，许多需要高速、实时数据通信业务的用户无法得到满意的服务。为了解决这些问题，数字数据网（Digital Data Network，DDN）应运而生。DDN 把数据通信技术、数字通信技术、光纤通信技术、数字交叉连接技术和计算机技术有机地结合在一起，使其应用范围从单纯提供端对端的数据通信，扩大到能提供和支持多种业务服务。

DDN 是利用数字信道（即 PCM 信道）来传输数据信号的数据传输网络，称为数字数据网。DDN 采用数字交叉连接技术和数字传输系统，以提供高速数据传输业务。

中国公用数字数据网（CHINADDN）即数字数据网，是利用数字传输通道（光纤，数字微波，卫星）和数字交叉复用节点组成的数字数据传输网，可以为用户提供各种速率的高质量数字专用电路和其他新业务，以满足客户多媒体通信和组建中高速计算机通信网的需要。CHINADDN 骨干网于 1994 年 9 月开通业务，网络覆盖到当时光缆通达到 21 个省会城市，初期端口容量为 3370 个。1995 年骨干网进行了二期扩容。各省、市纷纷建立本地网。CHINADDN 为分组交换网、计算机互联网、传真存储转发网、多媒体通信网等提供了中继和接入电路，开通了数字数据专线业务、会议电视和局域网互连等业务。CHINADDN 骨干网和一些省网配备了帧中继模块，可以开通帧中继业务，各省的 DDN 网可以作为公用帧中继网（CHINAFRN）的接入网，应用范围得到扩展。CHINADDN 的主要业务功能有租用专线业务、语音/传真业务、虚拟专网功能。

DDN 非常适合用于数据信息流量大的数据通信场合。由于 DDN 的信道传输带宽可按 $N\times 64kbit/s$（N=1～31）随意设定，当相对固定的两点间或多点间数据通信业务量较大，传输数据信息所需带宽大于 64kbit/s 时，可根据需要在相对固定的时间内设置专用数据传输通道和信道带宽。

DDN 线路主要应用于较大的公司及企事业单位。集团用户经常通过租用专线（如 DDN 线路）的方法来实现与国际互联网高速、稳定的连接。大中型集团用户的接入技术主要有拨号电话线和公用数据网的数据专线两种方式。DDN 主要适用于业务量大、使用频繁、要求的传输质量高和速率高的具有大量数据传输业务的大型企事业单位用户，例如，银行、证券公司等使用。

DDN 区别于传统的模拟电话专线，其显著特点是采用数字电路，传输质量高，时延小，通信速率可根据需要选择；电路可以自动迂回，可靠性高；一线可以多用，既可以通话、传真、传送数据，还可以组建会议电视系统；开放帧中继业务，提供多媒体服务；或组建自己的虚拟专网，设立网管中心，管理自己的网络。

3. 帧中继网

帧中继（Frame Relay，FR）技术是以分组交换为基础的快速分组交换技术，它是对 X.25 分组协议进行的简化和改进，是在 OSI 第二层上用简化的方法传送和交换数据单元的一种技术，并以帧为单位进行存储转发。帧中继交换机仅完成 OSI-RM 中物理层和链路层的核心子层的功能，而将流量控制、纠错控制等留给用户终端去完成，大大简化了节点机之间的协议，缩短了传输时延，提高了传输效率。

1997 年初，中国电信总局开始建设公用帧中继宽带业务网（CHINAFRN）的第一期工程，首先在 21 个省、直辖市引进了帧中继交换机和 ATM 交换机设备，采用 ATM 信元交换与帧中继交换的公用帧中继宽带业务网络，标志着我国数据通信将从低、中速网向高速、多业务网发展。CHINAFRN 可为高速数据用户（如局域网互连）提供高速中继传输；同时开放宽带多媒体通信业务，如远程医疗诊断、远程教学、视像点播（VOD）等。CHINAFRN 主要向用户提供永久虚电路（PVC）连接；一个端口支持多条 PVC 连接，能和不同区域的用户进行多点通信；能和不同入网速率的用户进行通信；带宽按需分配，特别适合 LAN 之间的互连。

4. ATM 网

ATM（Asynchronous Transfer Mode）译为异步转移模式（或称为异步传输模式、异步传送模式）。ATM 是一种采用名叫信元（cell）的固定长度分组为信息传输和交换基本单元，异步时分复用、传送任意速率的宽带信号和数字等级系列信息的快速分组交换技术。它可综合任意速率的语音、数据、图像和视频业务。

自 20 世纪 80 年代以来，ATM 一直是国际通信领域的一个研究热点。宽带综合业务数字网（B-ISDN）是电信网发展的方向，电信运营商一度把 ATM 看作是 B-ISDN 的核心技术。于是世界上许多国家搭建了自己的 ATM 网，中国公用多媒体 ATM 宽带网（CHINAATM）就是原中国电信投资建设并经营管理的以异步转移模式（ATM）技术为基础的，向社会提供超高速综合信息传送服务的全国性网络。

通过 ATM 技术可完成企业总部与各办事处及公司分部的局域网互连，从而实现公司内部数据传送、企业邮件服务、语音服务等，并通过上联 Internet 实现电子商务等应用。同时由于 ATM 采用统计复用技术，且接入带宽突破原有的 2M，达到 2M-155M，因此适合高带宽、低延时或高数据突发等应用。

7.2　数据通信过程分析

7.2.1　IP 数据报的传送过程

在 TCP/IP 网络中是由路由器来完成 IP 数据报的转发的。在一个广播域内各主机的 IP 地址的网络号相同，路由器各端口的 IP 地址分别属于它所连接的不同网络。

IP 数据报的传送过程如图 7-6 所示。当 A 网络中的主机 1 发送 IP 数据报时，如果目的主机也在 A 网络中（例如主机 2 是目的主机时），通过 ARP，可将主机 2 的 IP 地址解析为其对应的 MAC 地址，并作为目的 MAC 地址将 IP 数据报封装在 MAC 帧中，然后发送出去。本网络中的各主机都能收到该 MAC 帧，各主机通过网卡接收该 MAC 帧后，通过比较其中的目的 MAC 地址，只有主机 2 的 MAC 地址与目的 MAC 地址相同，主机 2 将该 MAC 帧保留下来，其余主机把它丢掉即可。这种 IP 数据报的传送过程不需要路由器的转发，称为直接交付。

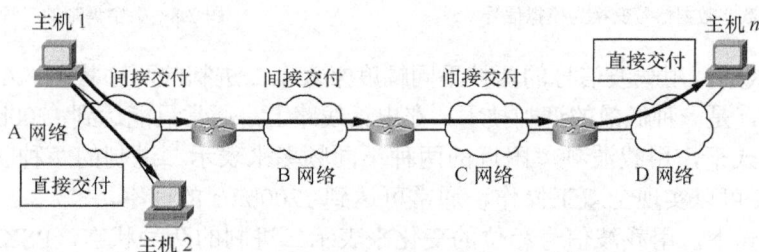

图 7-6　IP 数据报的传送过程

如果目的主机不在 A 网络中（例如主机 n 是目的主机时），这时先由主机 1 选择与目的网络相连的路由器（没有这样的路由器时，使用默认网关路由器），再通过 ARP 将用来转发 IP 数据报的路由器的 IP 地址解析为 MAC 地址，并作为目的 MAC 地址将 IP 数据报封装在 MAC 帧中，然后发送出去。路由器工作在网络层，所以它收到该 MAC 帧后，需要从中取出封装的 IP 数据报，路由器根据 IP 地址进行选择路由，确定下一跳端口，将 IP 数据报封装在 MAC 帧中，从选择的下一跳端口转发出去，即广播到另一个网络（例如是 B 网络）。这种 IP 数据报的传送过程需要路由器的转发，称为间接交付。由于 B 网络不是目的网络，B 网络中的路由器需要继续进行路由选择后进行转发，直到最终到达目的网络（例如是 D 网络）为止。在目的网络 D 中，最后一个路由器与目的主机 n 在同一个网络中，通过 ARP，将主机 n 的 IP 地址解析为 MAC 地址，并作为目的 MAC 地址将 IP 数据报封装在 MAC 帧中，然后发送出去。各主机通过网卡接收该 MAC 帧后，通过比较其中的 MAC 地址，只有主机 n 的 MAC 地址与目的 MAC 地址相同，主机 n 将该 MAC 帧保留下来，其余主机把它丢掉即可。在最后这一步，IP 数据报的传送过程也不需要路由器的转发，也是直接交付。

7.2.2　数据传输

1．数据通信的调制技术

为了使数字数据信号在带通信道中传输，必须用载波对数字数据信号进行调制。传输数字数据信号时有三种基本调制方式：幅度键控、频移键控和相移键控，它们分别对应于用正弦波的幅度、频率和相位的改变来传递数字基带信号。这种调制方式常用于利用公共电话交换网实现计算机数据的传输，实现数字数据信号与模拟信号相互转换的设备称作调制解调器（Modem），如图7-7所示。

调制的基础是载波，实际中通常选择便于产生和处理的正弦波作为载波。正弦载波具有三大要素：幅度、频率和相位，数字数据信号可以针对载波的不同要素或它们的组合进行调制。

数字调制的三种基本形式：幅移键控法（ASK）、频移键控法（FSK）和相移键控法（PSK）。如图7-8所示。

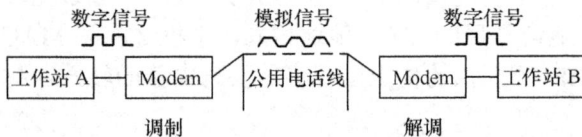

图7-7　数字数据信号变换为模拟信号

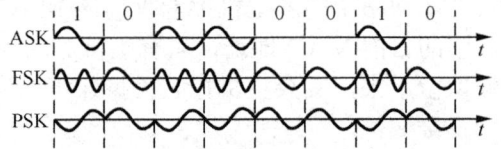

图7-8　数字调制的三种基本形式

在 ASK 方式下，用载波信号的两种不同幅度来表示二进制的两种状态。ASK 方式容易受增益变化的影响，是一种低效的调制技术。在电话线路上，通常只能达到1200bit/s 的速率。

在 FSK 方式下，用载波频率附近的两种不同频率来表示二进制的两种状态。在电话线路上，使用 FSK 可以实现全双工操作，通常可达到1200bit/s 的速率。

在 PSK 方式下，用载波信号相位的变化来表示二进制的两种状态。PSK 可以使用二相或多于二相的相移，利用这种技术，可以对传输速率起到加倍的作用。

随着大容量和远距离数字通信技术的发展，出现了一些新的问题，主要是信道的带宽限制和非线性对传输信号的影响。在这种情况下，传统的数字调制方式已不能满足应用的需求，需要采用新的数字调制方式以减小信道对所传信号的影响，以便在有限的带宽资源条件下获得更高的传输速率。这些技术的研究，主要是围绕充分节省频谱和高效率的利用频带展开的。多进制调制，是提高频谱利用率的有效方法，恒包络技术能适应信道的非线性，并且保持较小的频谱占用率。

从传统数字调制技术扩展的技术有最小移频键控（MSK）、高斯滤波最小移频键控（GMSK）、正交幅度调制（QAM）、正交频分复用调制（OFDM）等。

2．数据通信的编码技术

不经过调制的传输方式称为基带传输。数字数据基带信号一般需要进行一定的编码后才能传输，经过编码的数字信号一般具有便于识别、自带时钟同步、传输效率更高等特点。

在数字数据基带传输中，目前传输码型已有百余种，原 CCITT 建议书使用的也有 20 余种。下面介绍几种较常用的传输码型，包括单极性不归零码（Non-Return to Zero，NRZ）、单极性归零码（Return to Zero，RZ）、双极性不归零码（Bipolar Non-Return to Zero，

BNRZ）、双极性归零码（Bipolar Return to Zero，BRZ）、曼彻斯特码、差分曼彻斯特码、4B/5B 编码、8B/10B 编码等。

（1）单极性不归零码

它在一个码元周期 T 内电平维持不变（脉冲宽度 $\tau=T$），用物理的高电平代表逻辑的"1"码，物理的低电平（一般为 0 电平）代表逻辑的"0"码，其占空比为 $\tau/T=100\%$，也可以用窄脉冲来表示，有脉冲表示逻辑的"1"码，无脉冲表示逻辑的"0"码。其波形如图 7-9（a）所示。由于在一个码元周期内，物理的高电平一直维持，所以称为单极性不归零码。

单极性 NRZ 码具有如下特点。

① 发送能量大，有利于提高接收端信噪比。

② 在信道上占用频带较窄。

③ 有直流分量，将导致信号的失真与畸变；且由于直流分量的存在，所以无法使用在交流耦合的线路和设备中。

④ 不能直接提取位同步定时信息。

⑤ 抗噪性能差。接收单极性 NRZ 码的判决电平应取"1"码电平的一半。由于信道衰特性随各种因素变化时，接收波形的振幅和宽度容易变化，因而判决门限不能稳定在最佳电平，使抗噪性能变坏。

⑥ 传输时一端需要接地。

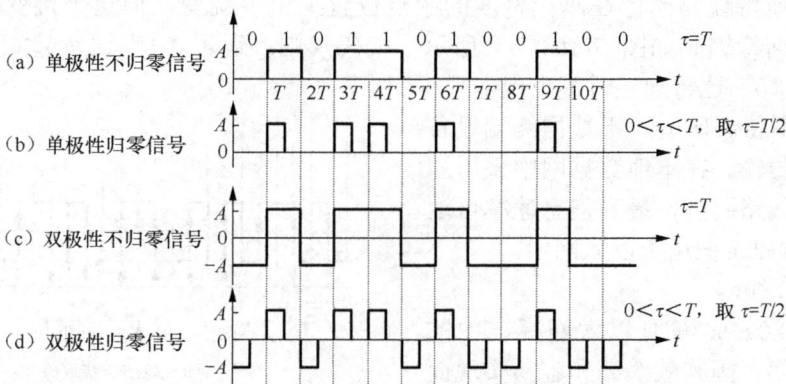

图 7-9 基带信号基本码型

（2）单极性归零码

它与 NRZ 信号的区别是"1"码在一个码元周期 T 内，物理的高电平持续时间为 τ（$0<\tau<T$），其余时间返回物理低电平，所以称为归零波形。用物理的高电平表示逻辑的"1"码，物理的低电平（一般为 0 电平）表示逻辑的"0"码，若占空比 $\tau/T=50\%$，则称其为半占空码。其波形如图 7-9（b）所示。单极性归零波形可以直接提取位定时信息，是其他波形提取位定时信号时需要采用的一种过渡波形。

（3）双极性不归零码

在双极性不归零波形中，脉冲的正、负电平分别对应于二进制代码"1"或"0"。其波形如图 7-9（c）所示。用物理的正电平表示"1"，用物理的负电平表示"0"，正负电平绝对值相等，在整个码元周期 T 内，脉冲τ保持不变（脉冲宽度 $\tau=T$）。由于它是幅度相等极性

153

相反的双极性波形，故当"0"和"1"符号等概率出现时无直流分量。这样，在接收端恢复信号的判决门限电平为"0"，因而不受信道特性变化的影响，抗干扰能力也较强。故双极性波形有利于在带通信道中传输。该波形常在原 CCITT 的 V 系列接口标准或 RS-232C 接口标准中使用。

（4）双极性归零码

它与 BNRZ 信号的区别是"1"或"0"码在一个码元周期 T 内，高电平或低电平的持续时间为τ（0<τ<T），其余时间返回零电平。其波形如图7-9（d）所示。

（5）曼彻斯特编码

Manchester 码又称为双相码、分相码、裂相码。它用一个周期的方波表示"1"，而用它的反相波形表示"0"。双相位编码使用两种电平，也是属于自同步定时的编码，每个比特位间隙中信号出现一次电平跳变（相位改变），但不归零。正因为每个码元周期内都发生信号跳变，故传输效率几乎减小了一半。

曼彻斯特（Manchester）编码波形如图 7-10（a）所示。编码规则："1"比特利用码元周期中点位置上从负电平到正电平的跳变表示，"0"比特利用码元周期中点位置上从正电平到负电平的跳变表示。由图 7-10（a）可以看出信码"0"是用"10"两位码表示，信码"1"是用"01"两位码表示。而"11"和"00"没有使用，属于禁用码组，如果传输过程中出现"11"或"00"，则可以由此发现错误。

（6）差分曼彻斯特编码

差分曼彻斯特编码比特在码元宽度的中点位置上出现跳变，但这个跳变不表示数据信息。差分曼彻斯特编码如图 7-10（b）所示。编码规则：逻辑"1"比特起始时刻不出现电平跳变，逻辑"0"比特起始时刻出现电平跳变。

差分曼彻斯特编码适用于数据终端设备在短距离上的传输。在本地数据网中采用该码型作为传输线路码型，最高信息速率可达 10Mbit/s。这种码常被用于以太网中。

（7）4B/5B 编码

在 IEEE 802.9a 等时以太网标准中的 4B/5B 编码方案，因其效率高和容易实现而被采用。在同样 20MHz 钟频下，利用 4B/5B 编码可以在 10兆位/秒的 10 Base-T 电缆上得到16兆位/秒的带宽。

4B/5B 编码方案是把数据转换成 5 位符号，供传输。这些符号保持线路的交流（AC）平衡；在传输中，其波形的频谱最小。信号的直流（DC）分量变化小于额定中心点的10%。

（a）曼彻斯特编码

比特中点位置的跳变作为同步信息

╲╱ 表示 0   ╱╲ 表示 1

（b）差分曼彻斯特编码

比特 0 的起始时刻发生电平跳变

图 7-10 曼彻斯特及差分曼彻斯特编码

这种编码的特点是将欲发送的数据流每 4bit 作为一个组，然后按照 4B/5B 编码规则将其转换成相应 5bit 码。5bit 码共有 32 种组合，但只采用其中的 16 种对应 4bit 码的 16 种，其他的 16 种或者未用或者用作控制码，以表示帧的开始和结束、光纤线路的状态（静止、空闲、暂停）等。应用实例是 FDDI、100BASE-TX 和 100BASE-FX。4B/5B 编码

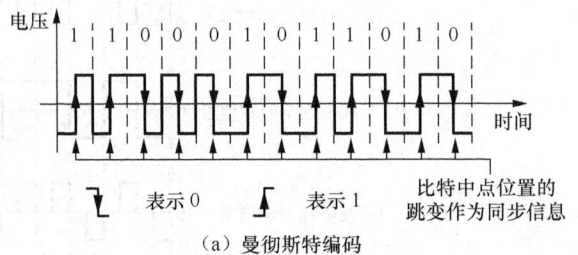

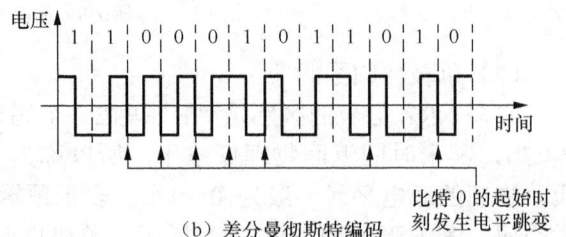

规则如表 7-2 所示。

表 7-2   4B/5B 编码表

十进制数	4 位二进制数	4B/5B 码	十进制数	4 位二进制数	4B/5B 码
0	0000	11110	8	1000	10010
1	0001	01001	9	1001	10011
2	0010	10100	10	1010	10110
3	0011	10101	11	1011	10111
4	0100	01010	12	1100	11010
5	0101	01011	13	1101	11011
6	0110	01110	14	1110	11100
7	0111	01111	15	1111	11101

（8）8B/10B 编码

8B/10B 编码的特性之一是保证 DC 平衡。采用 8B/10B 编码方式，可使得发送的"0"、"1"数量保持基本一致，连续的"1"或"0"不超过 5 位，即每 5 个连续的"1"或"0"后必须插入一位"0"或"1"，从而保证信号 DC 平衡，也就是说，在链路超时时不致发生 DC 失调。通过 8B/10B 编码，可以保证传输的数据串在接收端能够被正确复原，除此之外，利用一些特殊的代码（ 在 PCI-Express 总线中为 K 码），可以帮助接收端进行还原的工作，并且可以在早期发现数据位的传输错误，抑制错误继续发生。

8B/10B 编码是将一组连续的 8 位数据分解成两组数据，一组 3 位，一组 5 位，经过编码后分别成为一组 4 位的代码和一组 6 位的代码，从而组成一组 10 位的数据发送出去。相反，解码是将 1 组 10 位的输入数据经过变换得到 8 位数据。数据值可以统一的表示为 DX.Y 或 KX.Y，其中 D 表示为数据代码，K 表示为特殊的命令代码，X 表示输入的原始数据的低 5 位 EDCBA，Y 表示输入的原始数据的高 3 位 HGF。

8B/10B 编码是目前许多高速串行总线采用的编码机制，如在吉比特以太网、USB3.0、1394b、Serial ATA、PCI Express、Infini-band、Fibre Channel（网状通道）、RapidIO 等总线或网络等。8B/10B 编码规则如表 7-3 所示。

表 7-3   8B/10B 编码表

Input		RD=−1	RD=+1
	HGF EDCBA	abcdei fghj	abcdei fghj
K28.0	000 11100	001111 0100	110000 1011
K28.1	001 11100	001111 1001	110000 0110
K28.2	010 11100	001111 0101	110000 1010
K28.3	011 11100	001111 0011	110000 1100
K28.4	100 11100	001111 0010	110000 1101
K28.5	101 11100	001111 1010	110000 0101
K28.6	110 11100	001111 0110	110000 1001
K28.7	111 11100	001111 1000	110000 0111
K23.7	111 10111	111010 1000	000101 0111
K27.7	111 11011	110110 1000	001001 0111
K29.7	111 11101	101110 1000	010001 0111
K30.7	111 11110	011110 1000	100001 0111

3. 数据通信的差错控制

（1）差错控制基本思想

数据通信要求信息传输具有高度的可靠性，即要求误码率足够低。然而，数据信号在传输过程中不可避免地会发生差错，即出现误码。造成误码的原因很多，但主要原因可以归纳为两方面：一是信道不理想造成的符号间干扰；二是噪声对信号的干扰。对于前者通常通过均衡方法可以改善以至消除，因此，常把信道中的噪声作为造成传输差错的主要原因。差错控制是对传输差错采取的技术措施，目的是提高传输的可靠性。

差错控制的基本思想是通过对信息序列做某种变换，使原来彼此独立的、没有相关性的信息码元序列，经过某种变换后，产生某种规律性（相关性），从而在接收端有可能根据这种规律性来检查，进而纠正传输序列中的差错。变换的方法不同就构成不同的编码和不同的差错控制方式。差错控制的核心是抗干扰编码，即差错控制编码，简称纠错编码，也叫信道编码。

（2）差错控制方式

在数据通信系统中，差错控制方式一般可以分为四种类型，如图7-11所示。

① 检错重发

检错重发又称自动重发请求（Automatic Repeat reQuest，ARQ）。如图7-11（a）所示。这种差错控制方式是在发送端对数据序列按一定的规则进行编码，使之具有一定的检错能力，成为能够检测错误的码组（检错码）。接收端收到码组后，按编码规则校验有无错码，并把校验结果通过反向信道反馈到发送端。如无错码，就反馈继续发送信号。如有错码，就反馈重发信号，发送端把前面发出的信息重新传送一次，直到接收端正确收到为止。

这种方式的优点是检错码构造简单，插入的监督码位不多，设备不太复杂。其缺点是实时性差，且必须有反向信道，通信效率低。当信道干扰增大时，整个系统可能处于在重发循环中，甚至不能通信。

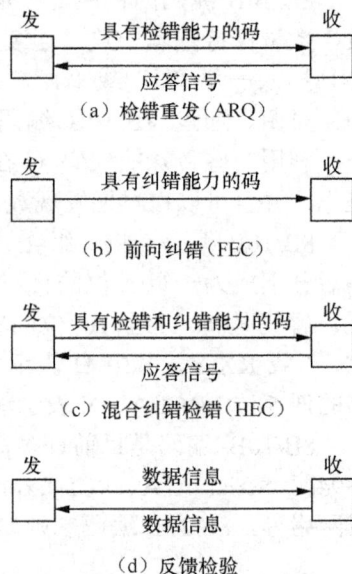

图 7-11 差错控制方式的四种类型

② 前向纠错

前向纠错（Forward Error Correcting，FEC）方式，如图7-11（b）所示。前向纠错系统中，发送端的信道编码器将输入数据序列按某种规则变换成能够纠正错误的码，接收端的译码器根据编码规律不仅可以检测出错码，而且能够确定错码的位置并自动纠正。

这种方式的优点是不需要反馈信道，也不存在由于反复重发而延误时间，实时性好。其缺点是要求附加的监督码较多，传输效率低，纠错设备比检错设备复杂。

③ 混合纠错检错

混合纠错检错（Hybrid Error Correcting，HEC）方式是前向纠错方式和检错重发方式的结合，如图7-11（c）所示。在这种系统中，发送端发送同时具有检错和纠错能力的码，接收端收到码后，检查错误情况，如果错误少于纠错能力，则自行纠正；如果错误很多，超出纠错能力，但未超出检错能力，即能判决有无错码而不能判决错码的位置，此时收端自动通过反向信道发出信号要求发端重发。

混合纠错检错方式在实时性和译码复杂性方面是前向纠错和检错重发方式的折衷，因而近年来，在数据通信系统中采用较多。

④ 反馈校验

反馈校验方式又称回程校验，如图 7-11（d）所示。接收端把收到的数据序列原封不动地转发回发送端，发送端将原发送的数据序列与返送回的数据序列比较。如果发现错误，则发送端进行重发，直到发端没有发现错误为止。

这种方式的优点是不需要纠错、检错的编解码器，设备简单。缺点是需要有双向信道，实时性差，且每一信码都相当于至少传送了两次，所以传输效率低。

上述差错控制方式应根据实际情况合理选用。在上述方法中，除反馈校验方式外，都要求发送端发送的数据序列具有纠错或检错能力。为此，必须对信息源输出的数据加入多余码元（监督码元）。这些监督码元与信息码元之间有一定的关系，使接收端可以根据这种关系由信道译码器来发现或纠正可能存在的错码。

（3）差错控制编码

① 奇偶校验码

奇偶校验码，又称奇偶监督码，是一种最简单、能力有限的检错码。它是简单地通过在信息位的后面附加一个校验位，使得码字中"1"的个数保持为奇数或偶数的编码方法。

奇偶校验码在一维空间上有"水平奇偶校验"和"垂直奇偶校验"，在二维空间上有"水平垂直奇偶校验"。

由于奇偶校验码容易实现，所以当信道干扰不太严重及信息位不很长时很有用。特别是在计算机通信网的数据传送（如计算机串行通信）中经常应用。表 7-4 是按照偶监督规则插入监督位的。

表 7-4　　　　　　　　　　　奇偶校验码

消息	信息位	监督位	消息	信息位	监督位
晴	0 0	0	阴	1 0	1
云	0 1	1	雨	1 1	0

在接收端检查码组中"1"的个数，如发现不符合编码规律就说明产生了差错，但是不能确定差错的具体位置，即不能纠错。

这种奇偶校验码只能发现单个或奇数个错误，而不能检测出偶数个错误，但是可以证明出错位数为 2t-1 奇数概率总比出错位数为 2t 偶数概率大得多（t 为正整数），即错一位码的概率比错两位码的概率大得多，错三位码的概率比错四位码的概率大得多。因此，绝大多数随机错误都能用简单奇偶校验查出，这正是这种方法被广泛用于以随机错误为主的计算机通信系统的原因。但这种方法难于应对突发差错，所以在突发错误很多的信道中不能单独使用。

② 循环冗余校验码

循环冗余校验码（Cyclic Redundancy Check，CRC）是数据通信领域中最常用的一种差错校验码。

循环冗余校验码（CRC）的基本原理是：在 K 位信息码后再拼接 R 位的校验码，整个编码长度为 N 位，因此，这种编码也叫（N，K）码。对于一个给定的（N，K）码，可以证明存在一个最高次幂为 N-K=R 的多项式 G（x）。根据 G（x）可以生成 K 位信息的校验码，而 G（x）叫作这个 CRC 码的生成多项式。　校验码的具体生成过程为：假设要发送的信息用多项式

C（x）表示，将 C（x）左移 R 位（可表示成 C（x）×x^R），这样 C（x）的右边就会空出 R 位，这就是校验码的位置。用 C（x）×x^R 除以生成多项式 G（x）得到的余数就是校验码。

例如：信息字段代码为 11100110，对应多项式为 m（x）=$x^7+x^6+x^5+x^2+x$。

假设生成多项式为 g（x）=x^4+x^3+1，则对应 g（x）的代码为：11001。

x^4m（x）=$x^{11}+x^{10}+x^9+x^6+x^5$ 对应的代码记为 111001100000。

采用多项式除法：得余数为 0110（即校验字段为 0110）。

发送方：发出的传输字段为 111001100110（信息字段+校验字段）。

接收方：使用相同的生成多项式进行校验，即接收到的字段除生成多项式（二进制除法）。

如果能够除尽，则正确。

余数（0110）的计算步骤如下所示：

$$
\begin{array}{r}
x^7+x^5+x^4+x^2+x \\
x^4+x^3+1 \overline{)x^{11}+x^{10}+x^9+\quad+x^6+x^5} \\
\underline{x^{11}+x^{10}\qquad+x^7} \\
+x^9\quad+x^7+x^6+x^5 \\
\underline{+x^9+x^8\qquad+x^5} \\
+x^8+x^7+x^6 \\
\underline{+x^8+x^7\qquad+x^4} \\
+x^6\qquad+x^4 \\
\underline{+x^6+x^5\qquad+x^2} \\
+x^5+x^4\quad+x^2 \\
\underline{+x^5+x^4\qquad+x} \\
x^2+x
\end{array}
$$

除法没有数学上的含义，而是采用计算机的模二除法，即除数和被除数做异或运算。进行异或运算时除数和被除数最高位对齐，按位异或。表 7-5 中列出了一些标准的 CRC 资料。

表 7-5　　　　　　　　　　　常用的 CRC 生成多项式

名称	生成多项式	简记式	应用举例
CRC-4	x^4+x+1	3	ITU G.704
CRC-12	$x^{12}+x^{11}+x^3+x+1$		
CRC-16	$x^{16}+x^{15}+x^2+1$	8005	IBM SDLC
CRC-ITU	$x^{16}+x^{12}+x^5+1$	1021	ISO HDLC，ITU X.25，V.34/V.41/V.42，PPP-FCS
CRC-32	$x^{32}+x^{26}+x^{23}+x^{16}+x^{12}+x^{11}+x^{10}+x^8+x^7+x^5+x^4+x^2+x+1$	04C11DB7	ZIP，RAR，IEEE 802 LAN/FDDI，IEEE 1394，PPP-FCS
CRC-32c	$x^{32}+x^{28}+x^{27}+\cdots+x^8+x^6+1$	1EDC6F41	SCTP

CRC 的特点是检错能力极强，开销小，易于用编码器及检测电路实现。从其检错能力来看，它不能发现错误的几率仅为 0.0047% 以下。从性能和开销上考虑，均远远优于奇偶校验及算术和校验等方式。因而，在数据存储和数据通信领域，CRC 无处不在：著名的通信协议 X.25 的 FCS（帧检错序列）采用的是 CRC-ITU，WinRAR、NERO、ARJ、LHA 等压缩工具软件采用的是 CRC-32，磁盘驱动器的读写采用了 CRC-16，通用的图像存储格式 GIF、TIFF 等也都用 CRC 作为检错手段。

4．数据通信的流量控制

为防止节点链路间的缓冲器溢出或链路阻塞，数据通信网应具备流量控制功能，以协调发送端和接收端的数据流量。

当发送方速率大于接收方的接收速率，或者接收方缓存中帧已满还来不及处理，就被发送方不断发送来的帧所"淹没"，从而造成帧的丢失而出错。所以如果接收方缓存中帧即将满，接收方必须通知发送方暂停发送，直到接收方又能接收数据。

流量控制是一组过程，实际上是用来限制发送方在等待确认前可以发送的数据流量，使其发送速率不致超过接收方所能处理的能力。因此，需要有一些规则使得发送方知道什么时候可以接着发送下一帧，在什么情况下必须暂停发送，以等待收到某种反馈信息后再继续发送。常用的流量控制方法有停等 ARQ 和滑动窗口等机制。

（1）停等 ARQ

前面介绍了差错控制方式的 4 种类型，其中检错重发（ARQ）在数据通信中被广泛采用。数据通信制定的相应协议是自动重发请求（ARQ）协议，它属于 OSI 参考模型数据链路层协议。

ARQ 协议是指在接收站接收到一个包含出错数据的信息（帧）时，自动发出一个重传错帧的请求。ARQ 的作用原则是对出错的数据帧自动重发，它有三种形式：停等 ARQ、回退 N 帧 ARQ 和选择重传 ARQ，现仅对停等 ARQ 做一介绍。

停等 ARQ 协议规定：发送端每发送一个数据帧就暂停下来，等待接收端的应答。接收端收到数据帧进行差错检测，若数据帧没错，就向发送端返回一个确认帧 ACK，发送端再发送下一个数据帧；若接收端检测出数据帧有错，就向发送端返回一个否认帧 NAK，发送端重发刚才所发数据帧，直到没错为止。

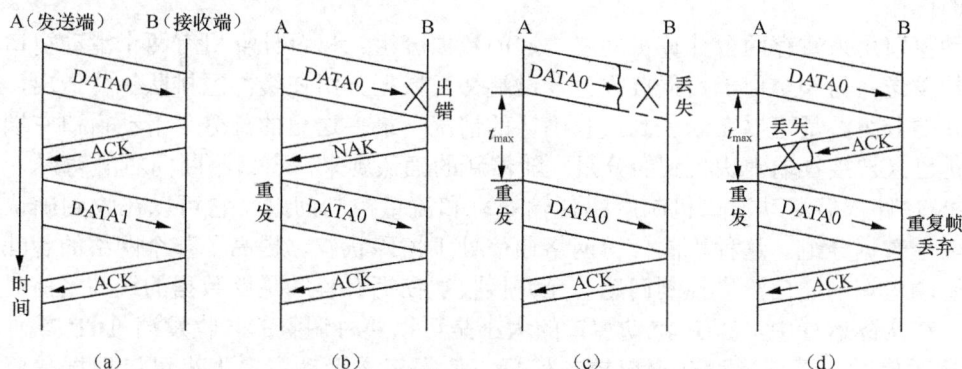

图 7-12　停等 ARQ 的四种情况

数据帧在实际链路上传输有四种情况，如图 7-12 所示。

① 正常情况

正常情况是指数据帧在传输时没出现错误，也没丢失。接收端 B 接收到一个数据帧后，经差错检验是正确的，向发送端 A 发送一个确认帧 ACK。当发送端 A 收到确认帧 ACK 后，则可继续发送下一个数据帧，如图 7-12（a）所示。

② 数据传输出错

接收端 B 检验出收到的数据帧出现差错时，向发送端 A 发送一个否认帧 NAK，告诉发送端 A 应重发出错的数据帧。发送端 A 可多次重发，直至接收到接收端 B 发来的确认帧

ACK 为止，如图 7-12（b）所示。如果通信线路的质量太差，则发送端 A 在重发一定次数后不再重发，而要将此情况报告上一层。

③ 数据帧丢失

由于各种原因，终端 B 收不到终端 A 发来的数据帧，这种情况称为数据帧丢失。发生数据帧丢失时，终端 B 一直在等待接收数据，是不会向终端 A 发送任何应答帧的。终端 A 由于收不到应答帧，或者应答帧发生了丢失，它就会一直等待下去。这时，系统就会出现死锁现象。

解决死锁问题的方法是设置超时定时器。当终端 A 发送完一个数据帧时，就启动一个超时定时器。若在超时定时器规定的定时时间 t_{out} 到了，仍未收到终端 B 的任何应答，终端 A 就重发这一数据帧。终端 A 在超时定时器的定时时间内收到了确认帧，则将超时定时器停止计时并清零。超时定时器的定时时间一般设定为略大于"从发完数据帧到收到应答帧所需的平均时间"，如图 7-12（c）所示。

④ 确认帧丢失

当确认帧丢失时，超时重发将会使终端 B 收到两个相同的数据帧。如果终端 B 无法识别重发的数据帧，将导致在其收到的数据中出现重复帧的差错。

重复帧是一种不允许出现的差错。解决的方法是在发送端给每一个数据帧带上不同的发送序号。若接收端连续收到发送序号相同的数据帧，就可认为是重复帧，将其丢掉，同时必须向终端 A 发送一个确认帧 ACK，如图 7-12（d）所示。

停等 ARQ 协议具有有效的检错重发机制，但由于是停止等待发送，所以传输效率较低。

（2）滑动窗口

滑动窗口是 TCP 使用的一种流量控制方法。该协议允许发送方在停止并等待确认前可以连续发送多个分组。由于发送方不必每发一个分组就停下来等待确认，因此该协议可以加速数据的传输。

滑动窗口用来暂存两台计算机间要传送的数据分组。每台计算机有两个滑动窗口：一个用于数据发送；另一个用于数据接收。发送端待发数据分组在缓冲区排队等待送出，被滑动窗口框入的分组，是可以在未收到接收确认的情况下最多送出的部分。滑动窗口左端标志的分组，是已经被接收端确认收到的分组。随着新的确认到来，窗口不断向右滑动。

TCP 软件依靠滑动窗口机制解决传输效率和流量控制问题。它可以在收到确认信息之前发送多个数据分组。这种机制使得网络通信处于忙碌状态，提高了整个网络的吞吐率，它还解决了端对端的通信流量控制问题，允许接收端在拥有容纳足够数据的缓冲之前对传输进行限制。在实际运行中，TCP 滑动窗口的大小是可以随时调整的。收发端 TCP 软件在进行分组确认通信时，还交换滑动窗口控制信息，使得双方滑动窗口大小可以根据需要动态变化，达到在提高数据传输效率的同时防止拥塞的发生。

滑动窗口的具体实现是在发送端设发送窗口，接收端设接收窗口。

① 发送窗口

发送窗口用来对发送端进行流量控制。发送窗口的尺寸 w_T 代表在还没有收到对方确认的条件下，发送端最多可以发送数据帧的个数。发送窗口的意义如图 7-13 所示。

图 7-13 中用 3 个比特编码，发送序号取值为 0～7。当一次发送的数据帧超过 8 个时，数据帧的序号按顺序被重复使用。发送窗口以 8 个序号（0～7）的顺序向前"滑动"，只有序号落入窗口内的数据帧才能发送。假定发送窗口 $w_T=5$，表示在未收到对方确认信息的情况下，允许发送端最多发出 5 个数据帧。发送窗口的工作流程如下。

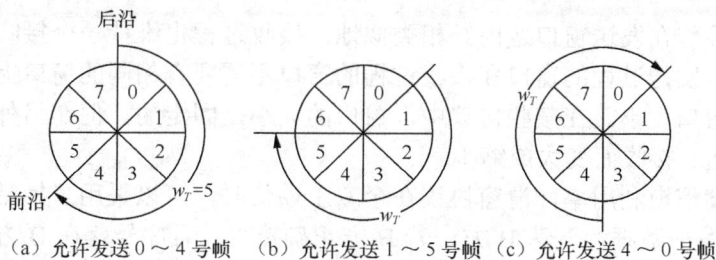

（a）允许发送 0～4 号帧　（b）允许发送 1～5 号帧　（c）允许发送 4～0 号帧

图 7-13　发送窗口的意义

发送端初始化后，在扇形的发送窗口内（即在窗口前沿和后沿之间）共有 5 个序号 0～4 号，即 0～4 号数据帧落入窗口，它们就是发送端现在可以连续发送的数据帧。若发送端发完了 0～4 号 5 个数据帧，但仍未收到确认信息，则由于发送窗口已填满，就必须停止发送而进入等待状态。此时的工作状态如图 7-13（a）所示。

假如，不久 0 号数据帧正确到达接收端，并在发送端收到确认信息后，发送窗口就沿顺时针方向向前"滑动"一个窗口，此时 5 号帧落入新的窗口内，发送端就可以发送 5 号帧了，如图 7-13（b）所示。

当发送端收到 1～3 号数据帧的确认信息后，发送窗口再沿顺时针方向向前"滑动"3 个窗口，发送端可以继续发送 6、7、0 号数据帧，如图 7-13（c）所示。

② 接收窗口

接收窗口用来控制接收数据帧。只有当接收到的数据帧的发送序号落在接收窗口内，才允许将该数据帧收下；否则，一律丢弃。接收窗口的尺寸用 w_R 表示。接收窗口的意义如图 7-14 所示。

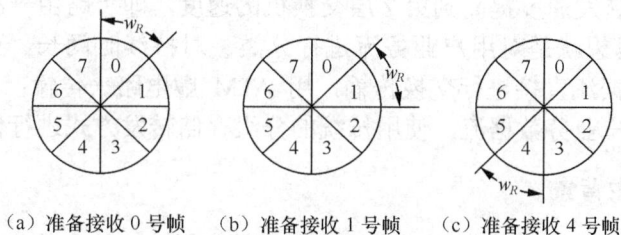

（a）准备接收 0 号帧　　（b）准备接收 1 号帧　　（c）准备接收 4 号帧

图 7-14　接收窗口的意义

初始时，如图 7-14（a）所示，接收窗口处于 0 号处，表明接收端准备接收 0 号数据帧。0 号数据帧一旦正确接收，接收窗口即沿顺时针方向向前"滑动"一个窗口，如图 7-14（b）所示，准备接收 1 号数据帧，同时向发送端发出对 0 号帧的确认信息。当陆续收到 1 号、2 号和 3 号帧时，接收窗口的位置应如图 7-14（c）所示。

接收窗口与发送窗口之间存在着这样的关系：接收窗口向前"滑动"后，发送窗口才可能向前"滑动"；接收窗口保持不动时，发送窗口是不会动的。这种收发窗口按如此规律顺时针方向不断旋转的协议就是滑窗协议。

③ 滑窗协议

滑窗协议的基本原理就是接收端每收到一个帧，校验正确且序号落在接收窗口就向前推进一格，并发出应答；而发送端只能发送帧号落在发送窗口内的帧，收到确认应答后将发送窗口向前推进一格。

滑动窗口协议的关键之处在于：任何时刻发送过程都保持着一组序列号，对应于允许发送的帧。这些帧称作在发送窗口之内。相类似地，接收过程也维持一个接收窗口，对应于一组允许接收的帧。发送过程的窗口和接收过程的窗口不需要有相同的窗口上限和下限，甚至不必具有相同的窗口大小。在某些协议中，窗口的大小是固定的，但在另外一些协议中，窗口可根据帧的发送、接收而变大或缩小。

为进一步提高信道利用率，滑窗协议在全双工通信时，可以采用"捎带确认"方法返回应答帧。当 A 方发一数据帧到达 B 方，若 B 方正确接收，且序号落在 B 方的接收窗口内，B 方并不马上发送一个单独的 ACK 给 A 方，而是等待。等到 B 方主机有数据要发给 A 方时，将这个 ACK 信息附在从 B 方发往 A 方的数据帧上一起发到 A 方，这就是"捎带确认"的含义。一般可以做到 k 帧（k<W_T）才给出一次 ACK，以告知 A 方第（k-1）及以前各帧都正确接收，期待第 k 帧数据的到达。

当 B 方主机一直无信息要发往 A 方时，则当收到的帧数大于某一定值或 B 方从收到 A 方第一帧开始的时间超过某一定值时，B 方单独发一 ACK 帧给 A 方，避免 A 方无效等待。当 B 方收到 A 方发来的第 i 帧有错时，则马上告知 A 方。

滑窗协议不仅起到差错控制的作用，而且也用于进行流量控制，因为发送窗口限制了发送端的发送速率。

7.2.3　IP 数据交换

IP 交换（IP Switch）是 Ipsilon 公司开发的一种高效的 IP over ATM 技术。它只对数据流的第一个数据包进行路由地址处理，按路由转发，随后按已计算的路由在 ATM 网上建立虚电路（VC）。以后的数据包沿着 VC 以直通（Cut-Through）方式进行传输，不再经过路由器，从而将数据包的转发速度提高到第 2 层交换机的速度，即"路由一次，交换多次"。

IP 交换的核心思想就是对用户业务流进行分类。对持续时间长、业务量大、实时性要求较高的用户业务数据流直接进行交换传输，用 ATM 虚电路来传输；对持续时间短、业务量小、突发性强的用户业务数据流，使用传统的分组存储转发方式进行传输。

1．IP 交换的产生背景

IP 交换的产生背景是 IP 技术与 ATM 技术在宽带多媒体通信中的竞争和融合。

一方面，因特网是全球最大的 IP 网，在其迅猛发展过程中，暴露出带宽、效率、开销、安全、管理等诸多矛盾。随着多媒体应用的日益广泛，支持多种业务、划分业务等级、提供相应的业务质量（QoS）保证，也就成为因特网发展中亟待解决的问题。

IP Over ATM 技术就是试图来解决上述一系列问题的。ATM 技术应用于因特网，不仅解决了带宽问题，还为将来提供具有高服务质量的 IP 业务奠定了基础，也是因特网多媒体会议电视等各种实时多媒体通信最有力的解决方案。

另一方面，电信网要采用 ATM 技术实现 B-ISDN，也存在许多困难，ATM 为了兼容语音等实时业务采用面向连接的方式，虽然能够保障较好的 QoS，但存在灵活性不足的缺点，无法为各种不同的业务都提供满意的服务特性，尤其是对于因特网上短而频繁的信息传输业务来说，无连接的 IP 技术比 ATM 技术更为适合。因此，B-ISDN 的发展也需要将 IP 技术与 ATM 技术相结合。

IP 技术和 ATM 技术相结合的难点在于，ATM 是面向连接的技术，而 IP 是无连接的技术。IP 有自己的寻址方式和相应的选路功能，而 ATM 技术也有其相应的信令、选路规程和地址结构。ATM 与 IP 结合的新方案、新设备层出不穷，ATM 论坛与 IETF 也在协同工作，以实现 IP 与 ATM 之间的互连。现在已有很多方法实现了 ATM 与 IP 的结合。ITU-T SG13 认为，从 IP 与 ATM 协议的关系划分，IP 与 ATM 相结合的技术存在重叠和集成两种模型。

重叠模型是将 IP 网络层协议重叠在 ATM 之上，即 ATM 网与现有的 IP 网重叠。换言之，IP 在 ATM 网络上运行，ATM 网络仅仅作为 IP 层的低层传输链路，IP 和 ATM 各自定义自己的地址和路由协议。采用这种方案，ATM 端系统需要使用 ATM 地址和 IP 地址两者来标识，网络中设置服务器完成 ATM 地址和 IP 地址的地址映射功能（通过 ARP 实现），在发送端用户得到接收端用户的 ATM 地址后，建立 ATM SVC 连接。这种方法的优点是，可以采用标准信令，与标准的 ATM 网络及业务兼容；缺点是传送 IP 数据报的效率较低，计费较难。重叠模型所包含的技术主要有 IETF（Internet Engineering Task Force）、在 RFC 1577 建议书中定义的 ATM 上的传统式 IP 规范（Classical IP Over ATM，CIPOA）、ATM 论坛的局域网仿真规范（LAN Emulation，LANE）和 ATM 论坛定义的 ATM 上的多协议规范（Multi-Protocol Over ATM，MPOA）等。

集成模型是将 IP 路由器的智能和管理性能集成到 ATM 交换中形成的一体化平台。在集成模型的实现中，ATM 层被看作是 IP 层的对等层，ATM 端点只需使用 IP 地址来标识，在建立连接时使用非标准的 ATM 信令协议。采用集成技术时，不需要地址解析协议，但增加了 ATM 交换机的复杂性，使 ATM 交换机看起来更像一个多协议的路由器。这种方法的优点是传送 IP 数据报的效率比较高，且不需要地址解析协议；缺点是与标准的 ATM 技术融合较为困难。比较有代表性的集成技术主要有 Ipsilon 公司的 IP 交换技术、Cisco 公司的标记交换技术以及 IETF 制定的多协议标签交换（Multi-Protocol Label Switching，MPLS）技术等。

MPLS 技术是目前颇具竞争力的通信交换技术。下面对 MPLS 做一简要介绍。

2. MPLS

多协议标签交换技术是一种在开放的通信网上利用标记引导数据高速、高效传输的新技术。它的价值在于能够在一个无连接的网络中引入连接模式的特性。其主要优点是减少了网络的复杂性，兼容现有各种主流网络技术，能降低网络成本，在提供 IP 业务时能确保 QoS 和安全性，具有实施流量工程能力。此外，MPLS 能解决 VPN 扩展问题和维护成本问题。

自 1997 年 IETF 提出 MPLS 以后，有关 MPLS 技术的协议标准草案和规范已经有约 140 个，并且在 1999 年就有厂商推出 MPLS 设备。这种进展速度是以前任何一种技术所没有的。

（1）MPLS 的主要特点

① MPLS 在网络中的分组转发是基于定长标签，由此简化了转发机制，使得转发路由器容量很容易扩展到太比特级。

② 充分采用原有的 IP 路由，在此基础上加以改进，保证了 MPLS 网络路由具有灵活性的特点。

③ 采用 ATM 的高效传输交换方式，抛弃了复杂的 ATM 信令，无缝地将 IP 技术的优点融合到 ATM 的高效硬件转发中。

④ MPLS 网络的数据传输和路由计算分开，是一种面向连接的传输技术，能够提供有效的 QoS 保证。

⑤ MPLS 不但支持多种网络层技术，而且是一种与链路层无关的技术，它同时支持 X.25、帧中继、ATM、PPP、SDH、DWDM…保证了多种网络的互连互通，使得各种不同的技术统一在同一个 MPLS 平台上。

⑥ MPLS 支持大规模层次化的网络，具有良好的网络扩展性。

⑦ MPLS 的标签合并机制支持不同数据流的合并传输。

⑧ MPLS 支持流量工程、CoS、QoS 等。

⑨ MPLS 的标准化十分迅速，这是它能迅速普及成功的关键。

（2）MPLS 的网络结构

MPLS 技术是网络时代发展非常迅速的技术，并且已经成为宽带骨干网中的一项根本性的技术。MPLS 的网络结构如图 7-15 所示。

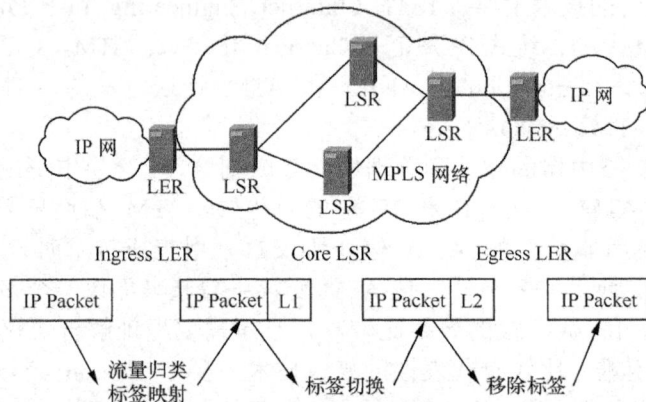

图 7-15　MPLS 网络结构

MPLS 网络的基本构成单元是标签交换路由器（Label Switching Router，LSR），主要运行 MPLS 控制协议和三层路由协议，并负责与其他 LSR 交换路由信息来建立路由表，实现转发等价类（Forwarding Equivalence Class，FEC）和 IP 分组头的映射，建立 FEC 和标签之间的绑定，分发标签绑定信息，建立和维护标签转发表等工作。

由 LSR 构成的网络叫作 MPLS 域，位于区域边缘的 LSR 称为标签边缘路由器（Label Edge Router，LER），主要完成连接 MPLS 域和非 MPLS 域以及不同 MPLS 网络域的功能，并实现对业务的分类、分发标签（作为出口 LER）、剥去标签（作为入口 LER）等。其中入口 LER 叫 Ingress，出口 LER 叫 Egress。

位于区域内部的 LSR 则称为核心（Core）LSR，它提供标签交换、标签分发等功能。带标签的分组沿着由一系列 LSR 构成的标签交换路径 LSP（Label Switched Path）传送。

结合图 7-15，简要介绍 MPLS 的基本工作过程：

首先，LDP 和传统路由协议（如 OSPF、ISIS 等）一起，在各个 LSR 中为有业务需求的 FEC 建立路由表和标签映射表；

其次，入口 LER 接收分组，完成第三层功能，判定分组所属的 FEC，并给分组加上标签，形成 MPLS 标签分组；

再次，在 LSR 构成的网络中，LSR 根据分组上的标签以及标签转发表进行转发，不对标签分组进行任何第三层处理；

最后，在 MPLS 出口 LER 去掉分组中的标签，继续进行后面的转发。

由此可以看出，MPLS 并不是一种业务或者应用，它实际上是一种隧道技术，也是一种将标签交换转发和网络层路由技术集于一身的路由与交换技术平台。这个平台不仅支持多种高层协议与业务，而且，在一定程度上可以保证信息传输的安全性。

（3）MPLS 工作原理

MPLS 可以看作一种面向连接的技术。通过 MPLS 信令或手工配置的方法建立好 MPLS 标签交换连接（Label Switched Path，LSP）以后，在标签交换路径的入口把需要通过这个标签交换路径的报文打上 MPLS 标签，中间路由器在收到 MPLS 报文以后直接根据 MPLS 报头的标签进行转发，而不用再通过 IP 报文头的 IP 地址查找。在 MPLS 标签交换路径的出口（或倒数第二跳），弹出 MPLS 包头，还原回原来的 IP 包（在 VPN 的时候可能是以太网报文或 ATM 报文等）。

IP 包进入网络核心时，边缘路由器给它分配一个标签。自此，MPLS 设备就会自始至终查看这些标签信息，并将这些有标签的包交换至其目的地。由于路由处理减少，网络的等待时间也就随之减少，而可伸缩性却有所增加。

MPLS 数据包的服务质量类型可由 MPLS 边缘路由器根据 IP 包的各种参数来决定，如 IP 的源地址、目的地址、端口号、TOS 值等参数。如对于到达同一目的地的 IP 包，可根据其 TOS 值的要求来建立不同的转发路径，以达到其对传输质量的要求。同时，通过对特殊路由的管理，还能有效地解决网络中的负载均衡和拥塞问题。如当网络中出现拥塞时，MPLS 可实时的建立新的转发路由来分担其流量，以缓解网络拥塞。

MPLS 采用的协议有两种，一种是基于限制的路由标签分配协议（Constraint-based Routing Label Distribution Protocol，CRLDP），另一种是资源保留协议（Resource Reservation Protocol，RSVP）。标签分配协议（LDP）在边缘和核心设备之间提供通信，与路由选择协议（如 OSPF、IS-IS、EIGRP（增强的内部网关路由选择协议）和 BGP 等）相结合在边缘和核心设备之间分配标签，建立标签交换路径。目前，MPLS 工作组对这两种方法都使用。但是这样会带来严重的互操作性问题。

MPLS 是基于标签的 IP 路由选择方法，称为多协议标签交换。这些标签可以被用来代表逐跳式或者显式路由，并指明服务质量（QoS）、虚拟专网以及影响一种特定类型的流量（或一个特殊用户的流量）在网络上的传输方式等各类信息。

MPLS 协议实现将第三级的包交换转换成第二级的交换。MPLS 可以使用各种第二层的协议。MPLS 工作组已经把在帧中继、ATM 和 PPP 链路以及 IEEE 802.3 局域网上使用的标签实现了标准化。MPLS 在帧中继和 ATM 上运行的一个好处是它为这些面向连接的技术带来了 IP 的任意连通性。MPLS 的主要发展方向是在 ATM 方面。这主要是因为 ATM 具有很强的流量管理功能，能提供 QoS 方面的服务，ATM 和 MPLS 技术的结合能充分发挥在流量管理和 QoS 方面的作用。

标签是用于转发数据包的报头，报头的格式取决于网络特性。在路由器网络中，标签是独立的 32 位报头。在 ATM 中，标签置于虚电路标识符/虚通道标识符（VCI/VPI）信元报头中。在网络核心，路由器/交换机只解读标签，而不读数据包报头。对于 MPLS 可扩展性非常关键的一点是标签只在通信的两个设备之间有意义。

通常，MPLS 的包头结构如图 7-16 所示。包含 20bit 的标签，3bit 的 EXP，现在通常用作 CoS，1bit 的 S，用于标识这个 MPLS 标签是否是最低层的标签，8bit 的 TTL（Time To Live）。

标签与 ATM 的 VPI/VCI 以及 Frame Relay 的 DLCI 类似，是一种连接标识符。如果链路层协议具有标签域，如 ATM 的 VPI/VCI 或 Frame Relay 的 DLCI，则标签封装在这些域中；如果不支持，则标签封装在链路层和 IP 层之间的一个垫层中。这样，标签能够被任意的链路层所支持。

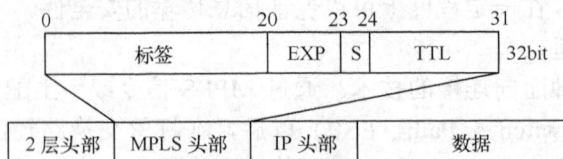

图 7-16　MPLS 包头结构

MPLS 包头的位置界于二层和三层之间，俗称 2.5 层。MPLS 可以承载的报文通常是 IP 包，当然也可以改进直接承载以太包、ATM 的 AAL5 包甚至 ATM 信元等。可以承载 MPLS 的二层协议可以是 PPP、以太网、ATM 和帧中继等。对于 PPP 或以太网二层封装，MPLS 包头结构如图 7-16 所示，但是对于 ATM 或帧中继，MPLS 则分别采用 VPI/VCI 或 DLCI 作为转发的标签，具体结构如图 7-17 所示。

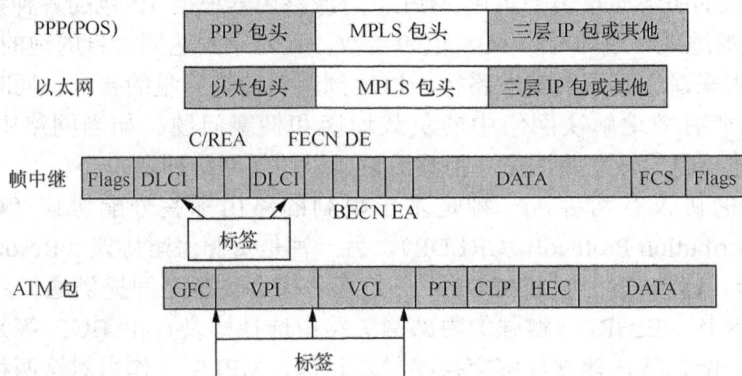

图 7-17　MPLS 在 PPP、以太网、帧中继和 ATM 中的标签

（4）MPLS 的应用

MPLS 因其具有面向连接和开放结构而得到广泛应用。现在，在大型 ISP 网络中，MPLS 主要有流量工程、服务等级（CoS）、虚拟专网（VPN）三种应用。

① 流量工程

随着网络资源需求的快速增长、IP 应用需求的扩大以及市场竞争日趋激烈等，流量工程成为 MPLS 的一个主要应用。因为 IP 选路时遵循最短路径原则，所以在传统的 IP 网上实现流量工程十分困难。传统 IP 网络一旦为一个 IP 包选择了一条路径，则不管这条链路是否拥塞，IP 包都会沿着这条路径传送，这样就会造成整个网络在某处资源过度利用，而另外一些地方网络资源闲置不用。

在 MPLS 中，流量工程能够将业务流从由内部网关协议（IGP）计算得到的最短路径转移到网络中可能的、无阻塞的物理路径上去，通过控制 IP 包在网络中所走过的路径，避免业务流向已经拥塞的节点，实现网络资源的合理利用。

MPLS 的流量管理机制主要包括路径选择、负载均衡、路径备份、故障恢复、路径优先级及碰撞等。

MPLS 非常适合于为大型 ISP 网络中的流量工程提供基础，其原因有以下几点。

首先，支持确定路径，可为每条 LSP 定义一条确定的物理路径。

其次，LSP 统计参数可用于网络规划和分析，以确定瓶颈，掌握中继线的使用情况。

再次，基于约束的路由使 LSP 能满足特定的需求。

最后，不依赖于特定的数据链路层协议，可支持多种的物理和链路层技术（IP/ATM、以太网、PPP、帧中继、光传输等），能够运行在基于分组的网络之上。

② 服务等级

MPLS 的最重要的优势在于它能提供传统 IP 路由技术所不能支持的新业务，提供更高等级的基础服务和新的增值服务。因特网上传输的业务流包括传统的文件传输、对延迟敏感的话音及视频业务等不同应用。为满足客户需求，ISP 不仅需要流量工程技术，也需要业务分级技术。MPLS 为处理不同类型业务提供了极大的灵活性，可为不同的客户提供不同业务。

MPLS 的 QoS 是由 LER 和 LSR 共同实现的：在 LER 上对 IP 包进行分类，将 IP 包的业务类型映射到 LSP 的服务等级上；在 LER 和 LSR 上同时进行带宽管理和业务量控制，从而保证每种业务的服务质量得到满足，改变了传统 IP 网"尽力而为"的状况。一般采用两种方法实现基于 MPLS 的服务等级转发。

一是业务在流经特定的 LSP 时，根据 MPLS 报头中承载的优先级位在每个 LSR 的输出接口处排队。

二是在一对边缘 LSR 间提供多条 LSP，每条 LSP 可通过流量工程提供不同的性能和带宽保证，如入口 LSR 可将一条 LSP 设置为高优先权，将另一条 LSP 设置为中等优先权。

③ 虚拟专用网

为给用户提供一个可行的 VPN 服务，ISP 要解决数据保密及 VPN 内专用 IP 地址重复使用问题。由于 MPLS 的转发是基于标签的值，并不依赖于分组报头内所包含的目的地址，因此 MPLS 有效地解决了这两个问题。

具体到 MPLS VPN 的实现方式，根据运营商边界设备（PE）是否参与用户数据的路由，运营商在建立基于 IP/MPLS 的 VPN 时有两种选择。

第三层的解决方案，通常称作是 Layer3 MPLS VPNs 或 MPLS L3VPN。在 MPLS L3VPN 中，属于同一的 VPN 的两个 IP 专用网络（site）之间转发报文使用两层标签，在入口 PE 上为报文打上两层标签，外层标签在骨干网内部进行交换，代表了从 PE 到对端 PE 的一条隧道，VPN 报文打上这层标签，就可以沿着 LSP 到达对端 PE，然后再使用内层标签决定报文应该转发到哪个 site 上。如图 7-18 所示。

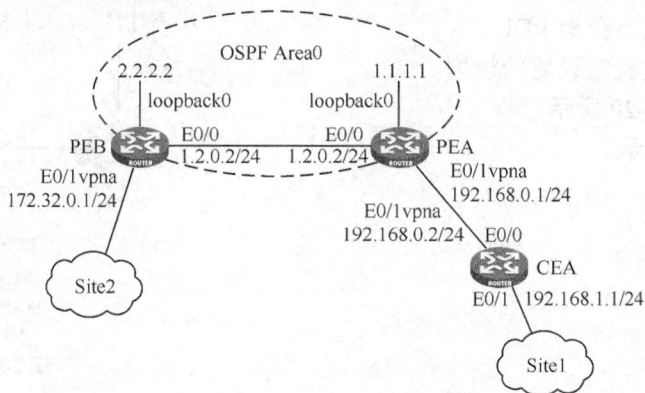

图 7-18 MPLS L3VPN 示意图

第二层的解决方案，通常称作是 Layer2 MPLS VPNs 或 MPLS L2VPN。MPLS L2VPN 就是在 MPLS 网络上透明传递用户的二层数据。从用户的角度来看，这个 MPLS 网络就是一个二层的交换网络。以 ATM 为例，每一个用户边缘设备（CE）配置一个 ATM 虚电路，通过 MPLS 网络与远端的另一个 CE 设备相连，与通过 ATM 网络实现互连是完全一样的。如图 7-19 所示。

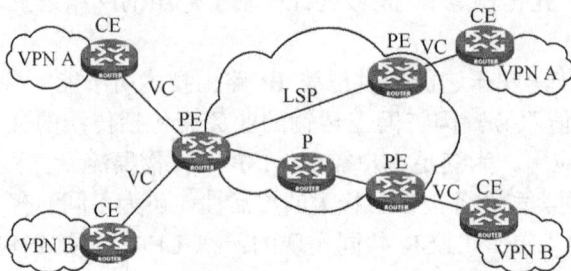

图 7-19 MPLS L2VPN 示意图

MPLS VPN 的技术特点如下。

一是 MPLS 的标签堆栈机制使其具有灵活的隧道功能用于构建 VPN，通常采用两级标签结构，高一级标签用于指明数据流的路径，低一级的标签用于作为 VPN 的专网标识，指明数据流所属的 VPN。

二是通过一组 LSP 为 VPN 内不同站点之间提供链接，通过带有标签的路由协议更新或标签分配协议分发路由信息。

三是 MPLS 的 VPN 识别器机制支持具有重叠专用地址空间的多个 VPN。

四是每个入口 LSR 根据包的目的地址和 VPN 关系信息将业务分配到相应的 LSP 中。

7.3 实践任务

任务：研究数据包的传输过程

任务内容：

（1）完成拓扑。

（2）在实时模式下添加简单 PDU。

（3）在模拟模式下分析 PDU。

（4）试用标准实验室设置的模型。

网络拓扑如图 7-20 所示。

地址如表 7-6 所示。

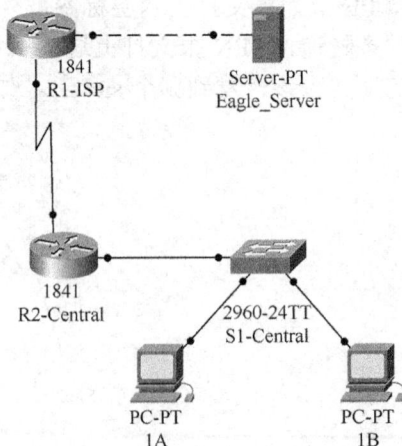

图 7-20 网络拓扑

表 7-6 IP 地址规划

设备	接口	IP 地址	子网掩码	默认网关
R1-ISP	Fa0/0	192.168.254.253	255.255.255.0	不适用
	S0/0/0	10.10.10.6	255.255.255.252	不适用
R2-Central	Fa0/0	172.1.255.254	255.255.0.0	不适用
	S0/0/0	10.10.10.5	255.255.255.252	不适用
S1-Central	VLAN 1	172.16.254.1	255.255.0.0	172.16.255.254
PC 1A	网卡	172.16.1.1	255.255.0.0	172.16.255.254
PC 1B	网卡	172.16.1.2	255.255.0.0	172.16.255.254
Eagle Server	网卡	192.168.254.254	255.255.255.0	192.168.254.253

任务要求：

（1）完成拓扑。

将一台 PC 添加到工作空间。为其配置以下参数：IP Address（IP 地址）172.16.1.2、SubnetMask（子网掩码）255.255.0.0、Default Gateway（默认网关）172.16.255.254、DNS Server（DNS 服务器）192.168.254.254、Display Name（显示名称）"1B"（不包括引号）。将 PC 1B 连接到 S1-Central 交换机的 Fa0/2 端口，然后使用 Check Results（检查结果）按钮检查您的操作，此时可看到拓扑已完成。

（2）在实时模式下添加简单 PDU。

使用 Add Simple PDU（添加简单 PDU）发送一则测试消息：PC 1B 和 Eagle Server 之间的一个 PDU。注意，此数据包在事件列表中将显示为网络中"检测"或"嗅探"到的事件，而且在右下角显示为用户创建的 PDU（可以对其进行操作以用于测试）。

（3）在模拟模式（数据包跟踪）下分析 PDU。

切换到模拟模式。双击 User Created PDU（用户创建的 PDU）窗口中的红色"Fire"（发射）按钮。使用 Capture / Forward（捕获 / 转发）按钮模拟该数据包通过网络移动传输的过程。单击数据包信封，或单击 Event List（事件列表）的 Info（信息）列中的彩色方块，研究该数据包传输过程中的每个步骤。

（4）试用标准实验室设置的模型。

标准实验室设置包括两台路由器、一台交换机、一台服务器和两台 PC。这些设备每台都已经过预先配置。请尝试创建不同的测试数据包组合并分析其通过网络传输的过程。

小结

1．数据通信网按覆盖范围可分为：局域网（Local Area Network，LAN）、城域网（Metropolitan Area Network，MAN）和广域网（Wide Area Network，WAN）。

2．局域网是目前最成熟、应用最广泛的一种计算机网络。因特网就是由大小不同、各具特色的局域网通过广域网连接而成的，因此局域网可以看作是组成计算机网络的细胞。局域网的地理范围和站点数目均有限，具有传输速率高、延迟小、误码率低等特点。

3．城域网分为三层结构：核心层、汇聚层和接入层。核心层主要为各业务汇聚节点提供高速的承载和传输通道，同时实现与既有网络的互连；汇聚层主要完成本地业务的区域汇接，进行业务汇聚、管理与分发处理；接入层则主要利用各种接入技术和线路资源实现对用户的覆盖。

4．常用的广域网包括分组交换网（X.25）、帧中继网 （FRN）、数字数据网（DDN）、ATM 网等公用数据通信网。

5．在 TCP/IP 网络中是由路由器来完成 IP 数据报的转发的。在一个广播域内各主机的 IP 地址的网络号相同，路由器各端口的 IP 地址分别属于它所连接的不同网络。

6．为了使数字数据信号在带通信道中传输，必须用载波对数字数据信号进行调制。

7．在数字数据基带传输中较常用的传输码型，包括单极性不归零码、单极性归零码、双极性不归零码、双极性归零码、曼彻斯特码、差分曼彻斯特码、4B/5B 编码、8B/10B 编码等。

8．差错控制的核心是抗干扰编码，即差错控制编码，简称纠错编码，也叫信道编码。数据通信常用的差错控制编码是奇偶校验码和 CRC 码。

9．为防止节点链路间的缓冲器溢出或链路阻塞，数据通信网应具备流量控制功能，以协调发送端和接收端的数据流量。常用的流量控制方法有停等 ARQ 和滑动窗口等机制。

10．多协议标签交换（Multi-Protocol Label Switching，MPLS）技术是一种在开放的通信网上利用标记引导数据高速、高效传输的新技术。

习题

7-1　简述局域网的体系结构。
7-2　局域网的介质访问控制方式有哪些？
7-3　简述城域网的网络结构。
7-4　宽带 IP 城域网的骨干网技术有哪些？
7-5　简述城域网的应用。
7-6　分析 IP 数据报的传送过程。
7-7　对数据序列 1101000101 进行曼彻斯特和差分曼彻斯特编码。
7-8　简述滑窗协议。
7-9　什么是 IP 交换？
7-10　简述 MPLS 的工作原理。

【本章任务】理解网络服务的模式，掌握服务器安装配置的基本步骤，能够自己配置一个 Web 服务器并制作主页，能用浏览器访问自己的网站。

8.1 网络操作系统

网络操作系统（Network Operation System，NOS），负责整个网络系统的软硬件资源的管理和控制，是用户与网络资源之间的接口。一般服务器上都要安装网络操作系统，以支持各种网络服务功能。

网络操作系统是建立在独立的操作系统之上，为网络用户提供网络系统资源的桥梁。在多个用户争用系统资源时，网络操作系统进行资源调剂管理，它依靠各个独立的计算机操作系统对所属资源进行管理，协调和管理网络用户进程或程序与联机操作系统进行交互。

1．网络操作系统的功能

操作系统是计算机系统的重要组成部分，它是用户与计算机之间的接口。一般来说，单机操作系统必须具备以下两方面功能。

（1）为用户提供各种简便有效的访问本机资源的手段。

（2）合理地组织系统工作流程，能够有效地管理系统。

但是，单机操作系统只能为本地用户使用本机资源提供服务，不能满足开放的网络环境的要求。对于联网的计算机来说，它们的资源既是本机资源，同时也应该是网络资源。这些计算机既要为本地用户使用资源提供服务，也要为远地网络用户使用资源提供网络系统的安全性服务。因此，网络操作系统除了具备诸如内存管理、CPU 管理、输入输出管理、文件管理等单机操作系统所需的功能外，还应有下列功能。

（1）提供高效可靠的网络通信能力。

（2）提供多项网络服务功能，如远程管理、文件传输、电子邮件、远程打印等。

2．网络操作系统的分类

目前，最为流行的网络操作系统主要包括 Windows 类、Unix 类、Linux 类、NetWare 类等。

（1）Windows 类

对于这类操作系统，相信用过计算机的人都不会陌生，这是全球最大的软件开发商——Microsoft（微软）公司开发的。微软公司的 Windows 系统不仅在个人操作系统中占有绝对优势，它在网络操作系统中也具有非常强劲的力量。这类操作系统配置在整个局域网配置中是最常见的，但由于它对服务器的硬件要求较高，且稳定性不是很高，所以微软的网络操作系统一般只是用在中低档服务器中，高端服务器通常采用 Unix、Linux 等非 Windows 操作系统。微软的网络操作系统主要有：Windows NT 4.0 Server、Windows 2000 Server、Windows 2003 Server、Windows 2008 Server、Windows 2012 Server 等。

（2）Unix 系统

Unix 系统版本很多，例如，UnixSUR4.0、HP-UX、SUN 的 Solaris 等，支持网络文件系统服务，提供数据等应用，功能强大，由 AT&T 和 SCO 公司推出。这种网络操作系统稳定性能和安全性能非常好，但由于它多数是以命令方式来进行操作的，不容易掌握，特别是对初级用户而言，所以小型局域网基本不使用 Unix 作为网络操作系统，Unix 一般用于大型的网站或大型的企事业局域网。Unix 网络操作系统历史悠久，其良好的网络管理功能已为广大网络用户所接受，拥有丰富的应用软件的支持。

（3）Linux

这是一种新型的网络操作系统，其最大的特点就是源代码开放，可以免费得到许多应用程序。目前也有中文版本的 Linux，如 redhat（红帽子）、Linux（红旗）等，在国内得到了用户的充分肯定。其优点主要体现在安全性和稳定性方面，它与 Unix 有许多类似之处。但这类操作系统主要应用于中、高档服务器中。

（4）NetWare 类

以前，NetWare 操作系统曾经在局域网雄霸一方，NetWare 操作系统的优点是对网络硬件的要求较低，NetWare 服务器对无盘工作站和游戏的支持较好，它兼容 DOS 命令，其应用环境与 DOS 相似，常用于教学网和游戏厅。目前这种操作系统应用已经很少。

网络操作系统是网络的心脏和灵魂，是向网络计算机提供网络通信和网络资源共享功能的操作系统。它是负责管理整个网络资源和方便网络用户的软件的集合。由于网络操作系统是运行在服务器之上的，所以有时我们也把它称之为服务器操作系统。

8.2　因特网的应用服务

8.2.1　因特网服务模式

因特网中的服务模式可以分成两大类。

1. 客户机/服务器模式

客户机/服务器（Client/Server）模式，简称 C/S 模式，该模式下两个主机一个作为服务器，提供服务；一个作为客户机，请求服务。因特网中的常用应用如万维网（WWW）、电子邮件（E-Mail）、文件传送（FTP）和远程登录（TELNET）服务以及为各种应用提供支持的域名解析服务（DNS）等，都使用客户机/服务器模式。每一种服务都是通过相应的应用层协议来完成的。

因特网中广泛使用的客户机/服务器模式是基于 Web 的客户机/服务器模式，也称为 B/S（Browser/Server）模式，这种模式下的客户机就是浏览器，各种应用软件则放在服务器中运行，客户机只要通过浏览器访问服务器就可以得到相应的服务，与 C/S 模式相比，B/S 模式服务器的负担较重，而客户机所承担工作较少，也称之为瘦客户机。

2．对等连接模式

对等连接（peer-to-peer，简写为 P2P）模式是指两个主机在运行时并不区分哪一个是服务请求方，哪一个是服务提供方。只要两个主机都运行了对等连接软件（P2P 软件），它们就可以进行平等的、对等连接通信。

8.2.2　域名解析服务

先看一个实例，在浏览网页时，如果在浏览器地址栏输入 http://www.sjzpc.edu.cn/，正常情况下我们会看如图 8-1 所示的页面，在地址栏输入网址 http://218.12.32.231/，也可以得到同样的页面，因为 218.12.32.231 就是主机 www.sjzpc.edu.cn 的 IP 地址，他们代表同一台主机。

图 8-1　网站 http:// 218.12.32.231/的首页面

下面，我们在连接属性中修改 "Internet 协议（TCP/IP）" 的属性设置，删除其中的 DNS 地址，结果如图 8-2 所示。

保存设置后，再次输入网址 http:// 218.12.32.231/，仍然能够正常访问网站，但是这次如果在浏览器地址栏输入 http://www.sjzpc.edu.cn/，我们会看到如图 8-3 所示的结果，即出现 "域名无法解析" 的错误。

恢复 DNS 设置后就又可以正常访问网站了。这里的 DNS 叫域名服务器，其作用就是能够把主机的域名翻译成 IP 地址。下面将详细讲解域名解析的概念。

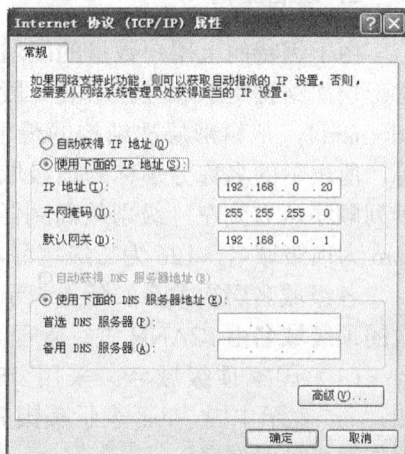

图 8-2　删除 DNS 设置

图 8-3　域名无法解析页面

1．域名的概念

人们在日常生活中，想要寻找某个地点时，需要事先知道该地点的地址。在因特网中主机间进程使用 IP 地址来进行寻址，但 IP 地址是一长串二进制数（IPv4 是 32 位，IPv6 是 128 位），即使采用点分十进制或冒号十六进制的记法来表示，无规则的枯燥的字符数字也比手机号码还难记，而人们习惯于记忆名字。为了便于记忆，常采用有意义的字符串代替字符数字串表示网络资源的地址。例如，网易的 Web 服务器的网址为 www.163.com。这种唯一标识网络节点地址的符号叫作域名（domain name）。域名由专门的组织（不同级别的网络信息中心）进行管理和分配，用户使用域名需要向该组织申请和注册。

2．域名结构

由于因特网上用户数量的剧增，域名也相应地剧增，为了方便管理、记忆和查找，按照树形层次结构组织域名。域名一般由若干个部分组成，各个部分用点分开，每个部分称为域（domain），从树形层次结构的最顶层（树根）依次往下分别称为顶级域、二级域、三级域等，所表示的名称分别称为顶级域名（Top Level Domain，TLD）、二级域名、三级域名等，排列顺序从右到左，级别从高到低，分别对应树形结构的不同层次。如 www.126.com 中的 com 为顶级域名，126 为二级域名，www 为三级域名。

各级域名层次关系实际上表示的是隶属关系，各级域名由上一级域名进行管理。最高层次的顶级域名由 ICANN 进行管理。顶级域名分成三大类。

（1）国家顶级域名。采用 ISO3166 的规定，有 243 个国家和地区的顶级域名。例如，.cn 表示中国，.us 表示美国等。注意，.tv 本是图瓦卢的国家顶级域名，通过谈判现在用作通用顶级域名。

（2）国际顶级域名。采用.int，国际性组织可在.int 下注册域名。例如，世界知识产权组织（WIPO）域名争议解决中心的域名为 www.wipo.int。

（3）通用顶级域名（general TLD，gTLD）。这些域名表示公司、政府部门、军事部门、教育机构等，如表 8-1 所示。这类域名的个数随着需求的增加也在不断增加。

表 8-1　　　　　　　　　　　　　　常用的通用顶级域名

序号	域名	代表含义	序号	域名	代表含义
1	.com	公司企业	9	.coop	合作团体
2	.net	网络服务机构	10	.info	网络信息服务组织
3	.org	非营利性组织	11	.museum	博物馆
4	.gov	政府部门	12	.name	个人
5	.mil	军事部门	13	.pro	自由职业者
6	.edu	教育机构	14	.cc	商业公司
7	.aero	航空部门	15	.mobi	手机（移动终端）
8	.biz	商业	16	.tv	宽频媒体

顶级域名下面是二级域名，我国将二级域名分成"类别域名"和"行政区域域名"两大类。其中类别域名 6 个，如表 8-2 所示。行政区域域名 34 个，用于表示省、自治区、直辖市和特区，如.bj 表示北京，.he 表示河北省等。若在我国二级域名.edu 下面申请注册三级域名，需要向中国教育科研计算机网络中心申请，若在其他二级域名下面申请注册三级域名，需要向中国互联网网络信息中心 CNNIC 申请。2003 年 3 月 17 日正式开放对.cn 下面二级域名的申请。

表 8-2　　　　　　　　　　　　　我国的二级域名中的类别域名

序号	域名	代表含义	序号	域名	代表含义
1	.com	公司企业	4	.edu	教育机构
2	.net	网络服务机构	5	.ac	科研机构
3	.org	非营利性组织	6	.gov	政府部门

根据 2003 年 3 月份 IETF 发布的多语种域名国际标准，还可以使用中文域名，即在域名中至少含有一个中文文字，目前有多种类型的中文顶级域名可供注册，例如，中文.com、中文.net、中文.org、中文.cc、中文.CN、中文.中国、中文.公司、中文.网络，等等。注意，为了使人们方便地找到想要访问的网络资源，还有网络实名或通用网址服务，都是以域名为基础，在申请域名后，向提供网络实名或通用网址服务的公司或机构申请注册网络实名或通用网址，以建立网络资源的名称与网络资源的网络地址之间的对应关系，利用模糊智能技术，可以用名称的缩写，甚至不太准确的名称信息来找到想要访问的网络资源。

图 8-4 表示了域名空间的层次结构关系。其中从四级域名 green 到树根串起来得到 green.sjzpc.edu.cn，它表示的是石家庄邮电职业技术学院邮件服务器的域名。从该图中可以看出，一个单位拥有了三级域名后，它完全可以自己为下一级域名命名。

图 8-4　因特网域名空间结构示意图

3．域名解析

（1）域名服务器

使用域名表示某个网络节点的地址，只是为了方便记忆，但随 IP 数据报一起传输的还是 IP 地址，显然，我们上网时在浏览器（browser）的地址栏输入的是域名，这时就需要一种方法能自动地将域名转换成 IP 地址。这种将域名转换为 IP 地址的过程称为域名解析，这个转换功能由域名服务器来完成。

域名服务器系统是一个分布式系统，其运行的实现域名解析功能的软件也称为 DNS 服务器。DNS 服务器软件工作在应用层，它使用传送层的 UDP 进行传输。在因特网上设有多个域名服务器，它们按照域名的层次进行组织。每一个自治系统（AS）都有自己的域名服务器，它负责本区域内所有网络节点域名的管理和解析，该域名服务器称为本地域名服务器，也叫作授权/默认域名服务器。它要求该区域的所有的网络节点必须将其域名和对应的 IP 地址等信息登记在本地域名服务器的 DNS 数据库中。此外，因特网上还设有 13 个根域名服务器，它们负责顶级域名管理的授权域名服务器，这些域名服务器大部分位于北美洲。域名服务器系统中的按照层次关系组织起来的各层次、各区域的域名服务器协同工作，以完成因特网上繁重的域名解析任务。

为实现域名解析功能，每个域名服务器必须知道所有根域名服务器的 IP 地址；还必须知道其下一级的域名服务器的 IP 地址。

（2）域名解析方式

通常，域名解析有两种不同的实现方式：递归解析和反复解析。

① 递归解析。当主机需要进行域名解析时，它就向本地域名服务器发送一个 DNS 请求报文，其中含有要解析的域名信息，若本地域名服务器上有该域名信息，就直接形成 DNS 响应报文，将对应的 IP 地址等信息返回给主机，完成解析任务；若本地域名服务器上没有该域名信息，则本地域名服务器将根据顶级域名请求相应的根域名服务器协助查找，若找不到，根域名服务器再根据域名的二级域名请求相应的二级域名服务器协助查找，依次类推，直到某一级域名服务器找到了相应的域名信息，然后它形成 DNS 响应报文，按照刚才的请求路径逆向传递，最终传递给请求域名解析的主机，完成解析任务。如图 8-5 所示。

② 反复解析。也称为迭代解析。它不同于递归解析的是，当本地域名服务器将根据顶级域名请求相应的根域名服务器协助查找时，若找不到该域名信息，根域名服务器根据待查找

域名的二级域名确定相应的二级域名服务器后，只是把其 IP 地址通知本地域名服务器；然后由本地域名服务器自己去请求相应的二级域名服务器协助查找，同样地，若找不到，该域名服务器根据待查找域名的三级域名确定相应的三级域名服务器，并把其 IP 地址通知本地域名服务器；然后再由本地域名服务器请求相应的三级域名服务器协助查找，依次类推，直到某一级域名服务器找到了相应的域名信息，然后它形成 DNS 响应报文，传送给本地域名服务器，再由本地域名服务器传递给请求域名解析的主机，完成解析任务。如图 8-6 所示。

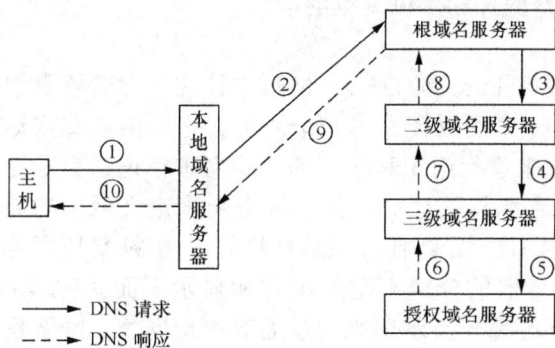

图 8-5　递归解析示意图　　　　　　　　　图 8-6　反复解析示意图

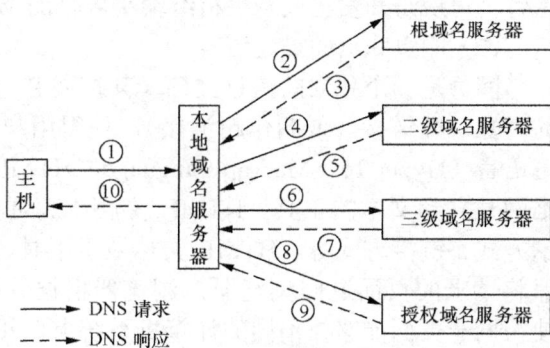

（3）提高域名解析速度的方法

① 在本地域名服务器内设置了一个高速缓存，存储在域名解析过程中得到的不在其管辖范围内的域名和对应的域名服务器地址信息。

② 许多主机在启动时从本地域名服务器中下载全部域名解析信息，同时在内存中设置了高速缓存，用于记录新得到的域名解析信息。

注意，为了能够及时反映网络的动态变化，高速缓存中的域名解析信息在设定的时限到达后就失效了，需要更新。为了增加可靠性，域名服务器要有冗余备份。

8.2.3　WWW 服务

1. WWW 服务的基本概念

（1）万维网与 WWW 服务

WWW 是 World Wide Web 的简称，中文名字叫作万维网或环球信息网。万维网是蒂姆·伯纳斯-李（Tim Berners-Lee）最初于 1989 年 3 月在《关于信息化管理的建议》一文提出的，他于 1990 年发明了首个网页浏览器 World Wide Web。

万维网（WWW）是通过超文本（hypertext）技术将因特网上的各种网络资源组织起来，形成的一个资源丰富的、功能强大的资源网络，它提供的资源主要包括计算资源和信息资源两大类。万维网用链接的方法使人们在因特网上能够方便地从一个站点访问到另外的站点，从而主动地按需获取丰富的信息。各站点的资源用超媒体（hypermedia）语言来描述，表现为一个个相互通过链接联系在一起的网页（Web page），并以一个个独立页面的形式通过浏览器窗口来显示出来。由于这些网页之间的链接关系如蜘蛛网（web）般错综复杂，网页（Web page）因此而得名。

万维网（WWW）服务就是让用户可以方便地浏览因特网上的以网页形式存储的各种

信息。

在万维网出现后，为了方便使用，1993 年 2 月第一个图形界面的浏览器 Mosaic 问世，1995 年网景公司开发的著名的 Netscape Navigator（后发展为 Firefox）浏览器上市，而目前最流行的浏览器是微软公司的 IE（Internet Explorer）浏览器。万维网和浏览器的出现，使因特网从仅由少数计算机专家使用变为普通人也能够方便使用的信息资源，从而极大地促进了因特网应用的普及和发展。移动互联网的发展使得 WWW 服务可以通过手机来获得，于是各公司纷纷开发出适合手机终端小屏幕的 WAP 服务和手机浏览器。

（2）网页和页面描述语言

网页是一个独立的信息文档（其扩展名一般为 html 或 htm），网页中往往包含着可引用的对象，即链接（或叫作超链接），使得用户从一个网页转到另一个网页。它是用超文本标记语言（Hyper Text Markup Language，HTML）来进行组织和编写的。超文本标记语言是万维网建立超文本的工具。HTML 文档由普通文字和标签组成。其中标签用来定义网页的显示方式、链接方式等。HTML 文档被引用时，由 HTML 解释程序解释执行，当 WWW 服务器将请求的页面返回浏览器，浏览器根据其显示器的分辨率重新组织和显示页面。HTML 使得同一页面能够在不同的计算机系统上以相同的格式显示出来，从而对用户屏蔽了网络系统的异构特性，方便了用户的使用。

HTML 文档分为三种：静态文档、动态文档和活动文档。

① 静态文档。网页的页面内容在每次访问时都是一样的，不会发生改变。

② 动态文档。网页的页面内容随着访问时间不同、用户身份不同等可以发生变化。动态文档需要在服务器端运行一个应用程序来实现相应的控制功能。动态文档和静态文档都是由服务器端生成后再传给浏览器的，对浏览器来说，动态文档和静态文档的处理是一样的。

③ 活动文档。网页的页面内容可以自行连续更新变化的文档。相当于把产生文档的工作都转移到了浏览器，请求一个活动文档时，从服务器返回的结果不是网页文件，而是一段程序，它在浏览器运行。注意：对活动文档来说，每次请求，返回的程序是一样的。为提高效率，活动文档可以在浏览器的缓存中保留副本；活动文档可以处理成压缩形式；活动文档可以不包括其运行所需的全部文件，而将大部分的支持软件事先存放在浏览器中。

超媒体（hypermedia）是超文本（hypertext）的扩展，它使网页内容不仅包含文本信息，还有其他表示方式的信息，如图形/图像、声音、动画以及活动的视频图像等。在 HTML 的基础上还提出了可扩展标记语言（Extensible Markup Language，XML），XML 具有允许用户自由定义标签、支持元素任意层次的嵌套等优点。

2. WWW 服务的工作原理

（1）统一资源定位器（Uniform Resource Locator，URL）

因特网上的每一个网页都具有一个唯一的名称标识，通常称之为 URL 地址，这种地址可以是本地磁盘，也可以是局域网上的某一台计算机，更多的是因特网上的站点。简单地说，URL 就是 Web 地址，俗称"网址"。URL 是 URI 方案集的子集。

URL 不仅指明了网络资源所在的位置，还包含如何访问该资源的明确指令。例如，"http://www.microsoft.com/"为 Microsoft 网站的万维网 URL 地址。": //"是分隔符，其前面的"http"指明了访问 Microsoft 网站使用的是 HTTP。后面的"www.microsoft.com"是 Microsoft 网站的域名。

URL 是统一的，因为它们采用相同的基本语法，无论寻址哪种特定类型的资源（网页、新闻组）或描述通过哪种机制获取该资源。

URL 的一般格式为（带方括号[]的为可选项）：

protocol://hostname[:port]/path/[；parameters][?query]#fragment

URL 的各组成部分说明如下。

① protocol，即协议。指定使用的传送协议。常用的协议有 HTTP、FTP、TELNET、MAILTO、FILE 等。

② hostname，即主机名。指存放资源的服务器的域名或 IP 地址。有时，在主机名前也可以包含连接到服务器所需的用户名和密码（格式：username:password）。

③ port，即端口。省略时使用方案的默认端口，有时候出于安全或其他考虑，可以在服务器上对端口进行重定义，即采用非标准端口号，此时，URL 中就不能省略端口号这一项。

④ path，即路径。由零或多个"/"符号隔开的字符串，一般用来表示主机上的一个目录或文件地址。

以上各项比较常用，下面几项虽然用的较少，但上网时在浏览器的地址栏也会经常看到。

⑤ parameters，即参数。用于指定特殊参数的可选项。

⑥ query，即查询。用于给动态网页（如使用 CGI、ISAPI、PHP/JSP/ASP/ASP.NET 等技术制作的网页）传递参数，可有多个参数，用"&"符号隔开，每个参数的名和值用"="符号隔开。

⑦ fragment，即信息片断。字符串，用于指定网络资源中的片断。例如，一个网页中有多个名词解释，可使用 fragment 直接定位到某一名词解释。

注意，Windows 主机不区分 URL 大小写，但是，Unix/Linux 主机区分大小写。

（2）WWW 服务系统的组成

WWW 服务系统由客户机、WWW 服务器和 HTTP 三部分组成。

① 客户机。是用户的本地计算机。使用浏览器软件访问 WWW 服务器。

② WWW 服务器。是网站的服务器，是用户访问的信息资源所在的计算机。为用户提供 WWW 浏览服务。通常是租用或托管在互联网数据中心（Internet Data Center，IDC）。

③ HTTP。是在客户机和 WWW 服务器之间使用的网络传送协议，它属于应用层的面向对象的协议。HTTP 的具体内容包括资源定位和消息内容格式两部分。资源定位是采用 URL 指明所要访问的信息资源的位置。HTTP 采用电子邮件的 MIME 协议定义所传输数据的格式。HTTP 定义两种报文格式：请求报文和响应报文。客户机进程发送 Web 请求时使用请求报文；服务器进程返回查找的结果时使用响应报文。HTTP 报文使用传送层的 TCP 进行传输。

（3）WWW 服务系统的模式

WWW 服务采用客户机/服务器模式。WWW 服务器启动后一直运行着一个服务器进程，它在 80 号端口等待用户的 Web 请求。当用户想要访问因特网上的信息资源时，通过运行在客户机上的浏览器等软件产生一个 Web 请求，该 Web 请求通过 HTTP 传输到 WWW 服务器的 80 号熟知端口；当 WWW 服务器收到一个 Web 请求后，服务器进程根据请求找到相关的 Web 信息，并通过 HTTP 将查到的 Web 信息返回到客户机；当客户机收到返回的 Web 信息后，将其以 Web 页面的形式显示在显示器的浏览器窗口，供用户浏览。

3．WWW 服务和浏览器的使用

从 URL 地址可知，浏览器不仅能够提供 WWW 服务，还将各种因特网服务集成在一个浏览器软件中。通过浏览器软件可以使用各种因特网服务。

在需要使用各种因特网服务时，上网用户需首先在本地计算机上安装浏览器软件，打开浏览器软件后，出现的是用户设定的主页，用户在浏览器的地址栏输入链接地址或者点击（激活）网页中感兴趣的超链接，然后就由浏览器软件自动请求完成域名解析，并根据请求服务类别使用相应的协议。例如，最常用的 WWW 服务使用 HTTP，通过其熟知端口（80）与服务器建立 TCP 连接，然后传送 Web 请求，得到 WWW 服务器的响应报文后，在浏览器窗口将该 Web 页显示出来。

在浏览器中进行代理服务器的 IP 地址等相关设置后，可以通过代理服务器的转发，将因特网服务请求发送到相应的服务器，这样，在该用户不能直接访问应用服务器时仍可以得到一些因特网服务。比如，在校园网中，不能直接服务外网的主机可以通过代理服务器获取各种被许可的应用服务。

8.2.4　远程登录服务

1．远程登录服务的基本概念

计算机发展初期，个人计算机功能简单，软硬件资源集中在小型机或更高级的计算机系统上，只能采用共享的方式来使用。个人计算机（或终端）作为一个仿真终端或者智能终端登录到远程计算机系统上，以使用远程计算机系统上的资源，这就是远程登录（TELNET）服务。虽然现在个人计算机功能逐渐增强，TELNET 很少使用，但在数据通信维护管理时，经常会用到 TELNET。

2．远程登录服务的工作原理

远程登录服务通过远程终端协议来实现，它使用传送层的 TCP 进行传输。工作模式为客户机/服务器模式，它由两部分组成：客户机和 TELNET 服务器。TELNET 服务器上运行 TELNET 服务器进程，这个进程是一个守护进程，一直运行在 23 号端口，等待用户的 TELNET 请求。当有用户要请求 TELNET 服务时，他在客户机上要启动一个 TELNET 客户机进程，通过 23 号端口向 TELNET 服务器发送请求，TELNET 服务器进程收到该请求后，会启动一个子进程响应该 TELNET 请求，为用户提供具体的服务，然后又返回到 TELNET 服务器进程继续等待其他用户的 TELNET 请求。如图 8-7 所示。

针对远程登录服务中的客户机和 TELNET 服务器可能是异构的，因特网采用网络虚拟终端（Network Virtual Terminal，NVT）来适应不同系统间的差异，即在客户机进程和 TELNET 服务器进程之间使用的是

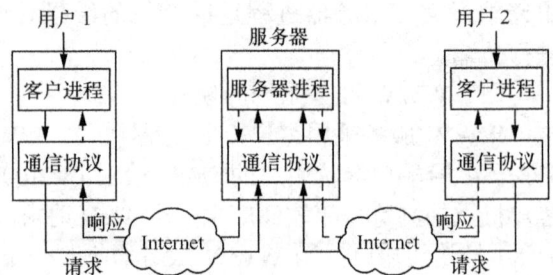

图 8-7　远程登录示意图

NVT 格式。如图 8-8 所示。因此，TELNET 服务器上运行的服务器进程应该包括 TELNET 服务器进程、子进程和实现到 NVT 格式转换的网络虚拟终端驱动进程。客户机运行的客户机进程应该包括 TELNET 客户机进程和实现到 NVT 格式转换的网络虚拟终端驱动进程。

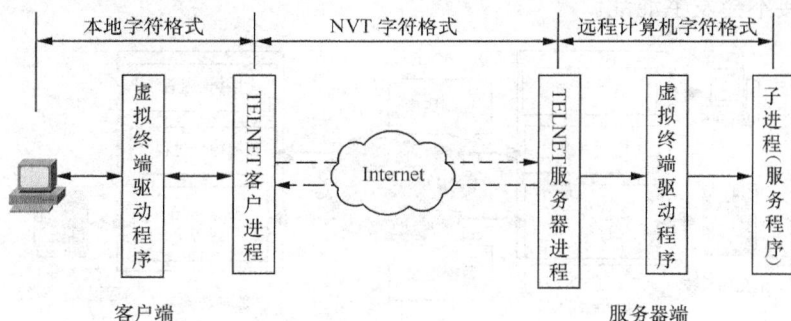

图 8-8　远程登录的 NVT 格式转换示意图

3．远程登录服务的使用

本地用户要获取远程登录服务时，使用 telnet 命令在 TELNET 服务器上进行登录和注册，获得允许后就像本地终端一样，可以访问 TELNET 服务器上的各种资源。

8.2.5　文件传送服务

1．文件传送服务的基本概念

文件传送服务是将数据文件从一台计算机复制到另一台计算机，即实现文件的下载和上传功能。同样在网络中异构的计算机之间进行文件传送服务时，要考虑其操作系统、目录类型、文件结构及格式、字符的代码集等差异，因此其实现是相当复杂的。需要设法屏蔽掉各种差异，为用户提供透明的文件传送服务。因特网常常采用文件传送协议（File Transfer Protocol，FTP）实现透明的文件传送服务，因此文件传送服务也称为 FTP 服务。

2．FTP 服务的工作原理

文件传送服务的工作模式为客户机/服务器模式，它由两部分组成：客户机和 FTP 服务器。客户机运行的 FTP 客户机进程包括控制进程、数据传送进程和用户界面，服务器运行的 FTP 服务器进程包括主控制进程、从属控制进程和数据传送进程。FTP 服务使用传送层的 TCP 进行传送，并且在进行文件传送时，FTP 客户机和服务器之间要建立两个 TCP 连接：控制连接和数据连接。如图 8-9 所示。

FTP 服务的过程如下。

（1）FTP 服务器一直运行主控制进程，打开熟知端口（21 号端口），等待用户的连接请求。

（2）用户应用 FTP 客户机的客户机进程通过 21 号端口发出 FTP 连接请求。

（3）FTP 服务器的主控制进程收到用户的 FTP 连接请求后，启动从属控制进程来处理用户的连接请求。然后 FTP 服务器的主控制进程又去等待其他用户的连接请求。

（4）FTP 服务器的从属控制进程建立 2 个 TCP 连接，其中控制连接用于在客户机与服务器的控制进程之间传送用户的文件传送请求及其应答，而数据连接用于在客户机与服务器的数据传送进程之间传送文件。控制连接在整个会话期间一直保持打开状态，而数据连接在完成文件传送后将释放连接。传送数据的熟知端口号是 20，由于两个进程使用了不同的端口号，虽然源 IP 地址和目的 IP 地址相同，但标识两个 TCP 连接的端口号不同，所以控制连接与数据连接不会发生混乱。

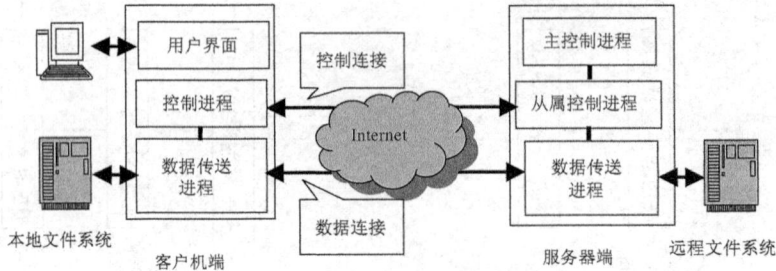

图 8-9　FTP 服务示意图

注意，FTP 服务中的各种进程可以是并发的，可以同时为多个用户服务，并且每个用户也可以在建立控制连接后，一次或分多次请求来传送多个文件。FTP 服务提供文本和二进制两种数据格式文件的传输。对文本文件传输时也要进行 NVT 格式转换。

3．FTP 服务的使用

本地用户要获取 FTP 服务时，需要使用 FTP 命令或使用 FTP 客户机软件在 FTP 服务器上进行登录和注册，有的 FTP 服务器允许匿名服务，否则需要使用用户名和密码登录。当登录上 FTP 服务器后，就像在本地文件系统一样，但为了安全管理，根据需要给每个用户设置有相应的权限，规定其允许访问的范围和允许进行的读/写或修改文件操作。

4．其他文件传送服务方式

FTP 服务传送的是整个文件，当传送仅做了少量修改的文件时，效率很低。与之相比有一种网络文件系统（Network File System，NFS）允许应用进程打开一个远程文件，并能在该文件的某个特定位置上开始读/写文件。在用户和服务器之间只需传送少量的修改数据即可，和 FTP 服务相比效率很高。

FTP 服务可以同时上传和下载，与之相比还有一种简单文件传送协议（Trivial File Transfer Protocol，TFTP），它使用传送层的 UDP 进行传输，使用 69 号熟知端口。TFTP 不支持交互，但能够实现广播。其差错控制就像使用停等协议一样，将文件分成若干个编有序号的文件块，每发送一个文件块后，就等待对方确认，超时而得不到确认时，采用超时重传，接受方超时收不到下一个文件块时，也要重发确认 UDP 数据报。因为 TFTP 不需要建立 TCP 连接，所以适合传送小文件。

8.2.6　电子邮件服务

1．电子邮件服务的基本概念

电子邮件服务是计算机网络提供的基本服务方式，是目前因特网上使用最为广泛的服务之一。电子邮件又称为 E-mail 或电子信箱。发信人将电子邮件发送到 ISP 的邮件服务器，并放在其中的收信人邮箱（mail box）中，收信人可随时上网到 ISP 的邮件服务器进行读取。与电话相比，它不需要通信双方同时来完成，所以带来很多方便。目前电子邮件以其简单、快捷、廉价的特点成为人们相互传递信息的重要方式之一。

2．电子邮件服务的工作原理

（1）电子邮件系统的组成

电子邮件系统一般由用户代理（User Agent，UA）、邮件服务器和邮件传输协议三部分组成。如图 8-10 所示。

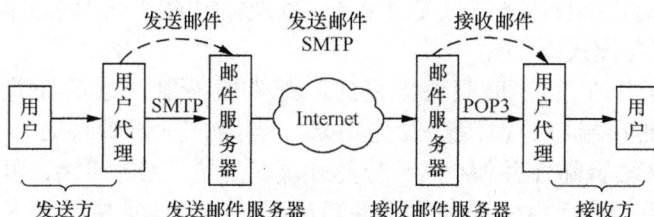

图 8-10　邮件系统的组成示意图

① 用户代理。是用户与电子邮件系统的接口，在大多数情况下它就是在用户 PC 中运行的程序。用户代理至少应当具有邮件的撰写、显示和处理功能。

② 邮件服务器。是电子邮件系统的核心构件。从功能上分为发送邮件服务器和接收邮件服务器，通过因特网分别完成邮件的发送和接收功能。

③ 电子邮件协议。邮件服务器需要使用两个不同的协议。一个协议用于发送邮件，即简单邮件传送协议（Simple Mail Transfer Protocol，SMTP），SMTP 消除了系统间的异构性，邮件正文使用 NVT 编码进行传输；而另一个协议用于接收邮件，即邮局协议（Post Office Protocol，POP），目前使用的版本是 POP3。运行 POP3 协议的接收邮件服务器只有在用户输入鉴别信息（电子邮件地址和密码）后才允许对邮箱进行读取。

（2）电子邮件协议的扩充

SMTP 和 POP3 是最初使用的电子邮件传送协议，随着因特网应用的普及，电子邮件传送协议逐渐得到了完善。

① 通用因特网邮件扩充（Multipurpose Internet Mail Extensions，MIME）协议。由于因特网最初采用的 SMTP 只能传送可打印的 7 位 ASCII 码格式的邮件，因此在 1993 年又制定了新的电子邮件标准，即通用因特网邮件扩充（MIME）协议。MIME 协议在其邮件首部中说明了邮件的数据类型（如文本、声音、图像、视频文件等），MIME 协议邮件可同时传送多种类型的数据，这在多媒体通信环境下是非常有用的。MIME 协议工作在用户代理和SMTP 之间，起到将 SMTP 支持的非 7 位 ASCII 码数据格式与多种其他类型的数据格式进行转换的作用。

② 因特网报文存取协议（Internet Message Access Protocol，IMAP）。IMAP 是一种比POP3 更为复杂的邮件读取协议，它也是工作在客户机/服务器模式。IMAP 是一种联机协议，运行在用户主机上的 IMAP 客户机程序要一直保持与 IMAP 服务器的连接，被读取的邮件也一直保存在 IMAP 服务器上，直到被用户主动删除。这样用户就可以在不同的地点使用不同的计算机读取信箱中的邮件。与 POP3 相比，IMAP 的功能就是代理接收邮件，使得用

户在自己的 PC 上就可以操纵 ISP 的邮件服务器的邮箱，就像在本地操纵一样。

注意不要将邮件读取协议 POP 和 IMAP 与邮件传送协议（SMTP）弄混。发信人的用户代理向源邮件服务器发送邮件，以及源邮件服务器向目的邮件服务器发送邮件，都是使用 SMTP。而 POP 和 IMAP 则是用户从目的邮件服务器上读取邮件所使用的协议。

（3）电子邮件的格式

电子邮件由信封（envelope）和内容（content）两部分组成。

TCP/IP 体系的电子邮件系统规定电子邮件地址（E-mail address）的格式如下：

        收信人邮箱名@邮箱所在主机的域名

在发送电子邮件时，邮件服务器只使用电子邮件地址中的后一部分，即目的主机的域名。

（4）电子邮件服务模式

电子邮件系统工作在客户机/服务器模式。邮件服务器一直运行着一个接收邮件服务器进程，在 25 号熟知端口等待用户发送请求。当用户发送邮件时，启动一个客户机进程，即用户代理，来编辑邮件并使用 25 号熟知端口建立 TCP 连接，并将编辑好的邮件发送给接收邮件服务器；然后由发送邮件服务器进程与邮件地址中的域名对应邮件服务器的接收邮件服务器进程之间建立 TCP 连接并将邮件发送给该接收邮件服务器。当用户读取邮件时，使用 110 号熟知端口与接收邮件服务器建立 TCP 连接，从中读取邮件，然后进行阅读和处理。

3．电子邮件服务的使用

人们在使用电子邮件服务时，首先要向因特网上提供电子邮件服务的 ISP 申请注册电子邮件地址，这时你就拥有了一个电子信箱。一定要记住电子邮件的地址和密码！然后把电子邮件地址告诉你熟悉的联系人。使用电子邮件时，有两种方式可供选择。一是到 ISP 的网站凭借电子邮件地址和密码登录电子信箱，在浏览器/服务器模式下收发邮件。二是使用用户代理，即运行一个客户机软件，这时需要先创建本地邮箱，配置好登录密码和其他选项，然后就可以进行邮件的收发了。人们在自己的计算机上往往较多使用第二种方式，而在别人或公用的计算机上通过第一种方式也可以方便地收发邮件。

8.3　Windows Server 2003 中 Web 服务器的配置

Windows Server 2003 是微软公司在 2003 年发布的服务器操作系统，它有多种版本，适合于各种不同场合的应用，目前应用十分广泛。Windows Server 2003 中包含了 Web 服务器、FTP 服务器、邮件服务器、DNS 服务器、终端服务器、DHCP 服务器等多种服务器组件，用户可以根据需要安装、配置开通相应的服务。本节将主要介绍 Web 服务器的配置。

Windows Server 2003 的 Web 服务被集成在 IIS（Internet Information Server）中，IIS 是集 Web 服务、FTP 服务等服务于一体的 Internet 信息服务系统，可以用来架设 Web 站点、FTP 站点等。所以应该首先在系统中安装 IIS。

1．添加应用服务器

首先将 Windows Server 2003 安装盘放入光驱中，如果没有光盘，也可以从网上下载 IIS6.0 相应的版本。

（1）打开"管理您的服务器"窗口，单击"添加或删除角色"，在"配置您的服务器向导"对话框，提示安装各种硬件设备的准备工作，单击"下一步"按钮，显示"检测网络"对话框，完成后将显示"配置选项"对话框，选中"自定义配置"，如图 8-11 所示。

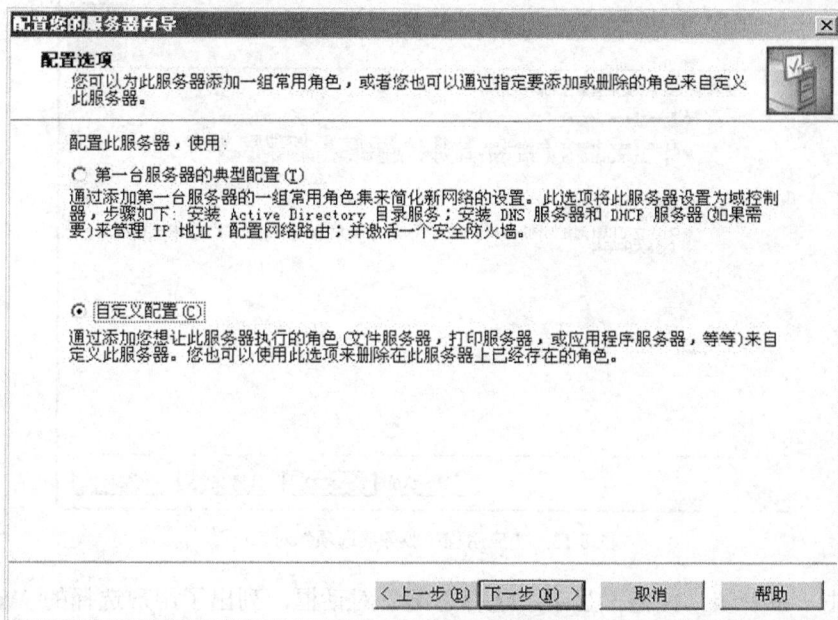

图 8-11　"配置选项"对话框

（2）单击"下一步"按钮，出现"服务器角色"对话框，如图 8-12 所示，在列表中选择"应用程序服务器（IIS，ASP.NET）"项。

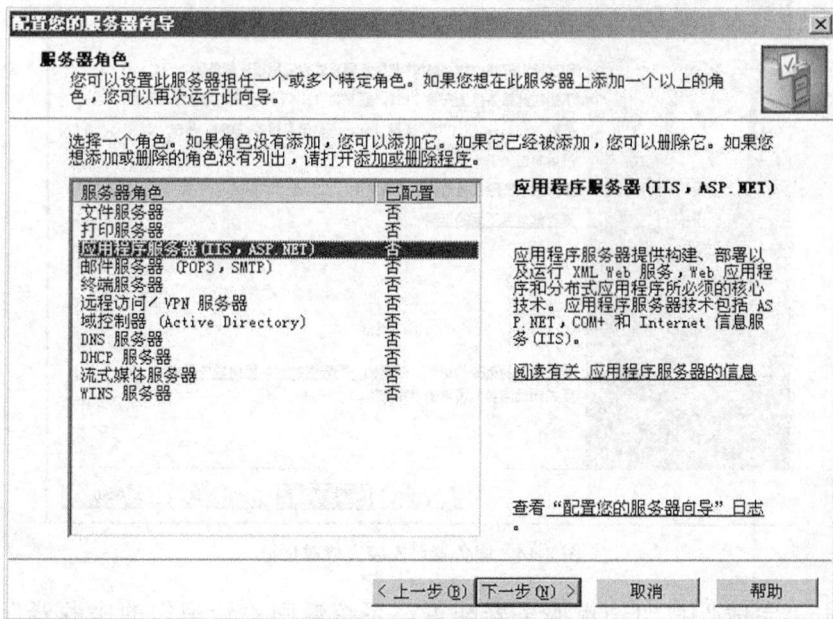

图 8-12　"服务器角色"对话框

（3）单击"下一步"按钮，显示"应用程序服务器选项"对话框，如图 8-13 所示，两项都选上，以便服务器提供扩展功能和 ASP.NET 的支持。

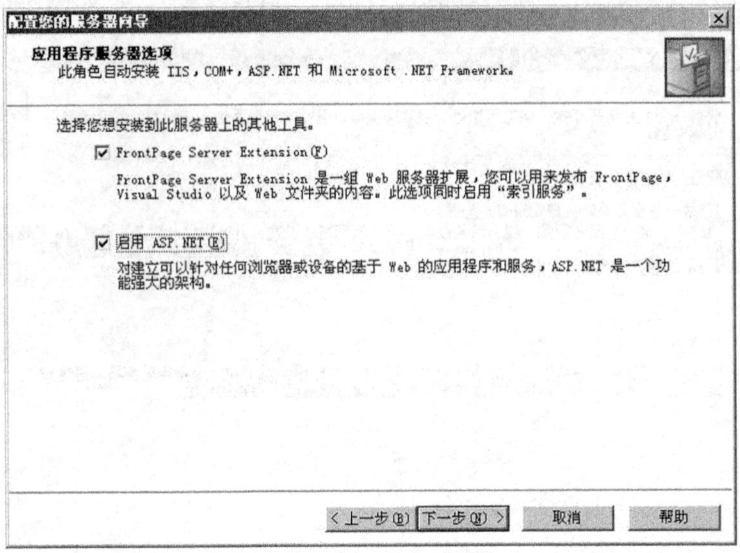

图 8-13   "应用程序服务器选项"对话框

（4）单击"下一步"按钮，显示"选择总结"对话框，列出了用户选择的 Web 服务的选项，可检查是否正确，如不对可返回重选。单击"下一步"按钮，显示"正在应用选择"对话框，稍等后，显示"正在配置组件"对话框，这时需要拷贝一些文件，如果出现找不到文件的提示，请重新指定文件所在的位置。配置完成后将显示已经完成的对话框，如图 8-14 所示。

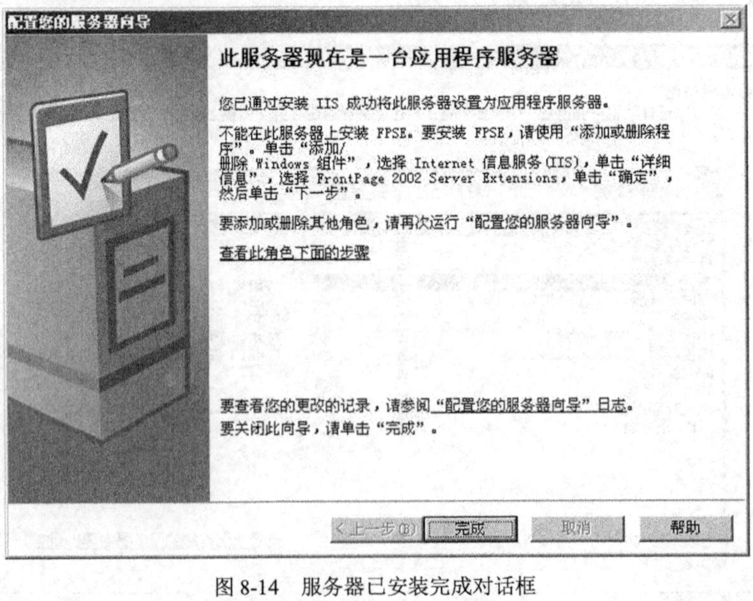

图 8-14   服务器已安装完成对话框

（5）单击"完成"按钮结束服务器配置，系统返回"管理您的服务器"，如图 8-15 所示。

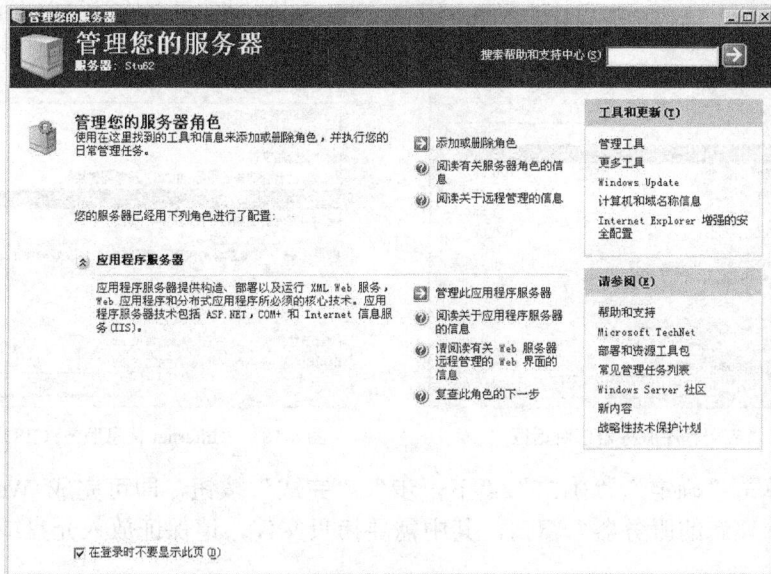

图 8-15　"管理您的服务器"对话框

2．添加 Windows 组件

（1）选择开始→控制面板→添加删除程序，打开"添加删除程序"窗口，单击"添加/删除 Windows 组件"按钮，打开"Windows 组件"对话框，选中"应用程序服务器"复选框，如图 8-16 所示。

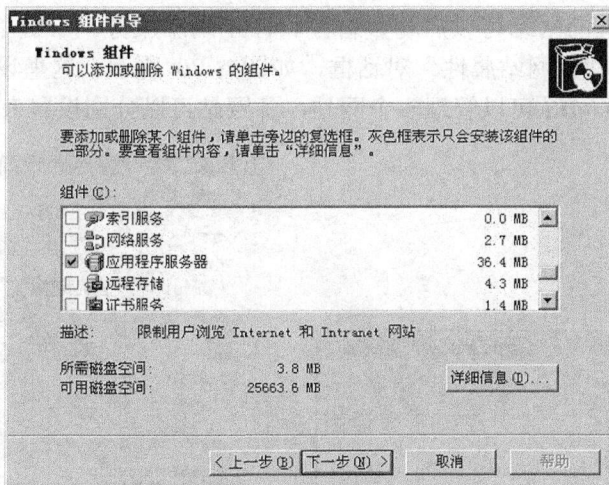

图 8-16　"Windows 组件"对话框

（2）单击"详细信息"，打开"应用程序服务器"对话框，如图 8-17 所示，选择"Internet 信息服务（IIS）"选项。

（3）单击"详细信息"，打开"Internet 信息服务（IIS）"对话框，如图 8-18 所示，选择"万维网服务"选项（请同时选中"文件传输协议（FTP）服务"，后面配置 FTP 服务时会用到）。

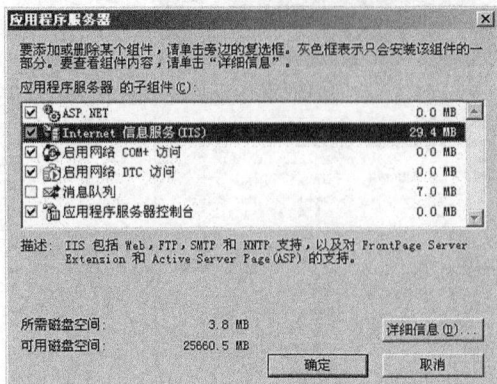

图 8-17　"应用程序服务器"对话框　　　　　图 8-18　"Internet 信息服务（IIS）"对话框

（4）依次单击"确定"、"确定"、"下一步"、"完成"按钮，即可完成 Web 服务器的安装，并返回"管理您的服务器"窗口，其中需要拷贝文件，请保证放入光盘或指定正确的安装文件存放位置。

3．Web 服务器的配置

Web 服务器创建完成后，系统盘上自动建立一个 Web 网站，其名称为"默认网站"，网站的根目录是系统盘根目录下的"\Intepub\wwwroot"。这些默认值可以根据需要进行配置修改。

（1）选择开始→管理工具→Internet 信息服务（ITS）管理器，打开"Internet 信息服务（ITS）管理器"窗口，如图 8-19 所示。

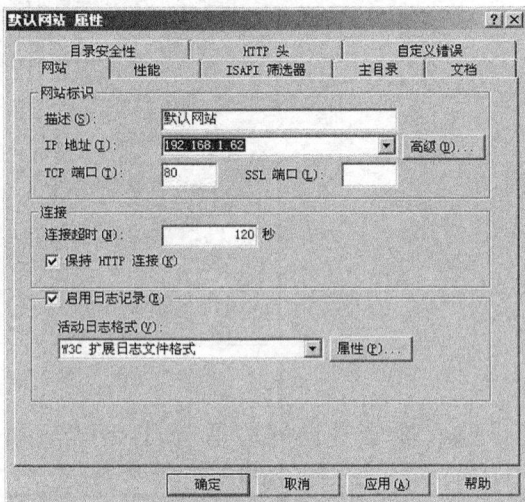

（2）展开左侧控制台树中的"网站"，在这里可以创建新的网站，也可以管理配置已有的网站，右击想要管理的网站可以启动、暂停、停止网站服务。右键单击"默认网站"，选择"属性"，可弹出"默认网站属性"对话框，如图 8-20 所示，这里设置访问网站的 IP 地址和端口号（默认 80）。IIS 可以管理多个网站，各网站可以分别设置 IP 地址和端口号。

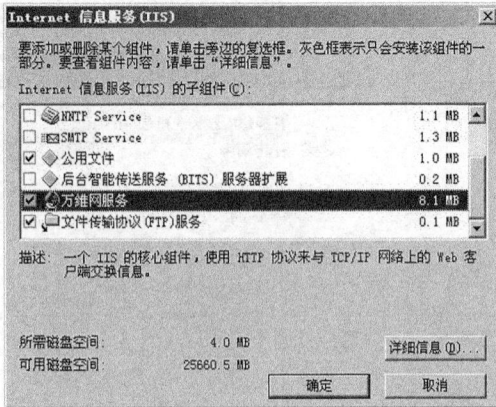

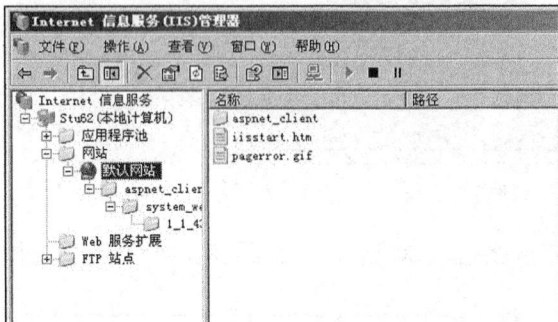

图 8-19　"Internet 信息服务（ITS）管理器"窗口　　　图 8-20　"默认网站属性"对话框

（3）设置网站的默认文档，"默认网站属性"对话框中有多个选项卡，选默认文档，即可对网站的默认文档进行设置，如图 8-21 所示。通过浏览器访问网站时，如果没有指定文件名，网站将自动按顺序选一个默认文档向用户显示。

（4）设置网站的主目录，在"默认网站属性"对话框中选主目录选项卡，即可对网站的主目录等进行设置，如图 8-22 所示。所谓主目录，就是保存 Web 网站所有文件的文件夹，当用户访问该网站时，Web 服务器将自动从该改文件夹中调取相应的显示给用户。当前默认的 Web 主目录为"C:\Intepub\wwwroot"文件夹，实际中可根据需要修改。

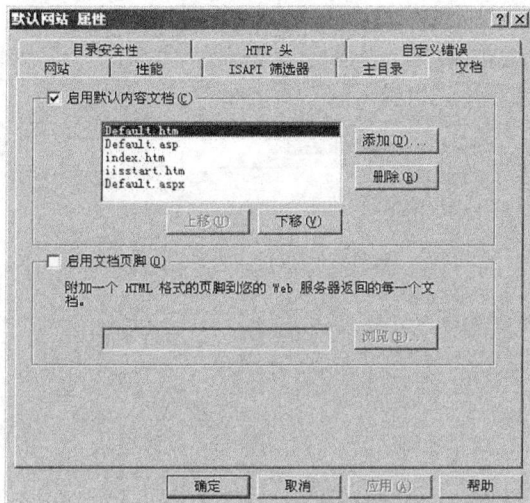

图 8-21 默认文档设置

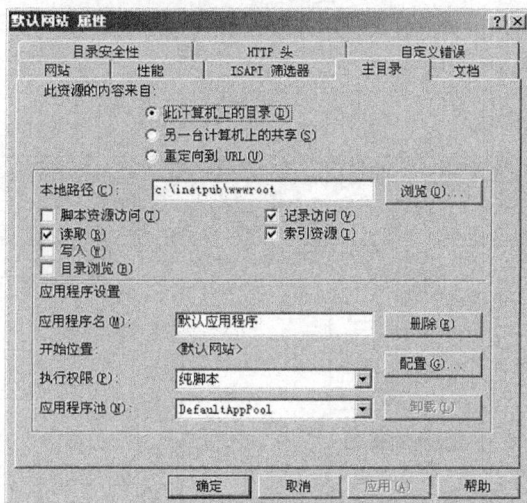

图 8-22 主目录设置

（5）通过前面的配置之后，网站就可以被访问了，访问效果如图 8-23 所示，显示的内容是默认文件 iisstart.htm 的内容，因为网站中没有其他文件，如果你编辑一个名为 default.htm 的网页文件放到 C:\Intepub\wwwroot 目录中，将会在这里看到你的网页。

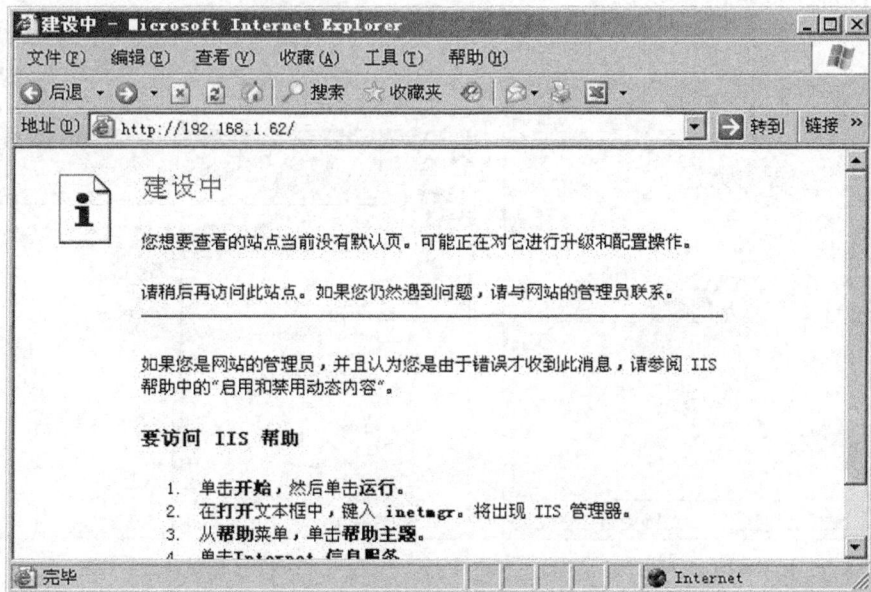

图 8-23 显示的网页 iisstart.htm

4．FTP 服务器的配置

下面简单介绍一下 FTP 服务器的配置步骤，因为在前面安装 IIS 时已经把 FTP 服务装上了，因此可以在"Internet 信息服务（IIS）管理器"中直接管理配置 FTP 服务了。

（1）右键单击默认 FTP 站点，如图 8-24 所示，打开"属性"对话框，可以设置 FTP 服务器的 IP 地址、端口号（默认 21）和主目录，如图 8-25 和图 8-26 所示。

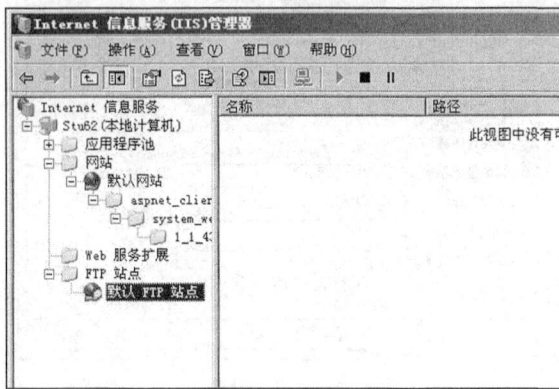

图 8-24　"Internet 信息服务管理器"窗口

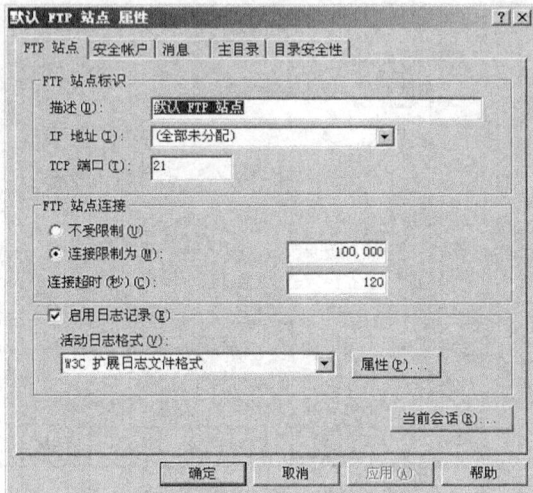

图 8-25　FTP 站点 IP 设置

（2）设置完成后，在主目录下放入一些文件，如图 8-27 所示，即可在浏览器中通过 FTP 访问该站点了，如图 8-28 所示。

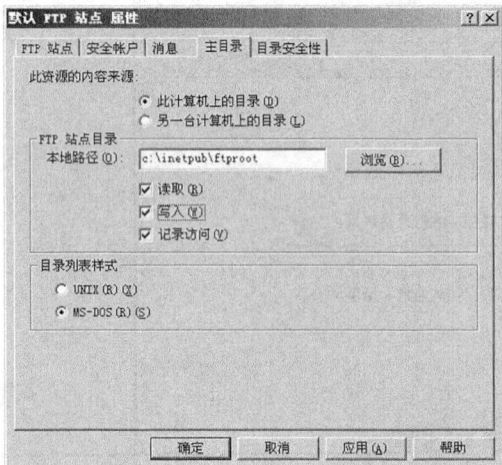

图 8-26　FTP 站点主目录设置

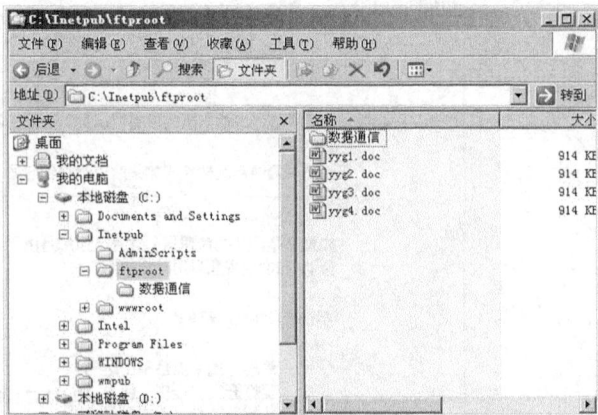

图 8-27　FTP 站点主目录

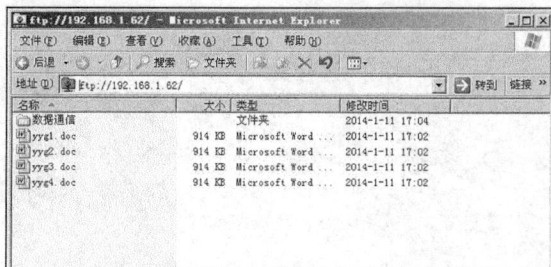

图 8-28　通过浏览器访问 FTP 站点

8.4　实践任务

任务：Web 站点的建立

任务内容：

（1）下载一个适合自己计算机环境的 Web 服务器软件。

（2）安装并配置 Web 服务器。

（3）自己设计一些网页，建立自己的 Web 站点。

任务要求：

至少编辑 3 个网页放在网站中，在其他计算机上通过网络能够访问你的站点。

 **小结**

1．网络操作系统也叫服务器操作系统，与单机操作系统功能不同。网络操作系统主要有四类：Windows 类、Unix 类、Linux 类 和 NetWare 类。

2．因特网服务模式有：C/S 模式、B/S 模式、P2P 模式等。

3．常见的因特网服务包括域名解析服务、WWW 服务、远程登录服务、FTP 服务和电子邮件服务等。

4．本章重点讲了 Web 服务器的安装和配置步骤。

 **习题**

8-1　什么是网络操作系统？与单机操作系统的主要区别有哪些？

8-2　网络操作系统主要有哪几类？

8-3　因特网的服务模式有哪些？

8-4　简述 C/S 模式与 B/S 模式的区别和联系，讨论各自的优缺点。

8-5　简述 DNS 系统的作用，简述域名解析的过程。

8-6　Web 服务器中主目录的含义与作用是什么？

8-7　简述 Web 服务器的配置过程。

第 9 章

网络管理和网络安全

【本章任务】了解网络管理的功能及 SNMP，重点掌握网络安全及其相关技术，能够在防火墙上进行防病毒配置。

9.1 网络管理

在网络规模较小时，网络管理员承担网络管理的角色，负责完成网络中设备的配置、维护、故障排除、网络的扩展和优化等工作。随着计算机网络的发展和普及，网络规模不断扩大，复杂性不断增加，支持的用户和提供的服务也越来越多。另外，一个网络集成了多种平台，包括不同厂家、公司的网络设备和通信设备。如何保证网络中的设备可靠运行，如何使网络的性能达到用户的满意等，就需要对大量的网络信息进行管理。如果没有一个高效的网络管理系统对网络系统进行管理，就难以保证为用户提供令人满意的网络服务。网络管理工作不再全部由网络管理员去完成，而是通过网络管理系统的运行，极大地提高了网络管理的效率，实现了智能化的网络管理。

9.1.1 网络管理的概念及功能

1. 网络管理的概念

网络管理是指监督、组织和控制网络通信服务以及信息处理所必需的各种活动的总称，目的是确保计算机网络的持续正常运行，并在计算机网络运行出现异常时能及时响应和排除故障。网络管理不到位，会导致网络性能不高、应用不便。因此，网络的管理与维护是与网络建设并行的重要工作。

2. 网络管理系统的功能

网络管理包括对硬件、软件和人力的使用、综合与协调，以便对网络资源进行监视、测试、配置、分析、评价和控制，这样就能以合理的成本满足网络的需求，如实时运行性能、服务质量等。网络管理标准化主要是基于 ISO 定义的网络管理架构，在 ISO/IEC 7498-4 文件中将开放系统的网络管理系统分成几个基本功能，包括配置管理、故障管理、性能管理、安全管理和计费管理五大管理功能。

（1）配置管理

配置管理（Configuration Management）是最基本的网络管理功能，用于初始化并配置网络，以使其提供网络服务。通过配置管理，网络管理员可以方便地查询网络当前的配置信息，并根据需要方便地修改配置，实现对设备的配置功能。目的是实现某个特定功能，使网络达到最佳性能。

（2）故障管理

故障管理（Fault Management）也是网络管理中最基本的功能之一，主要任务是检测、诊断、隔离和排除网络系统中的各种故障，恢复网络的正常工作状态，以保证网络系统的可用性。

（3）性能管理

性能管理（Performance Management）是对管理对象的行为和通信的有效性进行管理，目的是保证网络的服务质量和运行效率。

（4）安全管理

安全管理（Sericurity Management）是采用信息安全措施保护网络中的系统、数据以及业务。

（5）计费管理

计费管理（Accounting Management）记录网络资源的使用情况，目的是控制和监测网络操作的费用和代价，并为网络的性能和配置管理提供基础数据。

9.1.2　网络管理系统的逻辑模型

1．网络管理系统的组成

一个网络管理系统在逻辑上由管理对象、管理进程和管理协议三部分组成。

（1）管理对象

管理对象是经过抽象的网络元素，对应于网络中具体可以操作的数据，如记录设备或施工状态的状态变量、设备内部的工作参数、设备内部用来表示性能的统计参数等。有的管理对象是外部可以对其进行控制的，另有一些管理对象则是只可读但不可修改的。

（2）管理进程

管理进程是负责对网络中的设备和设施进行全面的管理和控制的软件，根据网络中各个管理对象的变化来决定对不同的网络管理对象采取不同的操作。

（3）管理协议

管理协议负责在管理系统与管理对象之间传递操作命令，并负责解释管理操作命令。实际上，管理协议也就是保证管理信息库中的数据与具体设备中的实际状态、工作参数保持一致。

2．网络管理逻辑模型

可以将网络中的设备看作被管理对象，一台主机用来作为网络管理主机或管理者，在管理者和被管理者上都运行网络管理软件，并通过它们两者之间的接口建立通信连接，实现网络管理信息的传递和处理。这些包含网络管理软件的设备称为网络管理实体（Network Management Entity，NME），一般被管理系统的 NME 被认为是代理模块（agent module），或简称为代理。管理者和被管理系统的通信通过网络管理协议实现。因此，网络管理模型包含管理者、管理代理、管理信息库和网络管理协议等主要元素，网络管理系统模型如图 9-1 所示。

（1）管理者

管理者（或称为管理程序）是运行网络管理协议的工作站或 PC，一般位于网络的主干或接近主干的位置，它是网络管理员和网络管理系统的接口，通过管理进程完成各项管理任务。管理者负责发出管理操作命令，并接收来自代理的消息。

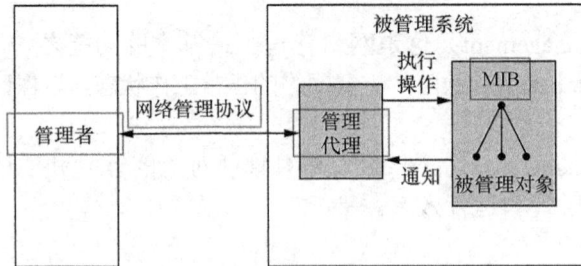

图 9-1　网络管理系统模型

（2）管理代理

被管理系统由被管理对象和管理代理组成，管理代理（通常是路由器）位于被管理对象的内部，它把来自管理者的命令（或信息请求）转换为被管理设备特有的指令，完成管理者的指示，或返回它所在设备的信息。另外，管理代理还可以把自身系统中发生的事件主动通知管理者。

管理者将管理要求通过指令传送到被管理系统中的代理，代理则直接管理被管理对象。代理也可能因为某种原因（如安全考虑）而拒绝管理者指令。另外，管理者和代理之间的信息交换是双向的，通过网络管理协议实现信息交换。

一个管理者可以和多个管理代理进行信息交换；而一个管理代理也可以接收多个管理者的管理操作，这时管理代理需要协调来自多个管理者的多个操作。

（3）管理信息库

管理信息库（Management Information Base，MIB）是管理者所能管理的所有对象的集合。在管理者和被管理系统中都有管理信息库，它们用于存储管理中用到的信息和数据。网络管理需要通过访问 MIB 来完成，管理者通过获取 MIB 对象的值来执行监视功能。

（4）网络管理协议

如前所述，网络管理协议是为管理网络而定义的网络协议。

9.1.3　简单网络管理协议

简单网络管理协议（Simple Network Management Protocol，SNMP）是专门设计在 IP 网络管理网络节点（服务器、工作站、路由器、交换机等）的一种标准协议。

SNMP 是 TCP/IP 协议族中的一个应用层协议，它使网络设备间能方便地交换管理信息，让网络管理员管理网络的性能，发现和解决网络问题及进行网络的扩充。SNMP 提供简单而有效的网络管理，实现较容易，得到了众多网络产品厂家的支持，成为事实上的工业标准。目前 SNMP 有 V1、V2 和 V3 三个版本。

1．SNMP 的组成

SNMP 包含三个重要的部分：① 管理信息库（Management Information Base，MIB）。存放着各种被管对象的数据参数。② 管理信息结构（Structure of Management Information，SMI）。对管理信息的公共结构和一般类型的描述。③ 通信协议。定义了在网络管理站和各被管设备之间互相传递管理信息的方法和规范。

2. SNMP 网络管理模型

如图 9-2 所示，在网络管理模型中，实现网络管理功能的工作站称为网络管理站。运行在网络管理站上进行网络管理的软件进程称为网络管理器（Network Manager），也称为管理进程（Management Process）。网络上所有被管理的对象称为被管对象（Management Object），如网络设备、网络服务等；驻留在被管对象上进行网络管理的软件实体称为管理代理（Management Agent）。

SNMP 网络管理系统逻辑模型各部分的功能如下。

（1）网络管理站。负责对网络中的资源进行全面的管理和控制，并提供网络管理系统与网络管理员之间的用户接口，它通常是一台独立的设备。

（2）网络管理进程。运行在网络管理站上的一个或者一组程序，它是网络管理系统的核心，负责发送和激活被管对象上的管理代理，并在 SNMP 的支持下与之进行信息交换，以收集网络状态信息，在此基础上完成网络管理的各项功能；同时它还提供与网络管理员的操作界面，以使管理员能够通过管理进程对网络进行管理。

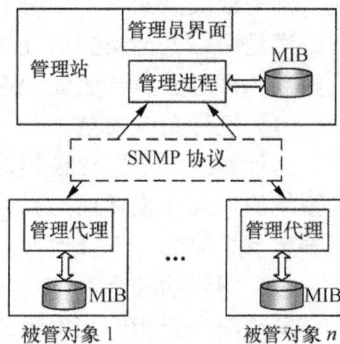

图 9-2　SNMP 网络管理模型

（3）管理代理。运行在被管对象（如路由器、网关等）上的程序，它按照管理进程的要求收集被管对象的状态信息，并通过 SNMP 与管理进程进行信息交换，将收集的信息传递给管理进程，同时接收管理进程的控制命令，对本地设备进行管理。

（4）网络管理协议 SNMP。规定了管理进程与管理代理之间交换信息的格式，并负责在管理站与被管对象之间传输和解释操作命令。

（5）管理信息结构（SMI）。SMI 规定了定义 MIB 的标准和规范，它采用 ASN.1（Abstract Syntax Notation）的一个子集来定义被管对象的表示方法，约定了定义 MIB 时的语法、基本的数据类型、宏结构、命令规则等。

（6）管理信息库 MIB。被管对象的所有状态参数等信息都存储在管理信息库中。通过网络协议可以保证管理信息库中的数据与网络设备的实际状态和参数保持一致，使得对被管对象的管理就简化为对被管对象的 MIB 的管理。

9.2　网络安全

随着计算机技术的飞速发展，信息网络已经成为社会发展的重要保证。很多网络信息是敏感信息，甚至是国家机密，所以难免会吸引来自世界各地的各种人为攻击（例如信息泄漏、信息窃取、数据篡改、数据删添、计算机病毒等）。同时，网络实体还要经受诸如水灾、火灾、地震、电磁辐射等方面的考验。网络安全引起越来越多的关注，成为各国亟待解决的重大社会问题。

计算机网络的功能是向其他通信实体提供信息传送服务。而网络安全技术的主要目的是为传送服务提供安全保障。它主要解决两个基本问题：一是为合法用户提供规定范围内的数据传送服务；二是能够保障正在传送信息的信息安全。对于前者，主要采用接入认证技术及数据过滤技术；对于后者主要采用信息保护技术。

9.2.1 网络安全的基本概念

1. 网络安全的定义

网络安全是指网络系统的硬件、软件及系统中的数据受到保护,不会由于偶然或恶意的原因而遭到破坏、更改、泄露,系统连续、可靠、正常地运行,网络服务不中断。广义来说,凡是涉及到网络上信息的保密性、完整性、可用性、可控性和不可否认性的相关技术和理论都是网络安全所要研究的领域。一般来说,网络安全的基本目标是实现信息的机密性、完整性、可用性和合法性,这也是信息安全的基本目标。网络安全包括以下几方面内容。

(1)运行系统安全

运行系统安全即保证信息处理和传输系统的安全。它侧重于保证系统正常运行,避免因为系统的崩溃和损坏而对系统存储、处理和传送的消息造成破坏和损失,避免由于电磁泄漏而导致信息泄露,干扰他人或受他人干扰。

(2)网络的安全

网络的安全指网络上系统信息的安全。包括用户口令鉴别,用户存取权限控制,数据存取权限、方式控制,安全审计,安全问题跟踪,计算机病毒防治,数据加密等。

(3)信息传播安全

网络上信息传播安全,即信息传播后果的安全,包括信息过滤等。它侧重于防止和控制由非法、有害的信息进行传播所产生的后果,避免公用网络上大量自由传输的信息失控。

(4)信息内容安全

网络上信息内容的安全。它侧重于保护信息的保密性、真实性和完整性。避免攻击者利用系统的安全漏洞进行窃听、冒充、诈骗等有损于合法用户的行为。其本质是保护用户的利益和隐私。

2. 网络安全面临的主要威胁

计算机网络面临的安全威胁是多方面的,主要的威胁可分为恶劣环境的影响、偶然故障和错误、人为的攻击破坏以及计算机病毒感染四类。

(1)计算机病毒

计算机病毒就是能够通过某种介质或网络传播,潜伏在计算机存储介质(或程序)里,当达到某种条件时即被激活,具有对计算机资源进行破坏作用的一组程序或指令集合。

若将凡能够引起计算机故障,破坏计算机数据的程序统称为计算机病毒,那么蠕虫、木马、恶意网页脚本、电子邮件病毒和黑客攻击程序等都属于计算机病毒。

计算机病毒具有传染性、隐蔽性、潜伏性、破坏性、针对性、衍生性、寄生性及未知性等基本特点。

(2)网络攻击

通常网络攻击的方法可分为以下两类。如图9-3所示。

图9-3 网络攻击方法的分类

① 被动攻击。指攻击者侵入网络系统内部，只是了解网络系统的内部结构和数据资料；或攻击者对外部传送的数据单元进行观察、分析，了解通信的地址、身份及通信的性质等，而不去干扰信息流。这种攻击是不易被察觉的。

② 主动攻击。指攻击者侵入网络系统内部，破坏网络系统的功能结构和内部数据资料；或攻击者对截获的外部传送的数据单元进行各种处理，比如有选择地更改、删除，甚至伪造数据发送到连接中去。

常见网络攻击手段有：利用网络系统漏洞进行攻击；通过电子邮件进行攻击；解密攻击；后门软件攻击；拒绝服务攻击等。

3．网络安全机制

为了实现各种网络安全服务，ISO 7498-2 建议了以下八种安全机制。

（1）加密机制。加密是提供数据保密的最常用方法。除了对话层不提供加密保护外，加密可在其他各层上进行。与加密机制伴随而来的是密钥管理机制。

（2）数字签名机制。签名机制的本质特征为该签名只有使用签名者的私有信息才能产生出来。因而，当该签名得到验证后，它能在事后的任何时候向第三方（例如法官或仲裁人）证明：只有私有信息的唯一拥有者才能产生这个签名。

（3）访问控制机制。访问控制机制是用来实施对资源访问加以限制的策略的机制，这种策略把对资源的访问只限于那些被授权用户。

（4）数据完整性机制。数据完整性包括两种形式：一种是数据单元的完整性；另一种是数据单元序列的完整性。

（5）交换鉴别机制。交换鉴别是以交换信息的方式来确认实体身份的机制。用于交换鉴别的技术有口令、密码技术、利用实体的特征或所有权，如指纹识别、声音识别和身份卡等。

（6）业务流量填充机制。这种机制主要是对抗非法者在线路上监听数据并对其进行流量和流向分析。采用的方法一般是由保密装置在无信息传输时，连续发出伪随机序列，使得非法者不知道哪些是有用信息，哪些是无用信息。

（7）路由控制机制。在一个大型网络中，从源节点到目的节点可能有多条线路可以到达，有些线路可能是安全的，而另一些线路是不安全的。路由控制机制可使信息发送者选择特殊的路由，以保证数据安全。

（8）公证机制。在一个大型网络中，一旦引入公证机制，通信双方进行数据通信时必须经过这个机构来转换，以确保公证机构得到必要的信息，供以后仲裁。

4．网络安全技术的分类

网络安全技术可分为身份验证技术、数据完整性技术、跟踪审计技术和信息伪装技术四大类。

（1）身份验证技术

身份验证包括身份识别和身份认证两方面，它们是确认通信双方真实身份的重要环节。常用的身份验证方法有用户名/口令、一次性口令、数字签名、数字认证、PAP 认证、CHAP 认证及集中式安全服务器等技术。

（2）数据完整性技术

数据完整性技术是为了保持网络的物理完整性，维护数据的机密性，提供安全视图，保障通信安全。常用的数据完整性技术有访问控制列表 ACL、网络地址转换 NAT、防火墙和加密技术等。

（3）跟踪审计技术

网络活动跟踪审计技术可以验证网络安全策略是否得当、确认安全策略是否执行、及时报告各种情况、记录遭受的攻击、检测是否有配置错误而导致安全漏洞、统计是否有滥用网络及其他异常现象等。常用的跟踪审计技术有记账/日志、网络监控、入侵检测与防止、可疑活动实时报警等。

（4）信息伪装技术

信息伪装技术成为密码学领域的一个热点，它涉及文本、音频、视频图像等信息的伪装，主要有数字水印、隐像技术、隐身技术和叠像技术等。

9.2.2 防火墙技术

1．防火墙的定义

防火墙（firewall）是一种位于两个或多个网络间，按照一定的访问规则对网络间传输的数据进行过滤，向内部网络提供保护功能的硬件设备与软件的集合。

在大厦的构造中，防火墙被设计用来防止火从大厦的一部分传播到另一部分，网络的防火墙服务也有类似的目的。网络的防火墙是位于两个网络的必经之路上并起防御作用的系统。通常防火墙安装或设置在一台或多台计算机或路由器中，对内部网络提供保护，防止Internet 的危险传播到内部网络。

防火墙一方面阻止来自 Internet 的对内部网络的未授权或未认证的访问，另一方面允许内部网络用户对 Internet 进行 web 访问或收发 E-mail 等。防火墙也可以作为一个访问Internet 的权限控制关口，如允许组织内特定的人可以访问 Internet。现在的许多防火墙同时还具有一些其他功能，如进行身份鉴别，对信息进行加密处理等。防火墙不单用于对Internet 的连接，也可以用来在企业网络内部保护大型机和重要资源。对受保护的数据的访问都必须经过防火墙的过滤，即使该访问是来自企业内部。通常将防火墙置于内部网（Intranet）和外部网（Internet）之间，如图9-4 所示。

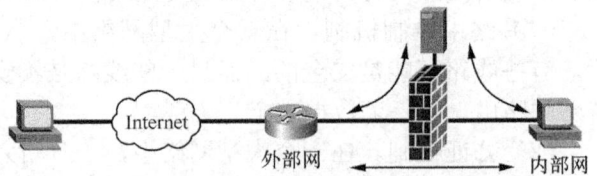

图9-4　防火墙的位置示意图

2．防火墙的作用

（1）保护脆弱的服务

通过过滤不安全的服务，Firewall 可以极大地提高网络安全和减少子网中主机的风险。例如，Firewall 可以禁止 NIS、NFS 服务通过，Firewall 同时可以拒绝源路由和 ICMP 重定向封包。

（2）控制对系统的访问

Firewal 可以提供对系统的访问控制。如允许从外部访问某些主机，同时禁止访问另外的主机。例如，Firewall 允许外部访问特定的 Mail Server 和 Web Server。

（3）集中的安全管理

Firewall 对企业内部网实现集中的安全管理，在 Firewall 定义的安全规则可以运行于整个内部网络系统，而无需在内部网每台机器上分别设立安全策略。Firewall 可以定义不同的认证方法，而不需要在每台机器上分别安装特定的认证软件。外部用户也只需要经过一次认证即可访问内部网。

（4）增强的保密性

使用 Firewall 可以阻止攻击者获取攻击网络系统的有用信息，如 Figer 和 DNS。

（5）记录和统计网络利用数据以及非法使用数据

Firewall 可以记录和统计通过 Firewall 的网络通信，提供关于网络使用的统计数据；并且，Firewall 可以提供统计数据，来判断可能的攻击和探测。

（6）策略执行

Firewall 提供了制定和执行网络安全策略的手段。未设置 Firewall 时，网络安全取决于每台主机的用户。

3．防火墙的种类

防火墙技术总体上分为包过滤、应用级网关和代理服务器三大类型。

（1）包过滤

包过滤（Packet Filtering）技术是在网络层对数据包进行选择，选择的依据是系统内设置的过滤逻辑，被称为访问控制表（Access Control Table，ACL）。通过检查数据流中每个数据包的源地址、目的地址、所用的端口号、协议状态等因素，或它们的组合来确定是否允许该数据包通过。数据包过滤防火墙逻辑简单，价格便宜，易于安装和使用，网络性能和透明性好，它通常安装在路由器上。路由器是内部网络与 Internet 连接必不可少的设备，因此在原有网络上增加这样的防火墙几乎不需要任何额外的费用。

包过滤防火墙的缺点有二：一是非法访问一旦突破防火墙，即可对主机上的软件和配置漏洞进行攻击；二是数据包的源地址、目的地址以及 IP 的端口号都在数据包的头部，很有可能被窃听或假冒。

（2）应用级网关

应用级网关（Application Level Gateways）是在网络应用层上建立协议过滤和转发功能。它针对特定的网络应用服务协议使用指定的数据过滤逻辑，并在过滤的同时，对数据包进行必要的分析、登记和统计，形成报告。实际中的应用网关通常安装在专用工作站系统上。

数据包过滤和应用网关防火墙有一个共同的特点，就是它们仅仅依靠特定的逻辑判定是否允许数据包通过。一旦满足逻辑，则防火墙内外的计算机系统建立直接联系，防火墙外部的用户便有可能直接了解防火墙内部的网络结构和运行状态，这有利于实施非法访问和攻击。

（3）代理服务

代理服务（Proxy Service）也称链路级网关或 TCP 通道，也有人将它归于应用级网关一类。它是针对数据包过滤和应用网关技术存在的缺点而引入的防火墙技术，其特点是将所有跨越防火墙的网络通信链路分为两段。防火墙内外计算机系统间应用层的"链接"，由两个终止代理服务器上的"链接"来实现，外部计算机的网络链路只能到达代理服务器，从而起到了隔离防火墙内外计算机系统的作用。此外，代理服务也对过往的数据包进行分析、注册、登记，形成报告，同时当发现被攻击迹象时会向网络管理员发出警报，并保留攻击痕迹。

4．防火墙的不足

（1）不能防范恶意的知情者

防火墙可以禁止系统用户经过网络连接发送专有的信息，但用户可以将数据复制到磁盘、磁带上，放在公文包中带出去。如果入侵者已经在防火墙内部，防火墙是无能为力的。内部用户偷窃数据，破坏硬件和软件，并且巧妙地修改程序而不接近防火墙。对于来自知情者的威胁只能要求加强内部管理，如主机安全和用户教育等。

（2）不能防范不通过它的连接

防火墙能够有效地防止通过它进行传输的信息，然而不能防止不通过它而传输的信息。例如，如果站点允许对防火墙后面的内部系统进行拨号访问，那么防火墙绝对没有办法阻止入侵者进行拨号入侵。

（3）不能防备全部的威胁

防火墙被用来防备已知的威胁，如果是一个很好的防火墙设计方案，可以防备新的威胁，但没有一个防火墙能自动防御所有的新的威胁。

（4）防火墙不能防范病毒

防火墙不能消除网络上的 PC 机的病毒。

9.2.3　加密技术

加密技术是信息安全技术的重要组成部分，计算机问世之后，各种基于不同算法的加密技术迅速发展起来，加密技术逐渐成为被广泛研究和应用的技术。随着计算机网络不断渗透到各个领域，密码学的应用越来越广。数字签名、身份鉴别等都是由密码学派生出来的新技术应用。

1．信息安全威胁

在不侵入计算机网络系统的情况下，网络内部看起来虽然是安全的，但这时候仍然存在信息安全威胁。信息安全面临的威胁可以分为四种情况。

（1）截获（interception）。攻击者从网络上窃听他人的通信内容。

（2）中断（interruption）。攻击者有意中断他人在网络上的通信。

（3）篡改（modification）。攻击者故意篡改网络上传送的报文。

（4）伪造（fabrication）。攻击者伪造信息在网络上传送。

在上述情况中，截获信息的攻击属于被动攻击，而篡改或伪造信息和拒绝用户使用资源的攻击属于主动攻击。如图 9-5 所示。

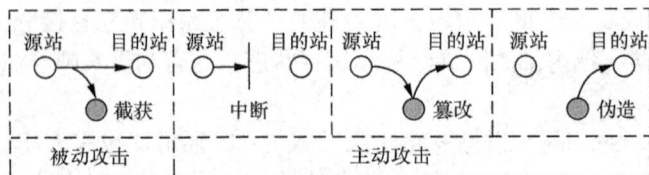

图 9-5　对网络的被动攻击和主动攻击

2．加密原理

加密技术包括两个元素：算法和密钥。算法是将普通的文本（或者可以理解的信息）

与一串数字（密钥）结合，产生不可理解的密文的步骤；密钥是用来对数据进行编码和解码的一种算法。在安全保密中，可通过适当的密钥加密技术和管理机制来保证网络的信息通信安全。

加密就是通过密码算术对数据进行转化，使之成为没有正确密钥任何人都无法读懂的报文。而这些以无法读懂的形式出现的数据一般被称为密文。为了读懂报文，密文必须重新转变为它的最初形式——明文。而含有用来以数学方式转换报文的双重密码就是密钥。在这种情况下即使一则信息被截获并阅读，这则信息也是毫无利用价值的。

3．加密算法

密钥加密技术的密码体制分为对称密钥体制和非对称密钥体制两种。相应地，对数据加密的技术分为两类，即对称加密（私人密钥加密）和非对称加密（公开密钥加密）。对称加密以数据加密标准（Data Encryption Standard，DES）算法为典型代表，非对称加密通常以RSA（Rivest Shamir Ad1eman）算法为代表。对称加密的加密密钥和解密密钥相同，而非对称加密的加密密钥和解密密钥不同；加密密钥可以公开，而解密密钥需要保密。

数据加密算法有很多种。按照发展过程来划分，经历了古典密码、对称密钥密码和非对称密钥密码阶段。古典密码算法有替代加密（substitution cipher）和置换加密（transposition cipher）两种。替代加密是将明文中的字符一一对应地用其他字符替代。置换加密则是按照某一规则重新排列消息中的比特或字符的顺序。由于计算机处理能力很强，古典密码算法极容易被暴力破解，安全性能差。下面介绍对称密钥密码和非对称密钥密码的算法。

（1）对称加密

在对称加密（也称为单密钥加密）中，只有一个密钥可以用来加密和解密信息，密钥对公众是保密的，只有通信双方知道。如果加密数据和密钥在同一数据通道中传输，泄密的可能性就会大大地增加。所以，这种方法需要对密钥的传输加以特别保护。现今为止，国际上比较通行的是 DES、3DES 以及最近推广的 AES。

数据加密标准（Data Encryption Standard，DES）是 IBM 公司于 1977 年为美国政府研制的一种算法。DES 是以 56 位密钥为基础的密码块加密技术；它是一种单钥加密技术，即加密和解密用同一把密钥；也是一种对分组进行加密的算法。在加密前，先对数据进行分组，每一个数据分组长度为 64bit。使用的密钥为 64bit（有效密钥长度为 56 位，有 8bit 用于奇偶校验），对每一数据分组进行加密，结果形成的密文分组长度也是 64bit，然后密文分组通过网络传输。接收方用相同的密钥，对每个接收到的 64 位密文分组执行反向操作（解密），并将解密后的数据分组重新装配，成为完整的数据消息。DES 的保密性仅在于对密钥的保密，而算法是公开的。

DES 算法的弱点是不能提供足够的安全性，因为其密钥容量只有 56 位。后来又提出了三重 DES，使用 2 个不同的密钥对数据块进行 3 次加密，其强度大约和 112bit 的密钥强度相当，一般商用已经足够了。

（2）非对称加密

非对称加密也称为公开密钥加密，在加密的过程中使用一对密钥。一对密钥中一个用于加密（称为公开密钥），另一个用于解密（称为私有密钥）。只有用户拥有对应的私有密钥，所以只有该用户能解密获得数据，而公开密钥是不能用来解密数据的。

RSA 是当前最常用的公开密钥加密算法。RSA算法是由 Rivet、Shamir 和 Adleman 三人联合推出的，RSA 算法由此而得名。其算法示意图如图 9-6 所示。

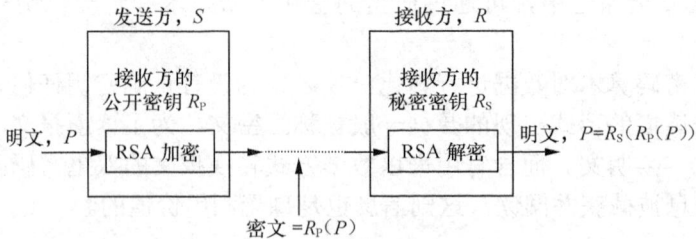

图 9-6 RSA 示意图

RSA 算法的优点是密钥空间大，缺点是加密速度慢。如果 RSA 和 DES 结合使用，则正好弥补 RSA 的缺点。即 DES 用于明文加密，RSA 用于 DES 密钥的加密。由于 DES 加密速度快，适合加密较长的报文；而 RSA 可解决 DES 密钥分配的问题。

4．公开秘钥基础设施

公开密钥基础设施（Public Key Infrastructure，PKI）的功能包括：密钥的产生、存储、分发、撤销和管理等，为网络应用提供密钥和证书的管理、证书的认证、数据加密、数字签名等服务，是国家信息化基础设施的重要组成部分。

PKI 采用证书管理公开密钥，通过第三方可信任的认证中心，把用户的公开密钥和其他用户标识信息捆绑在一起，在网上实现密钥的自动管理和用户身份的认证，它为电子商务、电子政务等网上业务的开展提供一整套安全基础设施。

（1）数字证书

数字证书是由认证机构（Certificate Authority，CA）发行的一种电子文档，是网络环境下的一种身份证，用于标识用户的身份及其公开密钥的合法性。

数字证书是基于公开密钥密码体制，每个用户均拥有两个密钥：公钥和私钥。其中私钥用于解密或签名，而公钥则是提供给其他用户使用，用于数据的加密或验证签名。

数字证书的特点如下。

① 证书中包含用户的身份信息，因此可以用于证明用户的身份。

② 证书中包含非对称密钥，不但可以用于数据加密，还可以用于数字签名，以保证通信过程的安全性和不可抵赖性。

③ 由于证书是由权威机构颁布的，因而具有很高的公信度。

（2）PKI 的组成及功能

PKI 系统包括 CA、数字证书库、密钥备份和恢复系统、证书作废处理系统、PKI 应用接口等部分。

① CA。CA 是证书的签发机构，它是 PKI 的核心。CA 是负责签发证书、认证证书、管理已颁发证书的机关。它要制定政策和具体步骤来验证、识别用户身份，并对用户证书进行签名，以确保证书持有者的身份和公钥的拥有权。CA 的具体功能包括证书发放、证书更新、证书注销和证书验证等。CA 由证书管理服务器、签名和加密服务器、密钥管理服务器、证书发布和证书注销列表（Certificate Revocation Lists，CRL）发布服务器、在线证书状态查询服务器和 Web 服务器等组成。此外，CA 还包括证书的申请注册机构（Registration Authority，RA），RA 负责数字证书的申请注册以及证书的签发和管理。

②　数字证书库。用于存储已签发的数字证书及公钥，用户可由此获得所需的其他用户的证书及公钥。

③　密钥备份及恢复系统。如果用户丢失了用于解密数据的密钥，则数据将无法被解密，这将造成合法数据丢失。为避免这种情况，PKI 提供备份与恢复密钥的机制。但需注意，密钥的备份与恢复必须由可信的机构来完成。并且，密钥备份与恢复只能针对解密密钥，签名私钥为确保其唯一性而不能够做备份。

④　证书作废系统。证书作废处理系统是 PKI 的一个必备的组件。与日常生活中的各种身份证件一样，证书有效期以内也可能需要作废，原因可能是密钥介质丢失或用户身份变更等。为实现这一点，PKI 必须提供作废证书的一系列机制。

⑤　应用接口（API）。PKI 的价值在于使用户能够方便地使用加密、数字签名等安全服务，因此一个完整的 PKI 必须提供良好的应用接口系统，使得各种各样的应用能够以安全、一致、可信的方式与 PKI 交互，确保安全网络环境的完整性和易用性。

5．加密技术的应用

加密技术的应用是多方面的，但最为广泛的还是在电子商务和 VPN 上的应用。

（1）在电子商务方面的应用

电子商务（E-business）要求顾客可以在网上进行各种商务活动，不必担心自己的信用卡会被人盗用。在过去，顾客为了防止信用卡的号码被窃取，一般是通过电话订货，然后使用信用卡进行付款。现在人们开始用 RSA（一种公开/私有密钥）的加密技术，提高信用卡交易的安全性，从而使电子商务走向实用成为可能。

NETSCAPE 公司是 Internet 商业中领先技术的提供者，该公司提供了一种基于 RSA 和保密密钥的应用于因特网的技术，被称为安全套接层（Secure Sockets Layer，SSL）。SSL3.0 用一种电子证书（certificate）来进行身份验证后，双方就可以用保密密钥进行安全的会话了。它同时使用"对称"和"非对称"加密方法，在客户机与电子商务的服务器进行沟通的过程中，客户机会产生一个 Session Key，然后客户机用服务器端的公钥将 Session Key 进行加密，再传给服务器端，在双方都知道 Session Key 后，传输的数据都是以 Session Key 进行加密与解密的，但服务器端发给客户机的公钥必须先向有关发证机关申请，以得到公证。

基于 SSL3.0 提供的安全保障，顾客就可以自由订购商品并且给出信用卡号了，也可以在网上和合作伙伴交流商业信息并且让供应商把订单和收货单从网上发过来，这样可以节省大量的纸张，为公司节省大量的电话、传真费用。

（2）在 VPN 中的应用

现在，越多越多的公司走向国际化，一个公司可能在多个国家都有办事机构或销售中心，每一个机构都有自己的局域网 LAN，但在当今的网络社会，人们的要求不仅如此，用户希望将这些 LAN 连接在一起，组成一个公司的广域网，他们一般使用租用专用线路来连接这些局域网，他们考虑的就是网络的安全问题。现在具有加密/解密功能的路由器已比比皆是，这就使人们通过互联网连接这些局域网成为可能，这就是通常所说的虚拟专用网（Virtual Private Network，VPN）。当数据离开发送者所在的局域网时，该数据首先被用户端连接到互联网上的路由器进行硬件加密，数据在互联网上是以加密的形式传送的，当达到目的 LAN 的路由器时，该路由器就会对数据进行解密，这样目的 LAN 中的用户就可以看到真正的信息了。

9.2.4 消息认证与数字签名

在开放的网络环境下，传输的信息所面临的危险有伪造、篡改、冒充和抵赖等。因此，在网上银行、电子商务、电子政务等网络应用中，需要对报文的合法性或用户的身份进行鉴别，并保证操作或交易的不可否认性。报文鉴别或身份识别技术有消息认证和数字签名两种。

1．消息认证

消息认证（Message Authentication）也称为消息鉴别或者报文鉴别，它可以用来验证用户的身份，对访问的请求、消息的内容等进行识别，确定消息是否被篡改。常采用由消息生成验证码的方法对消息进行认证。

消息认证方法有以下几种：

（1）消息加密。将消息进行加密，整个密文作为验证码。如使用对称密钥密码加密，由于密钥只有收发双方知道，因此具有消息认证的功能。

（2）消息验证码。经过加密函数和密钥作用于消息以生成一个定长的数据分组，随消息一起传送。消息不需要加密，可以使用明文，但这一定长的数据分组作为消息验证码具有消息认证的功能。

（3）散列值。采用散列函数将消息映射为一个定长的散列值，作为消息验证码随消息一起传送。散列值也称为消息摘要（Message Digest，MD）。由于散列函数对于不同的消息不能产生相同的散列值，所以在接收端，接收方按照同样的方法重新生成散列值，并与消息中的散列值进行比较，可以进行消息认证。散列值算法有消息摘要算法（Message Digest algorithm 5，MD5）和安全散列算法（Secure Hash Algorithm，SHA）等。

2．数字签名

数字签名是手写签名的电子模拟，是通过信息处理技术产生的一段特殊数字消息，该消息具有手写签名的一切特点，是可信、不可伪造、不可抵赖和不可修改的。根据《中华人民共和国电子签名法》，数字签名与手写签名具有同等的法律效力。

一个签名方案一般由签名算法和验证算法组成。签名算法的蜜钥只有签名人掌握，而验证算法则是公开的，以便他人进行验证。前面讲过的 RSA 算法既能用于数据加密，也能用于数字签名。使用 RSA 算法实现数字签名时，和用于加密目的时正好相反，将用于解密的密钥公开，发送消息的一方可以用自己的私有密钥对消息签名，而接收方用公开密钥对签名解密，从而确定消息的来源。

9.2.5 入侵检测系统

入侵检测系统（Intrusion Detection System，IDS）是一种对网络传输进行即时监视，在发现可疑传输时发出警报或者采取主动反应措施的网络安全设备。它与其他网络安全设备的不同之处在于，IDS 是一种积极主动的安全防护技术。IDS 最早出现在 1980 年 4 月。20 世界 80 年代中期，IDS 逐渐发展成为入侵检测专家系统（IDES）。1990 年，IDS 分化为基于网络的 IDS 和基于主机的 IDS。后又出现分布式 IDS。目前，IDS 发展迅速。

IDS 是计算机的监视系统，它通过实时监视系统，一旦发现异常情况就发出警告。IDS 示意图如图 9-7 所示。

1．IDS 的组成

IETF 将一个入侵检测系统分为四个组件。

（1）事件产生器（Event generators），它的目的是从整个计算环境中获得事件，并向系统的其他部分提供此事件。

（2）事件分析器（Event analyzers），它经过分析得到数据，并产生分析结果。

（3）响应单元（Response units），它是对分析结果做出反应的功能单元，它可以做出切断连接、改变文件属性等强烈反应，也可以只是简单的报警。

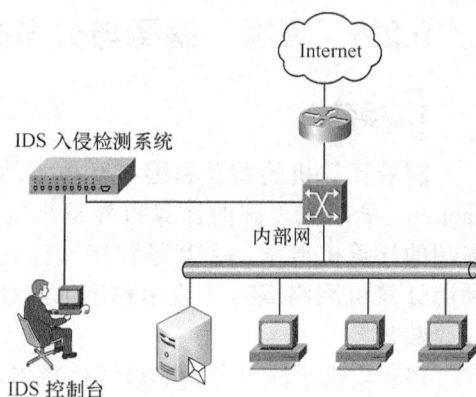

图 9-7　IDS 示意图

（4）事件数据库（Event databases），它是存放各种中间和最终数据的地方的统称，它可以是复杂的数据库，也可以是简单的文本文件。

2．IDS 的通信协议

IDS 系统内部各组件之间需要通信，不同厂商的 IDS 系统之间也需要通信。因此，有必要定义统一的协议。IETF 目前有一个专门的小组IDWG（Intrusion Detection Working Group）负责定义这种通信格式，称作 Intrusion Detection Exchange Format（IDEF），但还没有统一的标准。设计通信协议时应考虑以下问题：系统与控制系统之间传输的信息是非常重要的信息，因此必须要保持数据的真实性和完整性；必须有一定的机制进行通信双方的身份验证和保密传输（同时防止主动和被动攻击）；通信的双方均有可能因异常情况而导致通信中断，IDS 系统必须有额外措施保证系统正常工作。

3．IDS 的检测技术

对各种事件进行分析，从中发现违反安全策略的行为是入侵检测系统的核心功能。从技术上，入侵检测分为两种：一种基于标识；另一种基于异常情况。

对于基于标识的检测技术来说，首先要定义违背安全策略的事件的特征，如网络数据包的某些头信息。检测主要判别这类特征是否在所收集到的数据中出现。此方法非常类似于杀毒软件。

而基于异常情况的检测技术则是先定义一组系统"正常"情况的数值，如 CPU 利用率、内存利用率、文件校验码等（这类数据可以人为定义，也可以通过观察系统，并用统计的办法得出），然后将系统运行时的数值与所定义的"正常"情况比较，得出是否有被攻击的迹象。这种检测方式的核心在于如何定义所谓的"正常"情况。

两种检测技术的方法、所得出的结论有非常大的差异。基于标识的检测技术的核心是维护一个知识库。对于已知的攻击，它可以详细、准确地报告出攻击类型，但是对未知攻击却效果有限，而且知识库必须不断更新。基于异常情况的检测技术则无法准确判别出攻击的手法，但它可以（至少在理论上可以）判别更广范甚至未发觉的攻击。

9.2.6 黑客、病毒与分布式拒绝服务

1. 黑客

随着计算机的普及和因特网技术的迅速发展，黑客也随之出现了。黑客最早源自英文 hacker，早期在美国的计算机界是带有褒义的。黑客一词，原指热心于计算机技术，水平高超的计算机专家，尤其是程序设计人员。但到了今天，黑客一词已被用于泛指那些专门利用计算机网络搞破坏或恶作剧的家伙。对这些人的正确英文叫法是 Cracker，有人翻译成"骇客"。

黑客攻击手段可分为非破坏性攻击和破坏性攻击两类。非破坏性攻击一般是为了扰乱系统的运行，并不盗窃系统资料，通常采用拒绝服务攻击或信息炸弹；破坏性攻击是以侵入他人计算机系统、盗窃系统保密信息、破坏目标系统的数据为目的。下面介绍四种黑客常用的攻击手段。

（1）后门程序

由于程序员设计一些功能复杂的程序时，一般采用模块化的程序设计思想，将整个项目分割为多个功能模块，分别进行设计、调试，这时的后门就是一个模块的秘密入口。在程序开发阶段，后门便于测试、更改和增强模块功能。正常情况下，完成设计之后需要去掉各个模块的后门，不过有时由于疏忽或者其他原因（如将其留在程序中，便于日后访问、测试或维护），后门没有去掉，一些别有用心的人会利用穷举搜索法发现并利用这些后门，然后进入系统并发动攻击。

（2）信息炸弹

信息炸弹是指使用一些特殊工具软件，短时间内向目标服务器发送大量超出系统负荷的信息，造成目标服务器超负荷、网络堵塞、系统崩溃的攻击手段。比如向未打补丁的 Windows 95 系统发送特定组合的 UDP 数据包，会导致目标系统死机或重启；向某型号的路由器发送特定数据包致使路由器死机；向某人的电子邮件发送大量的垃圾邮件将此邮箱"撑爆"等。目前常见的信息炸弹有邮件炸弹、逻辑炸弹等。

（3）拒绝服务

拒绝服务又叫分布式 DoS 攻击，它是使用超出被攻击目标处理能力的大量数据包消耗系统可用系统、带宽资源，最后致使网络服务瘫痪的一种攻击手段。作为攻击者，首先需要通过常规的黑客手段侵入并控制某个网站，然后在服务器上安装并启动一个可由攻击者发出的特殊指令来控制进程，攻击者把攻击对象的 IP 地址作为指令下达给进程的时候，这些进程就开始对目标主机发起攻击。这种方式可以集中大量的网络服务器带宽，对某个特定目标实施攻击，因而威力巨大，倾刻之间就可以使被攻击目标的带宽资源耗尽，导致服务器瘫痪。比如 1999 年美国明尼苏达大学遭到的黑客攻击就属于这种方式。

（4）网络监听

网络监听是一种监视网络状态、数据流以及网络上传输信息的管理工具，它可以将网络接口设置在监听模式，并且可以截获网上传输的信息，也就是说，当黑客登录网络主机并取得超级用户权限后，若要登录其他主机，使用网络监听可以有效地截获网上的数据，这是黑客使用最多的方法，但是，网络监听只能应用于物理上连接于同一网段的主机，通常被用来

获取用户口令。密码破解也是黑客常用的攻击手段之一。

2. 病毒

计算机病毒是编制者在计算机程序中插入的破坏计算机功能或者破坏数据，影响计算机使用并且能够自我复制的一组计算机指令或者程序代码。计算机病毒具有繁殖性、破坏性、传染性、潜伏性、隐蔽性和可触发性等特点。

① 繁殖性

计算机病毒可以像生物病毒一样进行繁殖，当正常程序运行的时候，它也进行自身复制，是否具有繁殖、感染的特征是判断某段程序为计算机病毒的首要条件。

② 破坏性

计算机中毒后，可能会导致正常的程序无法运行，使计算机内的文件删除或受到不同程度的损坏。通常表现为：增、删、改、移。

③ 传染性

传染性是病毒的基本特征。计算机病毒会通过各种渠道从已被感染的计算机扩散到未被感染的计算机，在某些情况下造成被感染的计算机工作失常甚至瘫痪。只要一台计算机染毒，如不及时处理，那么病毒会在这台计算机上迅速扩散，计算机病毒可通过各种可能的渠道，如软盘、硬盘、移动硬盘、计算机网络去传染其他的计算机。

④ 潜伏性

有些病毒像定时炸弹一样，让它什么时间发作是预先设计好的。比如黑色星期五病毒，不到预定时间一点都觉察不出来，等到条件具备的时候立刻就爆炸开来，对系统进行破坏。一个编制精巧的计算机病毒程序，进入系统之后一般不会马上发作，因此病毒可以静静地躲在磁盘或磁带里呆上几天，甚至几年，一旦时机成熟，得到运行机会，就又要四处繁殖、扩散，继续危害。

⑤ 隐蔽性

计算机病毒具有很强的隐蔽性，有的可以通过病毒软件检查出来，有的根本就查不出来，有的时隐时现、变化无常，这类病毒处理起来通常很困难。

⑥ 可触发性

病毒因某个事件或数值的出现，诱使病毒实施感染或进行攻击的特性称为可触发性。病毒具有预定的触发条件，这些条件可能是时间、日期、文件类型或某些特定数据等。病毒运行时，触发机制检查预定条件是否满足，如果满足，启动感染或破坏动作，使病毒进行感染或攻击；如果不满足，使病毒继续潜伏。

下面介绍两种比较流行的病毒：蠕虫病毒和木马。

① 蠕虫病毒

蠕虫病毒是一种常见的计算机病毒。它利用网络进行复制和传播，传染途径是通过网络和电子邮件。最初的蠕虫病毒定义是因为在 DOS 环境下，病毒发作时会在屏幕上出现一条类似虫子的东西，胡乱吞吃屏幕上的字母并将其改形。蠕虫病毒是自包含的程序（或是一套程序），它能传播自身功能的拷贝或自身（蠕虫病毒）的某些部分到其他的计算机系统中（通常是经过网络连接）。

与一般病毒不同，蠕虫不需要将其自身附着到宿主程序，有两种类型的蠕虫：主机蠕虫和网络蠕虫。主机蠕虫完全包含在它们运行的计算机中，并且使用网络的连接仅将自身拷贝到其他的计算机中，主机蠕虫在将其自身的拷贝加入到另外的主机后，就会终止它自身。

比如近几年危害很大的"尼姆亚"病毒就是蠕虫病毒的一种，2007 年 1 月流行的"熊猫烧香"以及其变种也是蠕虫病毒。这一病毒利用了微软视窗操作系统的漏洞，计算机感染这一病毒后，会不断自动拨号上网，并利用文件中的地址信息或者网络共享进行传播，最终破坏用户的大部分重要数据。

QQ 群蠕虫病毒是一种利用 QQ 群共享漏洞传播流氓软件和劫持 IE 主页的恶意程序，QQ 群用户一旦感染了该蠕虫病毒，便会向其他 QQ 群内上传该病毒。2013 年 4 月，"QQ 群蠕虫病毒"第三代变种伪装成"刷钻软件"大量传播，每天中毒的计算机达到 2 万~3 万台，通过腾讯电脑管家、金山等安全厂商的联合打击，第三代 QQ 群蠕虫病毒基本已经在网络上销声匿迹。腾讯电脑管家云安全检测中心发布消息，发现"QQ 群蠕虫病毒"第四代伪装成"视频偷窥软件"正大肆传播，某安全软件以对此病毒发布橙色预警并进行查杀。"QQ 群蠕虫病毒"第四代利用大众猎奇心理，将病毒程序改名为偷窥管家，以欺骗点击。已知的病毒传播渠道除了 QQ 群、电子邮件等常见载体外，还在视频网站上也做了一系列的"教程"视频以诱导网民强行下载使用。

② 木马

"木马"程序是目前比较流行的病毒文件，与一般的病毒不同，它不会自我繁殖，也并不"刻意"地去感染其他文件，它通过伪装自身吸引用户下载执行，向施种木马者提供打开被种者计算机的门户，使施种者可以任意毁坏、窃取被种者的文件，甚至远程操控被种者的计算机。

木马通常有两个可执行程序：一个是客户机端，即控制端；另一个是服务器端，即被控制端。植入被种者计算机的是"服务器"部分，而所谓的"黑客"正是利用"控制器"进入并运行了"服务器"的计算机。服务器运行了木马程序以后，被种者的计算机就会有一个或几个端口被打开，使黑客可以利用这些打开的端口进入计算机系统，安全和个人隐私也就全无保障了。木马的设计者为了防止木马被发现，而采用多种手段隐藏木马。木马的服务一旦运行并被控制端连接，其控制端将享有服务端的大部分操作权限，例如给计算机增加口令、浏览、移动、复制、删除文件，修改注册表，更改计算机配置等。

3．分布式拒绝服务

分布式拒绝服务（Distributed Denial of Service，DDoS）攻击指借助于客户机/服务器技术，将多台计算机联合起来作为攻击平台，对一个或多个目标发动 DoS 攻击，从而成倍地提高拒绝服务攻击的威力。通常，攻击者使用一个偷窃账号将 DDoS 主控程序安装在一个计算机上，在一个设定的时间主控程序将与大量代理程序通信，代理程序已经被安装在 Internet 上的许多计算机上。代理程序收到指令时就发动攻击。利用客户机/服务器技术，主控程序能在几秒钟内激活成百上千次代理程序的运行。

DoS 的攻击方式有很多种，最基本的 DoS 攻击就是利用合理的服务请求来占用过多的服务资源，从而使服务器无法处理合法用户的指令。DDoS 攻击手段是在传统的 DoS 攻击基础之上产生的一类攻击方式。单一的 DoS 攻击一般是采用一对一方式的，当被攻击目标 CPU 速度低、内存小或者网络带宽小等各项性能指标不高时，它的效果是明显的。随着计算机与网络技术的发展，计算机的处理能力迅速增长，内存大大增加，同时也出现了吉比特级别的网络，这使得 DoS 攻击的困难程度加大了。这时候分布式的拒绝服务攻击手段（DDoS）就应运而生了。DDoS 就是利用更多的傀儡机来发起进攻，以比从前更大的规模来进攻受害者。DDoS 攻击示意图如图 9-8 所示。

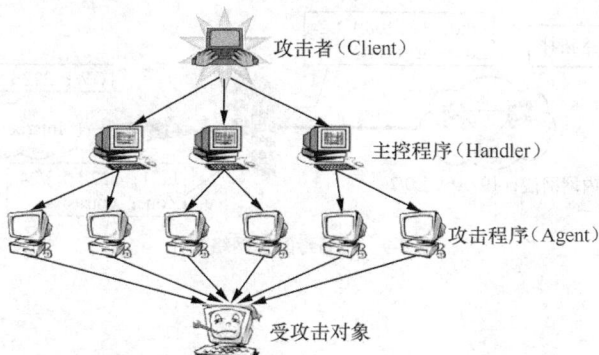

图 9-8　DDoS 攻击示意图

按照 TCP/IP 的层次可将 DDOS 攻击分为基于 ARP 的攻击、基于 ICMP 的攻击、基于 IP 的攻击、基于 UDP 的攻击、基于 TCP 的攻击和基于应用层的攻击。

（1）基于 ARP 的攻击

ARP 是无连接的协议，当收到攻击者发送来的 ARP 应答时，它将接收 ARP 应答包中所提供的信息，更新 ARP 缓存。因此，含有错误源地址信息的 ARP 请求和含有错误目标地址信息的 ARP 应答均会使上层应用忙于处理这种异常而无法响应外来请求，使得目标主机丧失网络通信能力，产生拒绝服务，如 ARP 重定向攻击。

（2）基于 ICMP 的攻击

攻击者向一个子网的广播地址发送多个 ICMP Echo 请求数据包，并将源地址伪装成想要攻击的目标主机的地址。这样，该子网上的所有主机均对此 ICMP Echo 请求包做出答复，向被攻击的目标主机发送数据包，使该主机受到攻击，导致网络阻塞。

（3）基于 IP 的攻击

TCP/IP 中的 IP 数据包在网络传递时，数据包可以分成更小的片段。到达目的地后再进行合并重装。在实现分段重新组装的进程中存在漏洞，缺乏必要的检查。利用 IP 报文分片后重组的重叠现象攻击服务器，进而引起服务器内核崩溃。如 Teardrop 是基于 IP 的攻击。

（4）基于应用层的攻击

应用层包括 SMTP、HTTP、DNS 等各种应用协议。其中 SMTP 定义了如何在两个主机间传输邮件的过程，基于标准 SMTP 的邮件服务器，在客户机请求发送邮件时，是不对其身份进行验证的。另外，许多邮件服务器都允许邮件中继。攻击者利用邮件服务器持续不断地向攻击目标发送垃圾邮件，大量侵占服务器资源。

9.3　实践任务

任务：神州数码 1800 多核防火墙防病毒配置

1. 网络拓扑

防病毒配置的网络拓扑如图 9-9 所示。

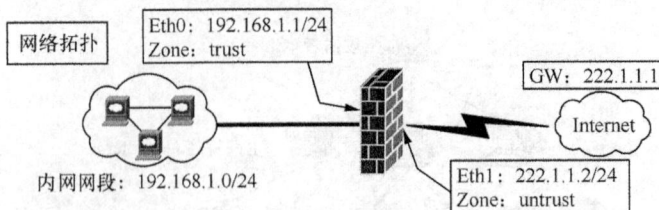

图 9-9　防病毒配置网络拓扑

2. 需求描述

配置防火墙使内网 192.168.1.0/24 网段机器访问互联网时，如果访问网站带有病毒，防火墙会对其进行某些动作，并记录到防火墙日志中。

3. 配置步骤

第一步：病毒特征库在线更新及启用防病毒配置

单击安全/病毒过滤，在右侧任务栏中，单击配置更新选项可以看到病毒服务器升级的域名，可以启用病毒库自动升级功能，手工配置自动升级的时间点。如果需要设备在线升级病毒库，需要在设备上配置可用的 DNS 地址，并能够解析出病毒库服务器域名，如图 9-10 所示。

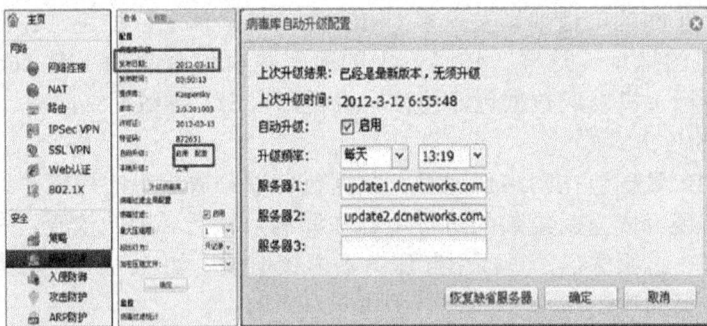

图 9-10　病毒特征库在线更新及启用防病毒配置

第二步：配置防病毒过滤规则——全局策略

在安全/病毒过滤中，新建一个防病毒过滤规则，名称为 av，选择要绑定的安全域，关于防护类型，设备占用已经预定义好了三种安全等级，分别是低、中、高等级，推荐使用中等级。或者也可以自定义过滤规则，手工选择扫描的文件类型、协议类型及采取的动作，如图 9-11 所示。

以上防病毒配置，全局生效。如果需要针对内网部分用户做防病毒功能，参考下面配置。

第三步：配置防病毒过滤规则——内网部分用户策略

在安全/病毒过滤中，新建一个防病毒过滤规则名称为 av，此处不做安全域的绑定。如图 9-12 所示。

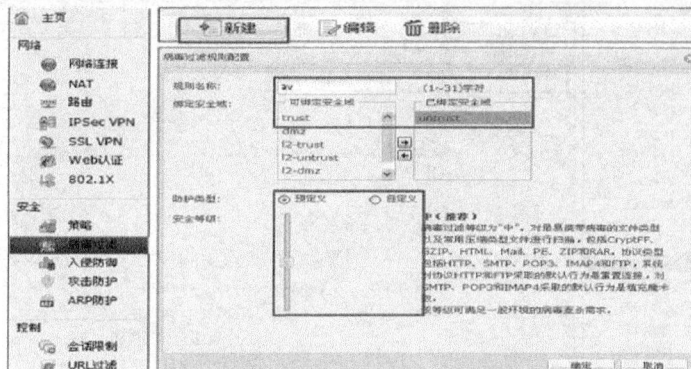

图 9-11　配置防病毒过滤规则——全局策略

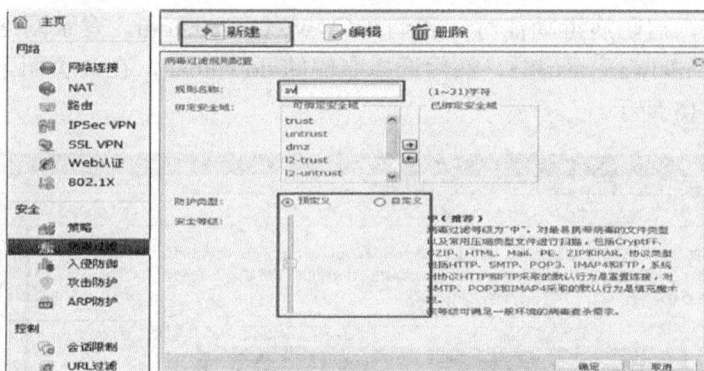

图 9-12　配置防病毒过滤规则——内网部分用户策略

针对内网需要做防病毒的用户设置安全策略，源地址选择防病毒用户，如图 9-13 所示。

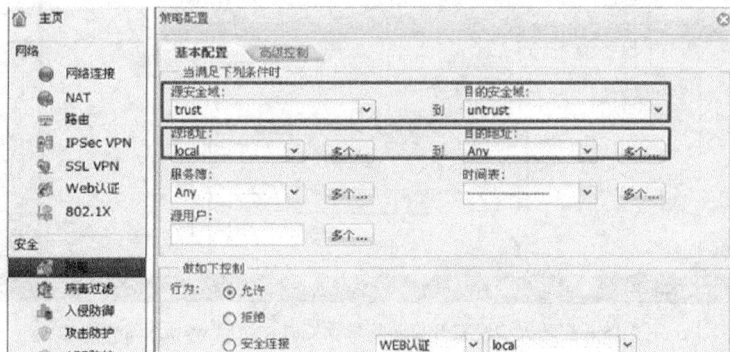

图 9-13　内网防病毒的用户设置安全策略

在该策略的高级控制中，在病毒过滤处选择上面创建好的病毒过滤规则，如图 9-14 所示。

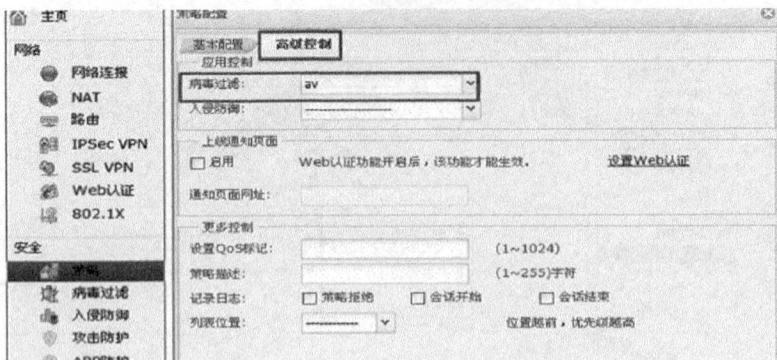

图 9-14　创建病毒过滤规则

第四步：测试客户机效果

在防火墙没有开启防病毒功能时，我们访问 www.eicar.com。登录网络后首先单击最上面的 download anti malware testflie，然后选择左侧的 download，在该页面下方可以看到病毒测试文件，如图 9-15 所示。

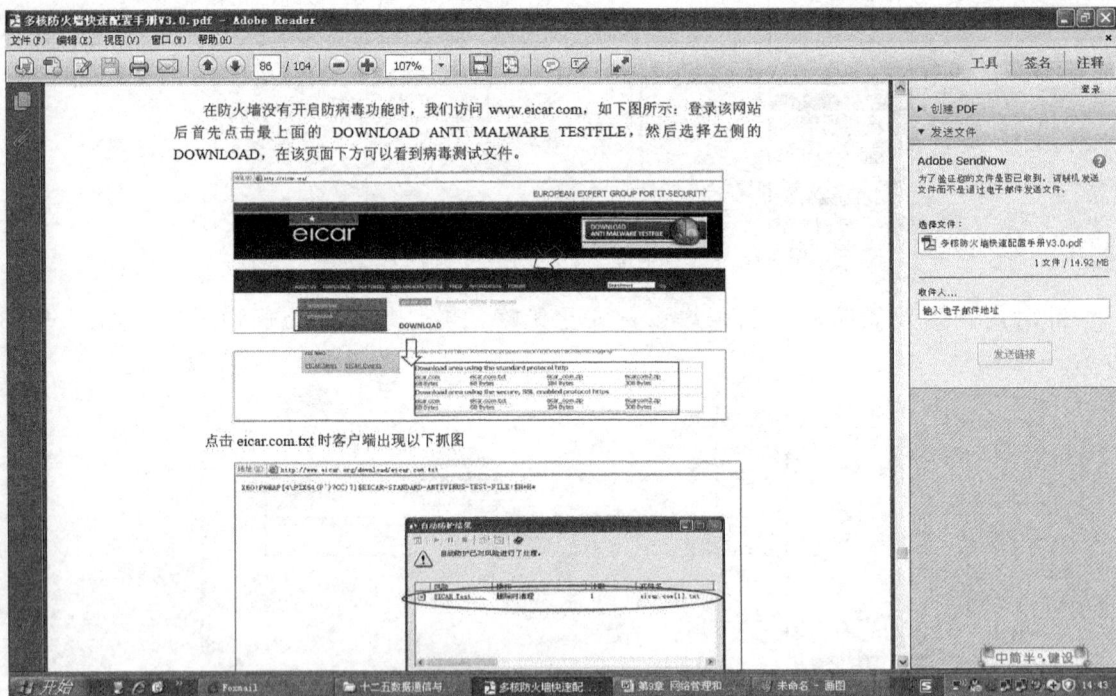

图 9-15　在防火墙没有开启防病毒功能时，访问 www.eicar.com

单击 eicar.com.txt 时客户机出现如图 9-16 所示的抓图。

客户机自带的杀毒软件诺顿会提示告警，说明该文件确实包含病毒特征。在防火墙上开启防病毒功能后，我们再登录 www.eicar.com，做同样的访问会出现如图 9-17 所示的抓图。

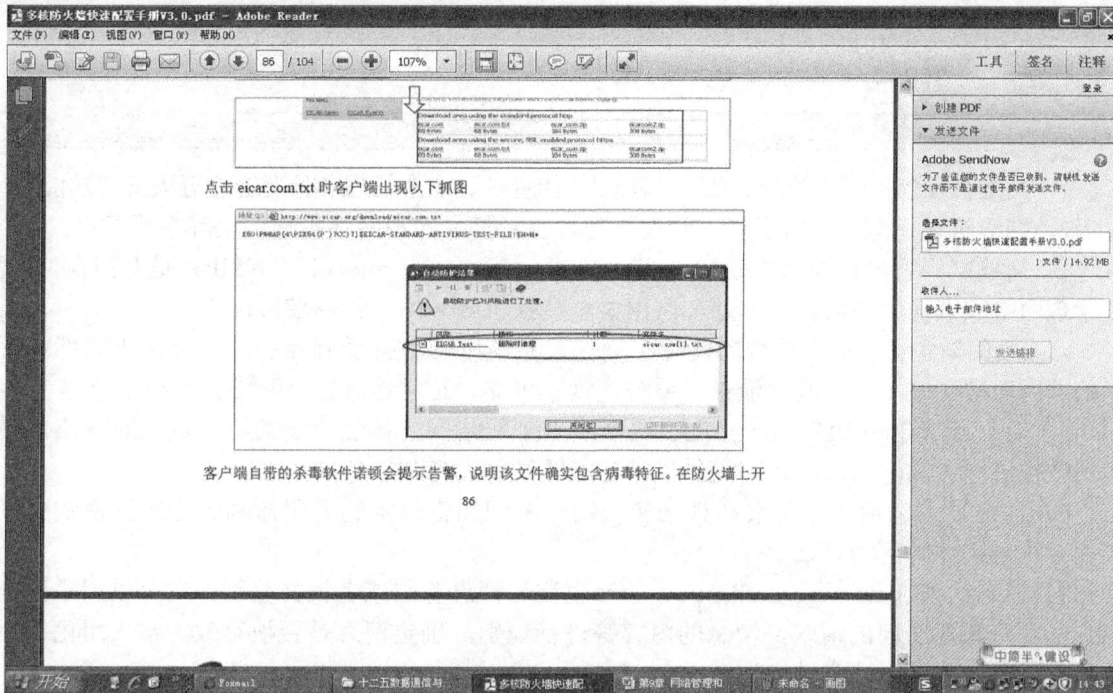

图 9-16　单击 eicar.com.txt 时客户机出现的抓图

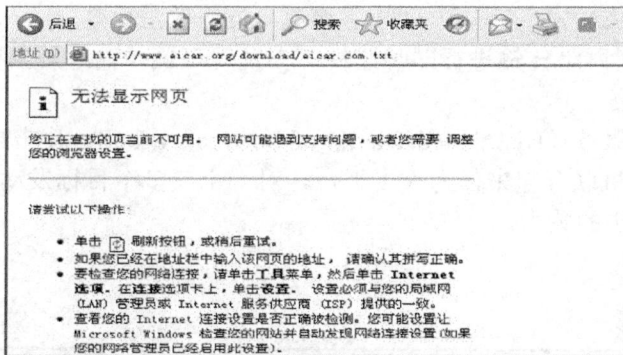

图 9-17　在防火墙上开启防病毒功能后，再登录 www.eicar.com

在日志/攻击/安全日志列表中，可以看到访问病毒网站的日志信息，如图 9-18 所示。

图 9-18　访问病毒网站的日志信息

小结

1．网络管理包括配置管理、故障管理、性能管理、安全管理和计费管理五大管理功能。

2．网络管理模型包含管理者、管理代理、管理信息库和网络管理协议等主要元素。

3．简单网络管理协议（Simple Network Management Protocol，SNMP）是专门在 IP 网络管理网络节点（服务器、工作站、路由器、交换机等）的一种标准协议。

4．网络安全是指网络系统的硬件、软件及系统中的数据受到保护，不会由于偶然或恶意的原因而遭到破坏、更改、泄露，系统连续、可靠、正常地运行，网络服务不中断。

5．防火墙（firewall）是一种位于两个或多个网络间，按照一定的访问规则对网络间传输的数据进行过滤，向内部网络提供保护功能的硬件设备与软件的集合。

6．加密技术包括两个元素：算法和密钥。密钥加密技术的密码体制分为对称密钥体制和非对称密钥体制两种。

7．消息认证（message authentication）也称为消息鉴别或者报文鉴别，它可以用来验证用户的身份，对访问的请求、消息的内容等进行识别，确定消息是否被篡改。常采用由消息生成验证码的方法对消息进行认证。

8．数字签名是手写签名的电子模拟，是通过信息处理技术产生的一段特殊数字消息，该消息具有手写签名的一切特点，是可信、不可伪造、不可抵赖和不可修改的。根据《中华人民共和国电子签名法》，数字签名与手写签名具有同等的法律效力。

9．IDS 是一种对网络传输进行即时监视，在发现可疑传输时发出警报或者采取主动反应措施的网络安全设备。

10．分布式拒绝服务（Distributed Denial of Service，DDoS）攻击指借助于客户机/服务器技术，将多个计算机联合起来作为攻击平台，对一个或多个目标发动 DoS 攻击，从而成倍地提高拒绝服务攻击的威力。

习题

9-1 简述网络管理的功能。

9-2 网络安全威胁有哪些？

9-3 简述几种常用的网络安全技术。

9-4 什么是防火墙？

9-5 什么是公开密钥基础设施 PKI？

9-6 什么是消息认证？

9-7 什么是数字签名？

9-8 什么是 IDS？

9-9 什么是 DDoS？

缩略语英汉对照表

ACL	Access Control Table	访问控制表
ADSL	Asymmetric Digital Subscriber Line	非对称数字用户环路
ANSI	American National Standards Institute	美国标准化协会
AP	Access Point	无线接入点
API	Application Programming Interface	应用程序编程接口
ARP	Address Resolution Protocol	地址解析协议
ARPA	Advanced Research Projects Agency	高级研究计划局
ARQ	Automatic Repeat reQuest	自动重发请求
ASIC	Application Specific Integrated Circuits	专用集成电路芯片
ASK	Amplitude Shift keying	幅移键控
ATM	Asynchronous Transfer Mode	异步转移模式
AUX	Auxiliary	辅助接口
BCD	Binary-Coded Decimal	二-十进制代码
BDR	Backup Designated Router	备份指定路由器
BGP	Border Gateway Protocol	边界网关协议
B-ISDN	Broadband Integrated Service Digital Network	宽带综合业务数字网
BNRZ	Bipolar Non-Return to Zero	双极性不归零
BRZ	Bipolar Return to Zero	双极性归零
BSC	Binary Synchronous Communication	基本型传输控制规程
CA	Certificate Authority	认证机构
CATV	Community Antenna Television	有线电视
CCITT	International Telephone and Telegraph Consultative Committee	国际电报电话咨询委员会
CCP	Communication Control Processor	通信控制处理机
CERNET	The China Education and Research Network	中国教育科研网
CHAP	Challenge Handshake Authentication Protocol	询问握手认证协议
CHINANET	Chinanet	中国公用计算机互联网
CIDR	Classless Inter-Domain Routing	无类别域间路由选择
CLI	Command Line Interface	命令行界面
CNIC	Computer Network Information Center	中国科学院计算机网络信息中心
CNNIC	China Internet Network Information Center	中国互联网络信息中心
CPU	Central Processing Unit	中央处理单元
CRC	Cyclic Redundancy Check	循环冗余校验码
CRL	Certificate Revocation Lists	证书发布和证书注销列表

CRLDP	Constraint-based Routing Label Distribution Protocol	基于限制的路由标签分配协议
CRT	Cathode Ray Tube	阴极射线管
CSMA/CD	Carrier Sense Multiple Access/Collision Detect	载波监听多路访问/冲突检测
CSTNET	China Science and Technology Network	中国科学技术网
CSU	Channel Service Unit	信道服务单元
DCE	Data Circuit- terminating Equipment	数据电路终接设备
DDN	Digital Data Network	数字数据网
DDNS	Dynamic Domain Name Server	动态域名服务
DDoS	Distributed Denial of Service	分布式拒绝服务
DES	Data Encryption Standard	数据加密标准
DHCP	Dynamic Host Configuration Protocol	动态主机配置协议
DMZ	Demilitarized Zone	隔离区/非军事化区
DNS	Domain Name System	域名系统
DOS	Disk Operation System	磁盘操作系统
DoS	Denial of Service	拒绝攻击服务
DPT	Dynamic Packet Transpor	动态分组传输
DR	Designated Router	指定路由器
DSAP	Destination Service Access Point	目的服务访问点
DSL	DigitalSubscriberLine	数字用户线路
DSU	Data Service Unit	数据服务单元
DTE	Data Terminal Equipment	数据终端设备
DXC	Digital Cross Connect equipment	数字交叉连接设备
EBCDIC	Extended Binary Coded Decimal Interchange Code	广义二进制编码的十进制交换码
EDFA	Erbium-doped Optical Fiber Amplifier	掺铒光纤放大器
EGP	Exterior Gateway Protocol	外部网关协议
FCS	Frame Check Sequence	帧检验序列
FDM	Frequency Division Multiplexing	频分多路复用
FE	Fast Ethernet	快速以太网
FEC	Forward Error Correcting	前向纠错
FEC	Forwarding Equivalence Class	转发等价类
FR	Frame Relay	帧中继
FSK	Frequency Shift keying	频移键控
FTP	File Transfer Protocol	文件传输协议
FTTH	Fiber To The Home	光纤到户
GE	Gigabit Ethernet	吉比特以太网
GMSK	Gaussian Filtered Minimum Shift Keying	高斯滤波最小移频键控
GPU	Graphics Processing Unit	图形处理器
GUI	Graphical User Interface	图形用户界面

HDLC	High-Level Data Link Control	高级数据链路控制规程
HEC	Hybrid Error Correcting	混合纠错检错
HFC	Hybrid Fiber-Coaxial	混合光纤同轴电缆
HTML	Hyper Text Markup Language	超文本标记语言
HTTP	HyperText Transfer Protocol	超文本传输协议
IANA	Internet Assigned Numbers Authority	互联网编址委员会
ICMP	Internet Control Message Protocol	互联网控制消息协议
ICP	Internet Content Provider	互联网内容服务商
IDS	intrusion detection system	入侵检测系统
IEEE	Institute of Electrical and Electronics Engineers	美国电气和电子工程师学会
IETF	Internet Engineering Task Force	互联网工程任务组
IFG	InterFrame Gap	帧间距
IGMP	Internet Group Management Protocol	因特网组管理协议
IGP	Interior Gateway Protocol	内部网关协议
IM	Instant messaging	即时通信
IP	Internet Protocol	网际协议
IPX	Internetwork Packet Exchange protocol	互联网分组交换协议
ISDN	Integrated Services Digital Network	综合业务数字网
IS-IS	Intermediate System-to-Intermediate System intra-domain routing information exchange protocol	中间系统到中间系统路由选择协议
ISO	International Organization for Standardization	国际标准化组织
ISP	Internet Service Provider	互联网服务提供商
ITU	International Telecommunications Union	国际电信联盟
ITU-T	International Telecommunication Union-Telecommunication Sector	国际电信联盟-电信标准局
LAN	Local Area Network	局域网
LCP	Link Control Protocol	链路控制协议
LLC	Logical Link Control	逻辑链路控制
LQR	Link Quality Report	链路质量报告
LSA	Link State Advertisement	链路状态通告
LSDB	Link State Database	链路状态数据库
LSP	Label Switched Path	标签交换路径
LSR	Label Switching Router	标签交换路由器
MAC	Media Access Control	介质访问控制
MAN	Metropolitan Area Network	城域网
MAU	Medium Access/Attachment Unit	介质访问/连接单元
MD	Message Digest	消息摘要
MD5	Message Digest Algorithm 5	消息摘要算法第五版
MDI	Media Dependent Interface	介质有关接口

MDIX	Media Dependent Interface cross-over	介质有关接口交叉线
MIB	Management Information Base	管理信息库
MPLS	Multi-Protocol Label Switching	多协议标签交换
MSK	Minimum Shift Keying	最小移频键控
NAS	Network Access Server	网络接入服务器
NAT	Network Address Translation	网络地址转换
NCFC	National Computing and Networking Facility of China	中国国家计算和网络设施
NCP	Network Control Protocol	网络控制协议
NIC	Network Interface Card	网卡/网络适配器
NME	Network Management Entity	网络管理实体
NRZ	Non-Return to Zero	单极性不归零
NSF	National Science Foundation	美国国家科学基金会
NVRAM	Non-Volatile Random Access Memory	非易失性随机访问存储器
OA	Office Automation	办公自动化
OFDM	Orthogonal Frequency Division Multiplexing	正交频分复用
OSI	Open System Interconnection	开放系统互连
OSI-RM	Open System Interconnection Reference Model	开放系统互连 参考模型
OSPF	Open Shortest Path First	开放最短路由优先协议
PAP	Password Authentication Protocol	密码认证协议
PC	Personal Computer	个人计算机
PCM	Pulse Code Modulation	脉冲编码调制
PDU	Protocol Data Unit	协议数据单元
PKI	Public Key Infrastructure	公开密钥基础设施
PLS	Physical Signaling	物理信令
PMA	Physical Medium Attachment	物理介质连接
POP3	Post Office Protocol-Version 3	邮局协议-版本 3
PPP	Point-to-Point Protocol	点到点协议
PPPoE	Point-to-Point Protocol over Ethernet	基于以太网的点对点协议
PSK	Phase Shift keying	相移键控
QAM	Quadrature Amplitude Modulation	正交幅度调制
QoS	Quality of Service	服务质量
RA	Registration Authority	申请注册机构
RCN	Remote Computer Network	远程网
RIP	Routing Information Protocol	路由信息协议
ROM	Read-Only Memory	只读存储器
RZ	Return to Zero	单极性归零
SAP	Service Accessing point	服务访问点
SDH	Synchronous Digital Hierarchy	同步数字体系

SDLC	Synchronous Data Link Control	同步数据链路控制规程
SHA	Secure Hash Algorithm	安全杂凑算法
SLIP	Serial Link Internet Protocol	串行线路网际协议
SMI	Structure of Management	管理信息结构
SMTP	Simple Mail Transfer Protocol	简单邮件传输协议
SNMP	Simple Network Management Protocol	简单网络管理协议
SSAP	Source Service Access Point	源服务访问点
SSL	Secure Sockets Layer	安全插座层
STDM	Statistical Time Division Multiplexing	统计时分多路复用
STP	Spanning Tree Protocol	生成树协议
TCP	Transmission Control Protocol	传输控制协议
TDM	Time Division Multiplexing	时分多路复用
UART	Universal Asynchronous Receiver and Transmitter	通用异步收发器
UDP	User Data-gram Protocol	用户数据报协议
URL	Uniform/Universal Resource Locator	统一资源定位符
VLAN	Virtual Local Area Network	虚拟局域网
VLSM	Variable Length Subnet Mask	变长子网掩码
VoD	Video on demand	视频点播
VPN	Virtual Private Network	虚拟专用网
WAN	Wide Area Network	广域网
WDM	Wavelength Division Multiplexing	波分多路复用
Wi-Fi	Wireless Fidelity	无线保真
WWW	World Wide Web	万维网

参 考 文 献

[1] 谢希仁，谢钧．计算机网络教程．3 版．北京：人民邮电出版社，2012．

[2] 张辉，曹丽娜，任光亮等．数据通信与网络．北京：人民邮电出版社，2007．

[3] 孙青华．现代通信技术及应用．北京：高等教育出版社，2011．

[4] ［美］Rick Graziani，Allan Johnson．CCNA Exploration：路由协议和概念．北京：人民邮电出版社，2008．

[5] 姚先友．数字数据通信．北京：人民邮电出版社，2008．

[6] 孙秀英，朱祥贤．路由交换技术与应用．西安：西安电子科技大学出版社，2009．

[7] 程庆梅．路由型与交换型互联网基础实训手册．北京：机械工业出版社，2010．

[8] 范兴娟．交换技术．北京：北京邮电大学出版社，2012．

[9] 睢丹，马海军，纪多辙等．网络设备基础教程与实验指导．北京：清华大学出版社，2007．

[10] 满昌勇．计算机网络基础．北京：清华大学出版社，2010．

[11] 赵家俊，李华，郑基亮．局域网组建与管理教程．北京：清华大学出版社，2011．

[12] 毛京丽，李文海．数据通信原理．2 版．北京：北京邮电大学出版社，2007．

[13] 糜正琨．软交换组网与业务．北京：人民邮电出版社，2005．

[14] 廉飞宇．计算机网络与通信．2 版．北京：电子工业出版社，2006．

[15] 栾正禧，倪维桢．中国邮电百科全书：电信卷．北京：人民邮电出版社，1993．

[16] 潘新．计算机通信技术．2 版．北京：电子工业出版社，2007．

[17] 乔桂红，庞瑞霞，刘省先等．数据通信．北京：人民邮电出版社，2005．

[18] 达新宇，林家薇，张德纯．数据通信原理与技术．2 版．北京：电子工业出版社，2010．

[19] 史志才．计算机网络．北京：清华大学出版社，2009．

[20] 国林，杨武，王巍等．数据通信基础．北京：清华大学出版社，2006．

[21] 李志球．计算机网络基础．3 版．北京：电子工业出版社，2011．